"创新设计思维"
数字媒体与艺术设计类新形态丛书

微|课|版

Unity 3D
游戏开发

黄展鹏 主编
黄益栓 王子鑫 副主编

人民邮电出版社
北京

图书在版编目（CIP）数据

Unity 3D 游戏开发：微课版 / 黄展鹏主编. -- 北京：人民邮电出版社, 2023.6
（"创新设计思维"数字媒体与艺术设计类新形态丛书）
ISBN 978-7-115-61240-3

Ⅰ. ①U… Ⅱ. ①黄… Ⅲ. ①游戏程序－程序设计－高等学校－教材 Ⅳ. ①TP311.5

中国国家版本馆CIP数据核字(2023)第033763号

内 容 提 要

随着虚拟现实与增强现实技术的快速发展，Unity 已成为虚拟现实应用开发的首选。本书主要介绍 Unity 3D 游戏开发技术，内容包括初识 Unity 游戏引擎，Unity 引擎基础知识，Unity 界面交互设计，Unity 物理引擎，光照、材质、地形系统，音视频动画特效系统，寻路数据库和网络开发技术，增强现实、虚拟现实、热更新技术和项目打包系统，Unity 3D 游戏开发综合案例——《无尽跑酷》等。希望读者通过本书的学习，能够掌握 Unity 相关技术，提高游戏开发能力。

本书可作为普通高等院校数字媒体技术、数字媒体艺术、游戏艺术设计、虚拟现实应用技术等专业的教材，也可作为从事虚拟现实游戏开发技术人员的参考书。

◆ 主　编　黄展鹏
　副主编　黄益栓　王子鑫
　责任编辑　许金霞
　责任印制　王　郁　陈　犇

◆ 人民邮电出版社出版发行　北京市丰台区成寿寺路11号
　邮编 100464　电子邮件 315@ptpress.com.cn
　网址 https://www.ptpress.com.cn
　固安县铭成印刷有限公司印刷

◆ 开本：787×1092 1/16
　印张：19.5　　　　　　　　2023 年 6 月第 1 版
　字数：451 千字　　　　　　2025 年 1 月河北第 4 次印刷

定价：79.80 元

读者服务热线：(010)81055256　印装质量热线：(010)81055316
反盗版热线：(010)81055315
广告经营许可证：京东市监广登字 20170147 号

前言

近年来，国家大力支持虚拟现实技术与增强现实技术产业。党的二十大报告中提出构建新一代信息技术等一批新的增长引擎，虚拟现实（含增强现实）是新一代信息技术的重要前沿方向。Unity引擎以入门容易、功能强大、界面设计智能、面向组件开发、支持跨平台等优势，已成为游戏开发和虚拟现实应用开发的首选。

Unity作为主流的游戏引擎之一，已经全面覆盖各游戏平台，大多数的手机游戏、电脑游戏都是Unity引擎开发的，特别是各大游戏研发企业，均使用Unity技术进行3D游戏开发，Unity在游戏开发领域更是占据了重要地位。

近年来，我国游戏开发行业发展迅速，企业对相关行业人才的需求也与日俱增。为了满足企业对行业人才的需求，高校数字媒体技术、数字媒体艺术、游戏艺术设计、虚拟现实应用技术等专业均开设了Unity 3D游戏开发等相关课程。随着技术的发展和Unity版本的更新，现有的教材难以满足高校的教学需求，基于此，作者编写了本书。

本书具有如下特点：

1. 知识体系全面，讲解由浅入深

本书的第1章、第2章介绍Unity引擎及相关基础知识；第3章~第8章分别对界面交互设计，物理引擎，光照、材质、地形系统，音视频动画特效系统，寻路数据库和网络开发技术，增强现实、虚拟现实、热更新技术和项目打包系统等知识模块进行讲解，通过案例由浅入深地介绍了Unity的相关技术和特点；第9章为Unity 3D游戏开发综合案例——《无尽跑酷》，通过综合案例学习可以提高游戏开发能力。

2. 以案例为驱动，涵盖虚拟现实游戏开发的全流程

本书采用案例驱动的方式详细介绍了Unity 3D游戏开发的基础知识和应用技术，侧重技术要点的总结，强化3D游戏开发的实际能力。本书结构清晰，案例丰富，将理论与实践相结合，涵盖了一个简单的虚拟现实游戏开发的全流程。

3. 微课视频同步，配套资源丰富

本书针对重要的知识点和实例，录制了微课视频讲解，扫描书中二维码即可观看。同时，还提供教学课件PPT、教学大纲、案例代码等教学资源，便于读者学习与实践。读者可登录人邮教育社区（www.ryjiaoyu.com），在本书页面中免费下载使用。

本书为广东省"虚拟现实技术及应用"在线课程建设项目的阶段性成果。限于编者水平和时间，书中难免有疏漏之处，恳请广大读者批评指正。

黄展鹏
2023年5月

目录

第1章　初识Unity游戏引擎　1

1.1　游戏引擎介绍　1
   1.1.1　游戏引擎综述　1
   1.1.2　Unity引擎简介　2
   1.1.3　Unity应用方向　2

1.2　Unity注册与安装　5
   1.2.1　Unity账号注册　5
   1.2.2　Unity Hub安装　5
   1.2.3　Unity Hub介绍　6
   1.2.4　Unity引擎安装　8

1.3　Unity学习资源获取途径　10
   1.3.1　Unity中国官网　10
   1.3.2　Unity官网　11
   1.3.3　Unity Asset Store　12
   1.3.4　Unity Hub社区及学习　13

1.4　Unity基础教学　15
   1.4.1　Unity工程项目介绍　15
   1.4.2　Unity引擎面板介绍　17
   1.4.3　Unity命令栏介绍　21
   1.4.4　Unity常用资源基本使用　27

1.5　Unity案例实战——滚动小球　33
   1.5.1　滚动小球——项目设计　33
   1.5.2　滚动小球——项目搭建　34
   1.5.3　滚动小球——美术优化　35
   1.5.4　滚动小球——功能实现　37
   1.5.5　滚动小球——打包发布　40

习题　40

第2章　Unity引擎基础知识　42

2.1　Unity官方文档　42
   2.1.1　Unity官方文档页面介绍　42
   2.1.2　Unity用户手册使用指南　43
   2.1.3　Unity脚本API查找与使用　43
   2.1.4　Unity文档常见用法案例　44

2.2　Unity常用类函数和属性　44
   2.2.1　数学基础知识　44
   2.2.2　程序基础　48
   2.2.3　Unity常用类　54

2.3　Unity组件详解　59
   2.3.1　Unity组件合集介绍　59
   2.3.2　Unity组件功能参数了解　60
   2.3.3　Unity组件模块函数调用　63
   2.3.4　Unity组件代码核心　64

2.4　Unity程序解析　65
   2.4.1　Unity生命周期函数执行顺序　65
   2.4.2　Unity常用父类继承关系　67

2.5　Unity拓展编辑器　69
   2.5.1　Unity拓展编辑器介绍　69
   2.5.2　Unity菜单栏命令添加　69
   2.5.3　Unity组件栏命令拓展　73
   2.5.4　Unity窗口和面板创建　74

习题　76

第3章　Unity界面交互设计　79

3.1　图形用户界面交互设计　79
   3.1.1　界面交互设计概述　79
   3.1.2　游戏界面设计原则　79
   3.1.3　界面交互设计赏析　80

3.2　2D精灵和瓦片组件　81

3.2.1	2D游戏、2D精灵组件和瓦片组件	81
3.2.2	2D精灵组件工具	83
3.3	IMGUI系统	86
3.3.1	IMGUI系统概述	86
3.3.2	IMGUI常用组件解析	86
3.3.3	IMGUI常用组件高级使用	88
3.3.4	IMGUI常用组件案例实战——猜拳游戏	89
3.4	UGUI系统	91
3.4.1	UGUI系统概述	91
3.4.2	UGUI常用组件解析	91
3.4.3	UGUI常用组件案例——颜色板	96
3.4.4	高级UGUI功能模块	99
3.5	图形用户界面交互系统	102
3.5.1	计算机终端用户交互设计	102
3.5.2	移动端用户交互设计	105
3.5.3	EventTrigger交互组件	107
3.5.4	UGUI支持的事件	108
3.6	Unity界面交互设计案例实战	109
3.6.1	界面交互实战案例概述	109
3.6.2	滚动小球——界面布局设计	109
3.6.3	滚动小球——主界面交互程序实现	113
3.6.4	滚动小球——游戏界面交互程序实现	115
3.6.5	滚动小球——游戏设置界面交互程序实现	116
习题		117

第4章 Unity物理引擎 119

4.1	物理引擎基础知识	119
4.1.1	Prefab与实例化游戏对象	119
4.1.2	刚体组件Rigidbody	121
4.1.3	刚体组件Rigidbody 2D	124
4.1.4	恒定力组件Constant Force	125
4.1.5	3D物理材质	126
4.1.6	2D物理材质	127
4.2	物理碰撞体组件解析	129
4.2.1	3D碰撞体	129
4.2.2	2D碰撞体	130
4.2.3	网格碰撞体	132
4.2.4	地形碰撞体	132
4.2.5	车轮碰撞体	132
4.3	物理关节组件解析	135
4.3.1	固定关节组件Fixed Joint	135
4.3.2	铰链关节组件Hinge Joint	137
4.3.3	弹簧关节组件Spring Joint	138
4.3.4	角色关节组件Character Joint	139
4.3.5	可配置关节组件Configurable Joint	141
4.3.6	2D物理关节组件	141
4.4	碰撞触发事件检测	143
4.4.1	Collision类	143
4.4.2	碰撞检测事件	143
4.4.3	触发检测事件	145
4.4.4	射线碰撞检测与绘制	147
4.5	物理引擎高级系统设置	153
4.5.1	Skinned Mesh Renderer组件	153
4.5.2	布料组件	154
4.5.3	角色控制器	155
4.5.4	2D效应器	157
4.5.5	物理管理器面板	158
4.5.6	物理调试可视化工具	160
习题		162

第5章 光照、材质、地形系统 164

5.1	光照系统	164

- 5.1.1 光照系统概述 164
- 5.1.2 全局光照设置面板 164
- 5.1.3 常用光源——点光源、聚光灯与方向光 168
- 5.1.4 光照组件特性——阴影、遮罩与光晕 172
- 5.1.5 高级光照功能——反射探针与光照探针 175
- 5.2 材质纹理 176
  - 5.2.1 材质纹理概述 176
  - 5.2.2 材质编辑器 177
  - 5.2.3 纹理编辑器 181
- 5.3 地形系统 184
  - 5.3.1 地形系统概述 184
  - 5.3.2 地形组件解析 185
  - 5.3.3 地形系统使用 187
  - 5.3.4 地形系统高级功能 188
- 习题 190

第6章 音视频动画特效系统 193

- 6.1 音视频播放器 193
  - 6.1.1 音频侦听装置 193
  - 6.1.2 音频播放 195
  - 6.1.3 音频混合装置 197
  - 6.1.4 视频播放器 198
- 6.2 模型动画系统 200
  - 6.2.1 动画系统概述 200
  - 6.2.2 动画面板介绍 201
  - 6.2.3 动画组件介绍 203
- 6.3 特效粒子系统 205
  - 6.3.1 粒子系统概述 205
  - 6.3.2 粒子特效基础功能 208
  - 6.3.3 粒子特效高级功能 213
- 习题 218

第7章 寻路数据库和网络开发技术 220

- 7.1 自动寻路技术 220
  - 7.1.1 自动寻路技术概述 220
  - 7.1.2 自动寻路技术解析 220
- 7.2 数据文件存储系统 227
  - 7.2.1 数据存储概述 227
  - 7.2.2 数据加载读取方式 229
  - 7.2.3 数据持久化存储技术 236
- 7.3 网络开发技术 242
  - 7.3.1 网络开发技术概述 242
  - 7.3.2 TCP-Socket 244
  - 7.3.3 UDP-Socket 249
  - 7.3.4 HTTP 253
- 习题 256

第8章 增强现实、虚拟现实、热更新技术和项目打包系统 257

- 8.1 增强现实技术 257
  - 8.1.1 增强现实概述 257
  - 8.1.2 增强现实开发工具 258
  - 8.1.3 Vuforia Engine——增强现实应用 258
  - 8.1.4 EasyAR——增强现实应用平台 262
- 8.2 虚拟现实技术 265
  - 8.2.1 虚拟现实概述 265
  - 8.2.2 虚拟现实开发设备与应用 266
  - 8.2.3 HTC VIVE 267
- 8.3 AssetBundle热更新技术 270
  - 8.3.1 AssetBundle热更新技术概念 270
  - 8.3.2 AssetBundle资源打包 270
  - 8.3.3 AssetBundle资源加载 272

8.3.4　AssetBundle依赖资源加载　273
　　8.3.5　AssetBundle资源卸载　274
8.4　Build Settings项目打包系统　275
　　8.4.1　系统介绍　275
　　8.4.2　PC端打包技术　275
　　8.4.3　移动端打包技术　277
　　8.4.4　Web端打包技术　279
习题　280

第9章　Unity 3D游戏开发综合案例——《无尽跑酷》　282

9.1　跑酷游戏说明　282
　　9.1.1　跑酷游戏类型说明　282
　　9.1.2　经典跑酷游戏介绍　282
9.2　《无尽跑酷》游戏开发案例　283
　　9.2.1　案例介绍　283
　　9.2.2　美术需求　283
　　9.2.3　功能需求　284
　　9.2.4　美术概念设计　284
　　9.2.5　游戏流程　284
9.3　《无尽跑酷》框架搭建　285
　　9.3.1　通用单例模式　285
　　9.3.2　对象池模式　285
　　9.3.3　MVC框架　287
9.4　《无尽跑酷》美术搭建　290
　　9.4.1　资源导入　290
　　9.4.2　场景搭建　290
　　9.4.3　主页界面　291
　　9.4.4　商店界面　291
　　9.4.5　主游戏界面　293
9.5　《无尽跑酷》程序实现　297
　　9.5.1　场景交替变换　297
　　9.5.2　摄像机跟随　298
　　9.5.3　多种输入控制　298
　　9.5.4　人物移动　299
　　9.5.5　金币获取　301
习题　302

参考文献　303

第 1 章

初识 Unity 游戏引擎

1.1 游戏引擎介绍

1.1.1 游戏引擎综述

1. 游戏引擎概念

游戏引擎是指交互式实时图像应用程序的核心组件或者可编辑计算机游戏的软件系统。游戏引擎对游戏开发过程中复杂的底层指令进行封装系统化处理，将常用的基础功能进行了模块组件化。这样游戏引擎可以为游戏设计者提供各种简单易用的工具，其目的就是让游戏设计者能容易和快速地做出游戏程序而无须从零开始。我们如今能够直观感受到的精美画面与物理效果，正得益于它的不断发展。

2. 游戏引擎组成

游戏引擎包含将游戏数据内容显示在屏幕上的图形渲染引擎模块，接收并处理来自用户控制硬件信号的交互系统模块，在游戏中模拟重力、碰撞、运动等真实现象的物理引擎模块，以及场景管理系统、声音系统、动画系统等。

3. 游戏引擎历史

游戏引擎的发展史与游戏的发展息息相关，如从最早20世纪的 *Tennis for Tow*、*Pong*、*SpaceWar* 通过控制示波器在电视屏幕上显示的像素点进行游戏，到20世纪70年代的利用Apple II计算机主机中仅有的64KB内存，使用BASIC编程开发的《波斯王子》，再到20世纪80年代任天堂发售游戏"巨作"《超级马里奥兄弟》等。

随着游戏行业的蓬勃发展，越来越多的人参与到游戏的开发当中。由于众多游戏开发者在每次开发过程中都需从头开始并通过大量重复劳动来开发一些基础的功能模块，因此开发者迫切地需要能够使游戏开发更加快速和方便的工具。

20世纪90年代，一家名为id Software的公司开启了游戏行业的技术革命，并由约翰·卡马克领导该公司在1993年正式推出使用Doom引擎制作的《毁灭战士》，Doom引擎也成为第一个用于商业授权的引擎。该公司又在1996年推出一款使用Quake引擎开发的作品《雷神之锤》。此后Quake引擎开始使用在《反恐精英》等游戏当中。

游戏引擎的开发浪潮逐渐兴起，Unreal、Unity、Source、CryEngine等引擎也相继问世，国内也逐渐诞生了如Cocos、Laya、Egret等引擎。

1.1.2 Unity引擎简介

目前，Unreal引擎和Unity引擎分别凭借优秀的画质和移动端优质的兼容性，受到不同需求开发者的青睐。其中，Unity引擎同时具备了2D游戏开发和3D游戏开发功能，且更适合游戏引擎初学者入门学习使用。

1. Unity 发展介绍

Unity引擎于2005年发布了Unity 1.0，至今已经发展近20年了。Unity官方提供了免费、独立的Unity引擎版本，可以在macOS、Windows系统上开发游戏时使用，并支持将游戏作品发布到Xbox等众多平台。

2. Unity 功能系统

Unity中内置了许多强大的功能模块，如图像渲染引擎、PhysX物理引擎、UGUI模块、音视频功能模块、动画特效功能模块、资源管理模块、联网功能机制、Mono脚本控制模块等。

3. Unity 引擎特点

Unity引擎具备入门简单、操作便捷、容易上手、功能系统强大、界面设计智能、面向组件开发、辅助配套环境好、素材和教程资源丰富、社区交流和学习氛围浓厚、跨平台、一键完成多平台开发和部署等特点。

1.1.3 Unity应用方向

党的二十大报告要求加快建设数字中国，通过开展制造业和建筑业等传统行业的数字化建设，利用新的技术手段推动相关行业的发展。目前，Unity引擎具有广泛的应用场景，并且已经成功应用于许多项目中。Unity引擎主要被应用于游戏业当中，也逐渐在影视动画业、制造业和建筑业等行业方向发挥作用。

1. 游戏业方向

Unity引擎拥有强大的游戏开发平台，拥有方便且灵活的编辑器、友好的开发环境、丰富的工具套件，可帮助开发者打造良好的游戏体验。开发者可以利用Prefab预制体高效、灵活地创建游戏对象，通用渲染管线高速渲染丰富图像内容，以及在编辑器窗口中实时编辑场景中的元素等。不论用户、程序员，还是美术老师；是个人，还是团队，都可以利用Unity引擎设计游戏。

国内外游戏开发团队利用Unity引擎创作的成功作品数不胜数，以下列举一部分Unity经典游戏作品，如小巧精美的手游《纪念碑谷》《精灵宝可梦》(见图1-1、图1-2)、领域特色作品《王者荣耀》、端游主机游戏《原神》《奥日与黑暗森林》等。

图1-1 《纪念碑谷》

图1-2 《精灵宝可梦》

2. 影视动画业方向

Unity引擎也被用于影视动画行业。Unity引擎内置了支持正向和延迟渲染的高清渲染管线,可以实现基于物理光照材质效果的3A级游戏画面实时演示,也可以导入可视化编辑着色器的ShaderGraph插件,用来简化对象材质的编辑,以及使用Timeline、Cinemachine等众多方便影视作品制作、渲染和查看的工具。Unity引擎具有更具创意的迭代,可以呈现美轮美奂的视觉效果。用户可以使用熟悉的工具集进行动画处理和编辑,并可以更快地获取样片、缩短审查周期或导出以合成动画。

除了开发游戏之外,Unity引擎还拥有着强大的图形渲染能力,利用Unity所制作的优秀影片不胜枚举,如《风起时》《你好世界》等(见图1-3、图1-4),还被用于影视动画《穿越火线:幽灵计划》中。

图1-3 《风起时》

图1-4 《你好世界》

3. 制造业方向

随着制造业数字化平台建设的推进，Unity引擎也逐渐应用于制造业。

在制造业中，Unity引擎可以为汽车设计全面屏数字仪表盘，以及为智能座舱后座设计娱乐服务等内容，可以搭配增强现实眼镜开发增强现实巡检应用系统，确保员工100%完成设备安全流程检查，还可以对机器人模型进行高度数字孪生和机器学习等仿真训练，如图1-5、图1-6所示。

图1-5　汽车宣传视频　　　　　　　　图1-6　增强现实生产巡检

Unity引擎可以参与到产品生命周期的各个环节当中，有效地改变产品的设计、生产、制造、营销和维护产品的方式。Unity提供了Industrial Collection、MARS、Simulation等工具帮助相关从业人员快速实现增强现实或虚拟现实沉浸式模式的交互体验产品系统。

4. 建筑业方向

Unity引擎也被应用于建筑业的许多环节。例如，在建筑设计初期，可以在Unity引擎构建的虚拟现实环境中，将文字图纸概念进行可视化原型呈现；在建设过程中可以通过在Unity引擎中创建沉浸式3D交互学习空间，让建筑员工在其中进行教学培训加速知识转化，省去实体样本的费用并降低搭建现场导致事故伤害的风险；可以开发智慧城市智能运行中心平台，实时查看现场最新施工进展及相关设备参数；还可以渲染建筑室内场景，为客户带来3D独特的交互体验。

此外，Unity还提供了Reflect、ArtEngine、VisualLive等工具帮助相关从业人员快速实现行业数据的互联互通，以及构建虚拟逼真的3D环境，如图1-7、图1-8所示。

图1-7　室内场景渲染　　　　　　　　图1-8　建筑虚拟现场

5. 其他应用方向

Unity还参与了许多实际应用开发，例如军事仿真应用、心理情感体验等众多虚拟可视化技术应用。

1.2 Unity注册与安装

1.2.1 Unity账号注册

Unity账号注册步骤如下。

（1）搜索进入Unity中国官网，单击界面右上角的头像并注册Unity ID，如图1-9所示。开发者需要拥有属于自己的Unity ID。Unity ID注册成功后，用户可以下载Unity相关开发软件并获取开发许可证、参与Unity Learn网页项目进行学习和开发、获取Unity资源商店中大量项目开发素材插件，以及在今后的开发操作中获得更新支持等服务。

图1-9　Unity注册页面

（2）在打开的面板中输入相关个人信息并通过绑定手机号的方式完成Unity注册。
- 也可以在Unity Connect App中访问注册页面。
- 完善个人信息并绑定微信等第三方软件，方便后续登录等操作。

1.2.2 Unity Hub安装

Unity Hub是一款Unity引擎的管理软件。它可以管理不同版本的Unity引擎以及创建的Unity项目，此外，Unity Hub还包含社区、学习等模块，用户可以从中了解到Unity的最新技术、获取素材，以及下载学习案例。

1. Unity Hub 安装步骤

（1）搜索进入Unity中国官网，单击"下载Unity Hub"按钮，如图1-10所示。

图1-10　Unity Hub下载页面

（2）下载完成后，双击下载的安装包并同意相关条款，完成Unity Hub安装。

安装完成后，可以通过选择Unity引擎下载方式，选择对应操作系统的版本或从Hub下载并安装Unity引擎。

2. Unity Hub 新旧版本区别

Unity Hub 2.5与Unity Hub 3.0的区别主要是UI的布局及颜色，Unity Hub内置功能是一致的，如图1-11、图1-12所示。

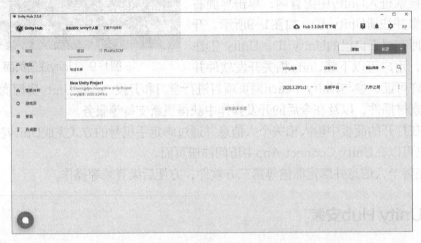

图1-11　Unity Hub 2.5

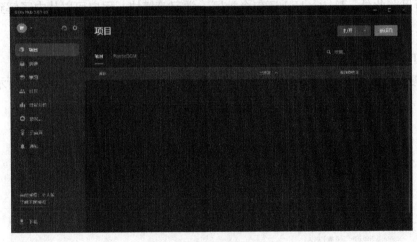

图1-12　Unity Hub 3.0

1.2.3　Unity Hub介绍

Unity Hub可以方便、快捷地安装各版本Unity引擎模块，以及加载Unity项目工程文件，界面如图1-13所示。

1. Unity Hub 页面布局功能

（1）右上角有登录、设置、更新等按钮，当遇到有关Unity引擎错误或问题时可以单击下方的对话浮动框进行交流和反馈。

（2）左侧选项栏包含常用的项目、社区、学习、安装等功能。

（3）项目栏中可以单击"添加"按钮，加载本地工程文件，在"新建"按钮处选择不同的Unity引擎版本进行项目创建，中间页面部分为最近开发项目的相关信息。

图1-13　Unity Hub页面

2. Unity Hub 登录

（1）单击Unity Hub右上角的头像，在打开的窗口中选中"登录"按钮。

（2）在打开的面板中使用Unity Connect App扫描登录。用户可以单击"账号登录"，通过手机验证码方式登录，也可以单击"电子邮件登录"，选中微信图案后利用微信扫码登录。

3. Unity Hub 的云桌面功能

Unity Hub推出了云桌面，实现了远程桌面控制功能，如图1-14所示。它极大地方便了开发团队成员远程无缝连接到高性能硬件设备，在任何时间和地点展开团队协助。Unity云桌面部署步骤如下。

（1）访问Unity远程桌面官网，查看用户手册。

（2）单击Unity Hub页面的"云桌面"选项，选择"前往云桌面"，进入Unity Remote Desktop网页版。

（3）在待控制的计算机上进行操作，单击"团队模式"，通过"添加机器"将该计算机申请添加为主机。

（4）选择"远程协助"→"分享本机屏幕"，单击"生成连接代码"并将其分享给团队内其他成员。

（5）团队内其他成员选择在"连接其他机器"文本框中输入连接代码即可完成连接。

图1-14　Unity Remote Desktop网页版

1.2.4　Unity引擎安装

Unity引擎是游戏开发软件,也是本书的主要内容。希望读者通过本书学习Unity引擎的相关使用知识后,可以利用Unity引擎轻松地开发各种游戏。

1. Unity 引擎安装目录设置

Unity引擎安装目录设置如下。
(1)单击Unity Hub页面右上角的"设置"按钮 。
(2)在常规页面中设置引擎安装路径,并单击"保存"按钮。
- 引擎安装路径的内存可预留10GB以上,并尽量避免路径中存在中文。
- 安装过程中保证关闭计算机上的相关杀毒软件,以防误删软件安装文件。

2. Unity 引擎安装操作步骤

Unity引擎安装操作步骤如下。
(1)单击Unity Hub页面左侧的"安装"选项后,单击右侧蓝色的"安装"按钮。
(2)选择一个Unity版本(选择推荐版本LTS)后单击"下一步"按钮,如图1-15所示。
(3)依据需求添加模块:目前可以先选择Microsoft Visual Studio Community 2019(简称Visual Studio)、Windows Build Support (IL2CPP)、Documentation、简体中文。
(4)单击"下一步"按钮,并同意相关条款后确认,等待安装完成。

Unity低版本引擎是无法运行高版本引擎创建的工程项目文件的,团队开发时应尽量保证Unity引擎版本的一致性。

3. 激活 Unity 引擎使用许可证

激活Unity引擎使用许可证的步骤如下。
(1)完成Unity引擎安装后,单击Unity Hub页面右上角的"设置"按钮 ,选择左侧的许可证管理栏。
(2)单击右侧"添加"按钮,并获取免费的个人版许可证后按提示操作即可完成激活。

请务必保证在使用Unity引擎的时候,Unity Hub处于登录并激活许可证的状态。

4. Visual Studio 安装与配置

Visual Studio安装与配置如下。

（1）用户自行完成Visual Studio账号注册，并登录Visual Studio。
（2）在Visual Studio安装模块处需要勾选".NET桌面开发""使用Unity的游戏开发"，如图1-16所示。
（3）单击"安装"按钮，等待Visual Studio安装完成。

5. Unity安装问题解决方案

Unity安装问题解决方案如下。

（1）单击Unity Hub页面右上方"问号"按钮，可以在Unity社区中提问，了解Unity相关知识。

（2）单击Unity Hub页面左下方的"交流"按钮，可以向Unity客服反馈问题。

（3）查阅Unity中国官网的用户手册，学习Unity开发内容。

（4）订阅拓展服务以获取更多的解决方案。

图1-15　Unity安装页面

图1-16　Visual Studio配置页面

1.3 Unity学习资源获取途径

1.3.1 Unity中国官网

在Unity中国官网页面可以了解Unity相关产品、下载Unity引擎软件和快速查阅Unity中文文档等，并可以欣赏使用Unity开发的优秀项目，如图1-17所示。

图1-17 Unity中国官网页面

1. Unity 用户案例

Unity中国官网中提供了丰富的用户案例，通过这些案例，开发者可以了解世界各地的美术师、设计师和编剧如何利用Unity实现他们屡获殊荣的游戏、电影，得到更好的虚拟现实/增强现实体验。

（1）单击Unity中国官网页面顶部导航栏中右侧的"用户案例"按钮，可以查看使用Unity引擎在不同领域内开发的优秀作品。

（2）单击"用户案例"中的"MWU 2022作品榜单"，可以查看由不同开发者制作的各种类型的优秀获奖作品。

2. Unity 中文文档

Unity中国官网中的中文文档包含有关Unity引擎的介绍与使用方法等内容，在后续开发过程中会反复使用到该文档，其重要程度不言而喻。

（1）单击Unity中国官网页面顶部导航栏中右侧的"中文文档"按钮，可以查看Unity提供的用户手册和脚本API等教学开发内容。

（2）浏览Unity用户手册组成部分，单击页面上方的脚本API以查看其大致分类。

3. Unity 开发者社区

用户可以在Unity开发者社区阅读其他优秀开发者写的技术文章，在开发过程中遇到任何问题都可以在这里提出并探讨。除此之外，还可以在Unity中文课堂中系统地学习Unity引擎功能模块。

（1）单击Unity中国官网页面顶部导航栏中的"开发者社区"按钮，进入开发者社区，用户可以阅读Unity相关技术文章。

（2）在Unity开发者社区页面中，单击页面上方的"问答"按钮，用户可以提出问题、解决他人的问题和编写文章。

（3）在Unity开发者社区页面中，单击页面上方的"课堂"按钮，进入Unity中文课堂。Unity中文课堂中有优质中文教程，感兴趣的用户可以访问并学习C#初级编程、C#中级编程等课程。

4．Unity 游戏服务

Unity还为游戏引擎提供各种强大的服务，例如Unity游戏云、联机对战引擎、Unity分发服务等，使得游戏开发过程中添加联机功能更加便捷，实现多平台发布更加轻松，并且能有效保障发布后游戏的数据安全。

1.3.2 Unity官网

Unity官网中提供了更加全面的有关Unity引擎的内容，如各类游戏作品开发方案、丰富完整的学习素材和教程资源，以及各种相关产品或服务支持等内容。用户可以在登录后单击头像左侧由9个小方块组成的图标▦，访问Asset Store、Dashboard、Distribute等。

1．Unity 官网登录方式

使用浏览器访问并登录Unity官网，浏览官网主页内容。

2．Unity Learn 网站

Unity Learn网站是Unity提供的权威学习平台，其含有丰富的学习资源、教学视频、图文步骤等内容，并且还规划好了学习路径、积分系统、交流分享等模块，如图1-18所示。

图1-18　Unity Learn网站

（1）使用浏览器访问Unity Learn网站，并单击右侧头像登录。

（2）单击Unity官网页面顶部导航栏中的"My Learning"。

（3）浏览Unity为Learners（学习者）、Educators（教育者）、Teams（团队）提供的教学内容及学习路径。

（4）单击页面导航栏部分的"Pathways"，并选择"Unity Essentials"（初学者）教程进行学习。用户在有一定基础能力后，可以开始学习"Junior Programmer"（进阶）课程。

（5）单击页面导航栏部分的"Browse"，浏览课程、项目、教程教学内容，此时可以单击"Browse all Courses"，浏览所有教学内容。

（6）在页面导航栏单击"Browse"，选择"COURSE"选项卡，单击"Browse all Courses"，可以依据级别、主题、行业、持续时间、语言等因素筛选想要学习的课程内容。

1.3.3 Unity Asset Store

Unity Asset Store（资源商城）是Unity官方建立的一个Unity资源分享平台，提供了Unity开发过程中可能用到的素材、拓展性功能插件，甚至是完整的教学工程文件。

1. Unity Asset Store 登录方式

Unity Asset Store登录方式如下。

（1）使用浏览器访问并登录Unity Asset Store，浏览商城内容，如图1-19所示。

图1-19　Unity Asset Store页面

（2）在页面左下方的"Language"列表中可以设置页面所使用的语言，这里选择"简体中文"。资源商城中有大量的免费内容，也有付费优质资源，购买后便可以导入项目进行使用。

2. Assets 资源素材

Asset Store中有丰富的素材资源，包含3D模型、2D图片、纹理和材质、动画、GUI和字体、VFX、音频等众多资源。

（1）在"Asset Store"导航栏中选择需要的类型资源素材，进入资源页面。

（2）在页面右侧对资源进行筛选，设置所需要资源的类别、价格、版本、评分等。

3. 工具实用插件

此外，Asset Store还提供可视化编程插件、地形编辑系统、动画绑定、AI等实用开发工具。这些插件可以让游戏开发过程更加轻松、便捷。

（1）单击"Asset Store"导航栏中的工具，展开下拉列表并选择感兴趣的工具类型。

（2）选择可视化脚本，对感兴趣的工具可以单击图片右上角的爱心图案进行收藏。

4. Unity 官方资源

Unity官方也发布了一些常用的资源包和教程项目，例如，Standard Assets (for Unity 2018.4)、Unity-Chan! Model、Unity Samples: UI、Introduction to 3D Animation Systems Assets等。

（1）单击"Asset Store"导航栏中的"模板"，选择教程。

（2）浏览教程资源，在页面上方的搜索栏中输入"Roll-a-ball tutorial"，找到并单击Roll-a-ball tutorial资源。

（3）浏览教程资源介绍，并单击"添加至我的资源"后，可以在页面右上角"下载"图标回中查看所有资源内容。

1.3.4 Unity Hub社区及学习

本小节讲解Unity Hub中的一些Unity学习资源与素材资源，用户通过Unity Hub中的学习资源可以轻松入门Unity引擎。

1. Unity Hub 社区

Unity Hub社区如下。

（1）单击Unity Hub页面左侧的"社区"选项，可以浏览并阅读有关Unity的技术文章。

（2）单击Unity Hub社区页面中的"官方直播"按钮，可以回放Unity官方直播视频内容；单击"热门素材"按钮，可以查看最新热门素材。

2. Unity Hub 学习

在Unity Hub中有大量项目教程内容，并提供了一种全新的互动式教学方法，用户可以在交互过程中学习Unity引擎基本操作知识，体验Unity所制作的精彩案例并进行拓展性学习。

（1）单击Unity Hub页面左侧的"学习"选项，可以浏览学习页面中的所有学习内容。

（2）选择一个感兴趣的学习项目，查看项目难度、所需时间、项目介绍及需要下载的Unity编辑器版本。安装好对应的Unity引擎版本后下载相关学习项目工程文件。

（3）单击"教程"按钮，浏览Unity学习教程知识点内容。

（4）单击右侧的"浏览更多资源"链接，查看更多学习资源。

Unity Hub学习项目提供体验交互式学习内容，用户可以零基础学习Unity基本界面布局与操作。这里以Unity Hub项目学习中的FPS Microgame为例进行讲解和实践。

（1）打开Unity Hub，选择页面左侧的"学习"选项，浏览学习内容并找到"项目"学习内容。

（2）选择FPS Microgame项目，查看相关介绍并下载学习项目工程文件，如图1-20所示。

图1-20　FPS Microgame下载

(3)单击"查看教程"并打开项目,教程会通过网页的形式呈现,项目会创建、加载、打开Unity工程文件,如图1-21所示。

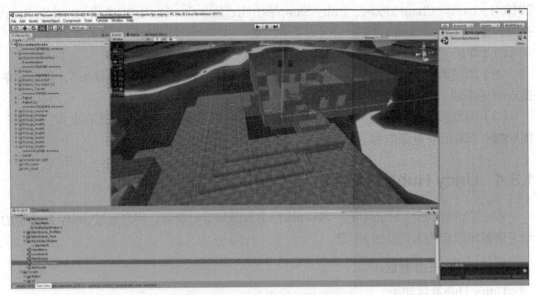

图1-21　FPS Microgame项目

(4)浏览教程并依据教程的详细步骤进行操作,学习Unity基础知识。

(5)单击工程项目步骤下方的"拓展学习"并尝试拓展更多玩法。

以Unity Hub学习教程中的Working with Scripts为例进行讲解实践。

(1)打开Unity Hub,选择页面左侧的"学习"选项,浏览学习内容并找到"教程"学习内容。

(2)找到Working with Scripts教程,如图1-22所示,单击"查看教程"按钮并查看教程网页,如图1-23所示。

图1-22　Working with Scripts介绍

图1-23　Working with Scripts网页教程

(3)按照网页内容及视频步骤制作并完成脚本编写。

1.4 Unity基础教学

1.4.1 Unity工程项目介绍

1. Unity 项目创建

Unity项目创建步骤如下。

（1）双击Unity Hub图标，启动Unity Hub，登录Unity。

（2）单击"设置"按钮，在许可证管理处激活新的许可证。

（3）返回Unity Hub项目主页，单击右侧"新建"按钮。

（4）在弹出的窗口中选择"3D"模板，设置项目名称、位置并单击"创建"按钮，如图1-24所示。

（5）等待Unity项目工程文件创建。

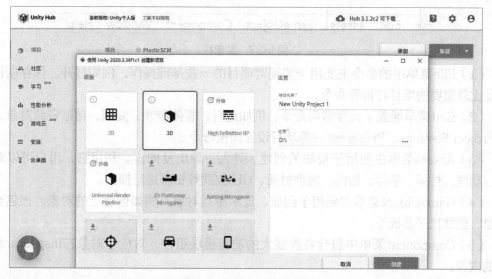

图1-24 Unity项目创建

2. Unity 项目目录

当在某路径下新建一个Unity工程文件时，用户可以看到该项目文件夹中自动生成了名为Assets、Logs、Packages、ProjectSettings等的子文件夹，如图1-25所示。

（1）在Unity Hub中选择一个路径后创建一个新项目，将其命名为"UnityProject"并查看项目文件。

（2）退出项目，将该项目路径文件夹中除了Assets文件夹外的内容都删除，并在Unity Hub中再次打开该项目，右击Project面板的Scenes文件夹，选择"Show in Explorer"，查看项目在文件夹中的内容。

图1-25 Unity项目目录

(3)退出项目,在Assets文件夹中找到SampleScene.unity场景并双击直接启动Unity项目。

3. 项目标题栏

Unity引擎最上方的项目标题栏内显示软件项目工程文件的项目名称、当前场景名称、发布平台对象以及使用的Unity引擎版本号和类型。

移动Hierarchy面板中的Main Camera对象,待标题栏出现"*"后及时保存,如图1-26所示。

图1-26 Unity项目标题栏

4. 菜单栏

标题栏下方的一排命令组,如图1-27所示,几乎涵盖了Unity引擎内置的所有操作指令。在后续的项目制作过程中会进行详细介绍,请初步尝试运行这些指令。

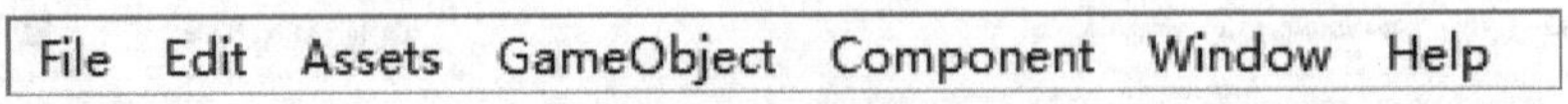

图1-27 菜单栏

(1)File菜单中的命令主要用于实现对项目的一些基础操作,例如打开、保存项目,以及比较重要的项目打包等命令。

(2)Edit菜单涵盖了大量常用命令,例如运行、暂停游戏,复制、粘贴资源对象,以及Project Settings、Preferences等项目设置面板命令。

(3)Assets菜单主要用于资源的创建、导入、导出及同步。利用它,用户可以对脚本、动画、材质、字体、贴图、物理材质、GUI皮肤等资源进行操作。

(4)GameObject菜单主要用于创建、显示游戏对象,例如创建空的对象、创建灯光对象、创建粒子系统等。

(5)Component菜单中包含各种强大的功能模块组件,对应了对象在Inspector面板中的内容。

(6)Window菜单中是各种Unity引擎面板的集合,例如Scene和Animation等面板。

(7)Help菜单包含大量帮助学习的相关命令,例如Unity Manual、Scripting Reference等。

5. 工具栏

工具栏位于菜单栏的下方,左侧有关于基本对象编辑操作、设置中心坐标系计算方式的按钮,中间部分为运行、暂停、调试按钮,右侧为用户(Account)、层级显示(Layers)、引擎布局(Layout)按钮,如图1-28所示。

图1-28 工具栏

(1)单击"GameObject→3D Object→Cube",选择Hierarchy面板中的Cube对象,将鼠标指针移动至Scene面板中并按F键进行快速对焦。

（2）单击工具栏中的"拖动"按钮，将鼠标指针移动至Scene面板并按住鼠标左键拖动，观察拖动效果。

（3）单击工具栏中的"移动"按钮，拖动Scene面板中Cube对象上的方向轴，查看移动效果。

（4）单击工具栏中的"旋转"按钮，拖动Scene面板中的圆形旋转轴查看旋转效果。

（5）单击工具栏中的"缩放"按钮，拖动Scene面板中的正方体方向轴查看缩放效果。

（6）按Ctrl+D组合键复制一个Cube对象，并按住Ctrl键将其向右移动3个单位。按住Shift键选中Hierarchy面板中的两个Cube对象，单击工具栏中的"Center"按钮，查看效果。

（7）将Cube对象向任意方向旋转45°，单击工具栏中的"Local"按钮，查看效果。

（8）单击工具栏中间的"运行"按钮、"暂停"按钮可以运行测试项目，并在Game面板中进行查看。再次单击"运行"按钮，恢复编辑状态。

（9）展开工具栏右侧的"Layout"下拉菜单，选择"4Split"查看按钮布局变化；再次展开工具栏右侧的"Layout"下拉菜单，选择"Default"恢复Unity开发工具的默认布局。

1.4.2 Unity引擎面板介绍

1. Hierarchy 面板

Hierarchy面板位于Unity引擎的左侧，它是Scene（场景）中所有对象的检索栏。用户在Hierarchy面板中可以轻松创建新的对象并对其进行分类和重命名、创建对象子集，具有隐藏对象、禁用对象编辑及搜索等功能，如图1-29所示。

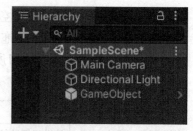

图1-29　Hierarchy面板

（1）展开Hierarchy面板的"+"按钮或在Hierarchy面板中右击创建预置对象。

（2）选中创建的Cube对象，拖曳并移动对象位置层级关系，按F2键进行重命名。

（3）按住Ctrl键逐个单击Hierarchy面板中的对象，添加单个对象；按住Shift键，通过选中Hierarchy面板中的第一个对象与最后一个对象来快速选中两个对象之间的所有对象。

（4）将鼠标指针移动至Hierarchy面板中的Cube对象上时，单击左侧的黑色区域显示出的手指按钮，会禁止该Cube对象在Scene面板中被拖曳并框选中；单击左侧的黑色区域显示的眼睛按钮，会将该Cube对象在Scene面板中隐藏，但其依然是存在的且运行时依然是会显示的。

（5）在Hierarchy面板中右击并选择"Create Empty"创建空对象GameObject，并将两个Cube对象移动至GameObject对象上，成为其子集。选中GameObject对象并移动，查看Cube位移情况。

（6）在Hierarchy面板的搜索栏中输入"Main Camera"，可以看到自动筛选出的摄像机。

（7）在Hierarchy面板中右击并选择"UI→Text"，可以在Game面板中看到New Text文本UI。

2. Scene 面板和 Game 面板

Scene面板位于界面布局中间，是对象场景搭建的主要操作区域。Game面板则是游戏运行时的画面效果演示区域。在Scene面板中可以利用工具栏中的工具对Hierarchy面板中的对象进行编辑并使其最终呈现在Game面板中，如图1-30所示。

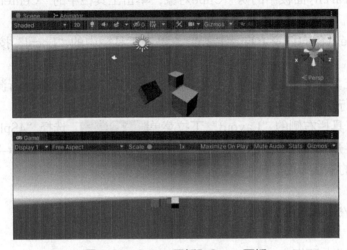

图1-30　Scene面板和Game面板

（1）Scene面板视角移动控制：在Scene面板中滚动鼠标滚轮拖曳视图；按住Alt键和鼠标左键，在Scene面板进行拖曳旋转视图视角；在Scene面板中按住Alt键滚动鼠标滚轮缩放Scene面板视角，如表1-1所示。

表1-1　　　　　　　　　　　　　Scene面板编辑操作方式

面板编辑	操作方式
视角平移/缩放	滚动鼠标滚轮拖曳，按住 Alt 键 + 鼠标左键拖曳
视角旋转	按住 Alt 键 + 鼠标左键拖曳
自由视角/摇晃	按住鼠标右键 +W/A/S/D（前、后、左、右）/Q/E（上、下）/拖曳

（2）单击Hierarchy面板创建的Text对象，鼠标指针移动至Scene面板中，按F键进行快速对焦，并控制视角的移动对Text文本对象的位置进行编辑。

（3）展开Scene下方的Shaded栏，更换视图层模式为Wireframe或其他模式。

（4）单击Scene菜单栏中的"2D"按钮，可以看到视图层呈现2D平面状态。

（5）单击"灯泡"按钮，可以不显示光照效果，但在Scene场景中依然受到光照影响。

（6）展开"摄像机"下拉菜单，调节相关参数后再次移动摄像机查看相机移动效果。

（7）展开"Gizmos"下拉菜单 Gizmos，拖动3D Icons调整Scene面板中图标的显示大小。

（8）单击Scene面板右边X、Y、Z方向轴，以及方向轴下方的"Persp"按钮查看效果。

（9）单击Game面板按钮 Game，并单击"Maximize On Play"按钮后运行游戏、查看效果。

3. Inspector 面板

Inspector面板位于引擎界面的右侧，用户需要选中Hierarchy面板中的对象才能够显示出相应的组件内容。在Scene面板中无法改变Text对象文本内容和Cube对象的属性，用户需要在Inspector面板中相应的组件处对其进行修改，并可以为对象设置标签、进行归类等，如图1-31所示。

图1-31　Inspector面板

（1）选中Hierarchy面板中的Cube对象，展开其Inspector面板下方的立方体图标，选择一种颜色和形式以为对象添加标记，方便在Scene面板中查看定位。

（2）重新设置Inspector面板下的Cube名称为"Cube"。

（3）取消名称左侧的复选框，该对象将会被禁用，在游戏中也不会被使用。

（4）展开Tag标签并单击"Add Tag"，在Tags栏处单击"+"并在"New Tag Name"处输入"tag_Cube"，单击"Save"按钮，新建标签"tag_Cube"。勾选设置Cube对象的Tag标签为"tag_Cube"。

（5）对于需要进行烘焙、AI寻路等操作的对象需要勾选名称右侧的Static复选框。

（6）右击Cube对象的Transform组件，在菜单中选择"Reset"进行位置重置。

（7）展开Cube(Mesh Filter)组件，单击"Mesh"栏右侧圆圈按钮，选择"Capsule"查看变化效果。

（8）分别右击"Cube(Mesh Filter)""Mesh Renderer""Box Collider"并选择"Remove Component"。单击"Add Component"按钮，然后搜索Light并添加灯光组件，看到Cube对象变成了灯。

（9）选择Hierarchy面板中的Text组件，在Scene面板中按F键对焦。更改其Inspector面板中Text组件的"Text"等参数，查看Scene面板中Text对象变化效果。

4. Project 面板

Project面板位于界面布局的下方，包含项目的所有资源内容，如图1-32所示，在Assets文件夹下放置了包括模型、声音、图片、脚本等资源文件。好的项目文件规划整理会为后续项目开发带来极大便利。下面会介绍关于Project面板的相关操作，如在Project

面板中创建文件夹、素材资源、项目资源文件的导入/导出操作、Project面板的搜索分类功能介绍、素材的引用，以及素材目录介绍等。

（1）展开Project面板下方的"+"或在Assets文件夹面板中右击，在弹出的菜单中单击"Show in Explorer"命令。

（2）单击"Create"，在级联菜单中可以选择创建Folder（文件夹）、C#Script（脚本）、Scene（场景）和Material（材质）等。

（3）选中创建出来的资源，按F2键进行重命名，并拖曳资源，放入不同的文件夹中进行分类。

（4）在Project面板中右击，然后单击"Show in Explorer"，打开资源所处的文件夹。

（5）在Project面板中右击，然后单击"Export Package"，将选中的资源导出成unitypackage文件。

图1-32　Project面板与效果

（6）在Project面板中右击，然后单击选择"Import Package"选项，可以导入外部unitypackage资源文件。

（7）在Project面板中右击，然后单击选择"Open"选项，打开文件夹；单击"Delete"可以删除文件夹资源。

（8）拖动Project面板右下方的滑动条，可以改变资源图标大小。

（9）单击Project面板右侧的搜索栏右侧的图标，可以分类筛选资源。

5. Console 面板

Console面板位于界面布局的下方，可以显示运行过程中遇到的提示、警告、错误等信息，还可以利用其调试代码，查看对象等在运行过程中输出的具体信息。接下来，利用Console输出代码运行信息并对Console工具栏相关功能进行介绍和使用。

（1）在Project面板中右击，并在弹出的菜单中选择"Creat→C# Script"，创建C#脚本NewBehaviourScript.cs，然后双击Project面板中的"NewBehaviourScript.cs"脚本，打开编辑器并编写如下代码。

```
using UnityEngine;
public class NewBehaviourScript : MonoBehaviour{
    void Start(){    //游戏运行开始时执行一次
        Debug.Log("Hello Unity");            //输出调试语句
    }
    void Update(){    //游戏运行过程中每一帧执行一次
        Debug.LogWarning("Hello")            //注意该条语句没有添加；
    }
}
```

（2）回到Unity引擎中可以看到Console面板中显示红色感叹号报错，报错信息为errorCS1002：; expected（期待有一个;）。

（3）双击报错信息，直接定位到代码编辑器处，并添加";"，修改代码如下。

```
Debug.LogWarning("Hello");      //添加分号
```

（4）回到Unity编辑器中，将Project面板中的该脚本拖曳至Hierarchy面板中的Main Camera对象上，或者单击场景内某对象的Inspector面板下的"Add Component"搜索该脚本的名称并添加该脚本组件，抑或直接将该脚本拖曳至对象的Inspector面板上。

（5）运行游戏，单击查看Console面板不断输出带黄色感叹号的Hello语句，如图1-33所示。

（6）单击Console面板下方菜单栏中的"Collapse"按钮进行折叠，显示"Hello Unity"语句。

（7）单击Console面板右侧的"感叹号"按钮隐藏警告信息。

（8）单击Console面板左侧的"Clear"按钮清空面板信息。

图1-33　Console面板

1.4.3　Unity命令栏介绍

Unity引擎界面上方的菜单栏中将所有常用的命令分为File、Edit、Assets、GameObject、Component、Window和Help七大命令栏。

1. File（文件）命令栏

File命令栏中的命令及说明如表1-2所示。

表1-2　　　　　　　　　　　File命令栏中的命令及说明

命令	说明	命令	说明
New Scene	新建场景	Open Scene	打开场景
Save（Ctrl+S）	保存	New Project	新建项目
Build Settings	打包发布项目设置	Exit	退出

2. Edit（编辑）命令栏

Edit命令栏中的命令及说明如表1-3所示。

表1-3　　　　　　　　　　　Edit命令栏中的命令及说明

命令	说明	命令	说明
Undo（Ctrl+Z）	撤销	Select All（Ctrl+A）	全选
Copy	复制	Paste	粘贴
Cut	剪切	Duplicate（Ctrl+D）	资源备份
Rename	重命名	Delete	删除
Play（Ctrl+P）	运行游戏	Pause	暂停
Project Setting	项目设置	Preferences	偏好设置
Shortcuts	快捷键设置	Grid and Snap Settings	步长设置

接下来将具体介绍Edit命令栏的使用方法。

（1）选中Project面板中的文件夹，按Ctrl+D组合键进行资源复制。

（2）选择"Edit"菜单中的"Preferences"命令，打开偏好设置面板，设置General中"Editor Theme"编辑器主题风格，设置"External Tools"中"External Script Editor"脚本编辑器工具，设置"Languages"中"Editor Language"编辑器语言。

（3）打开"Project Setting"项目设置面板，浏览项目工程文件的Audio、Graphics、Input Manager、Physics、Player、Quality和Time等全局管理器面板设置内容。

（4）单击"Play"命令，运行游戏；单击"Pause"命令，暂停游戏；再次单击"Play"命令，停止游戏。

3. Assets（资源）命令栏

Assets命令栏中的命令及说明如表1-4所示。

表1-4　　　　　　　　　　Assets命令栏中的命令及说明

命令	说明	命令	说明
Create	创建资源	Show in Explorer	显示目录
Import New Asset	导入资源	Export Package	导出资源
Select Dependencies	资源相关依赖	Open C# Project	打开脚本项目
Folder	文件夹	C# Script	脚本
Shader	着色器	Scene	场景
Prefab Variant	预制体变量	Audio Mixer	声音混合器
Material	材质	Lens Flare	光晕耀斑
Render Texture	渲染贴图	Sprites	精灵图片
Animatior Controller	动画控制器	Animation	动画片段
Timeline	动画线性编辑器	Physic Material	物理材质

接下来将具体介绍Assets命令栏的使用方法。

（1）在"Assets"菜单中选择"Create"命令，分别创建一个Folder、C# Script、Scene、Material和Physic Material资源。

（2）在Project面板中，选中某一资源或文件夹，右击并选择"Show in Explorer"，显示文件目录。

（3）单击"Import New Asset"，导入素材提供unitypackage资源文件。

（4）按住Shift键，单击选取刚创建的资源，单击"Export Package"导出资源。

4. GameObject（游戏对象）命令栏

GameObject命令栏中的命令及说明如表1-5所示。

表1-5　　　　　　　　　　GameObject命令栏中的命令及说明

命令	说明	命令	说明
Create Empty	创建空对象	Create Empty Child	创建空子对象
3D Object	创建3D预置体	2D Object	创建2D预置对象
Effects	特效对象	Light	灯光预置对象
Audio	声音控制器	UI	UI对象
Camera	摄像机	Move To View	对象移动至视线前
Align With View	对象移动至视线处	Align View to Selected	视线移动到对象处

部分对象的说明如表1-6至表1-11所示。

表1-6　　　　　　　　　　　3D Object对象

对象名	说明
Cube/Sphere/Capsule/Cylinder/Plane	立方体 / 球体 / 胶囊体 / 圆柱体 / 平面
Ragdoll/Terrain/Tree/WindZone	布娃娃 / 地形 / 树 / 风区

表1-7　　　　　　　　　　　2D Object对象

对象名	说明
Sprite/Sprite Mask/Tilemap	2D精灵 / 精灵遮罩 / 瓦片地图

表1-8　　　　　　　　　　　Effects对象

对象名	说明
Particle System/Trail/Line	粒子系统 / 轨迹 / 线条

表1-9　　　　　　　　　　　Light对象

对象名	说明
Directional/Point/Spot/Area Light	方向光 / 点光源 / 聚光灯 / 区域光
Reflection Probe/Light Probe Group	反射探针 / 光照探针组

表1-10　　　　　　　　　　　Audio/Video对象

对象名	说明
Audio Source/Audio Listener/Video Player	音频播放器 / 音频监听器 / 视频播放器

表1-11　　　　　　　　　　　　　　UI对象

对象名	说明
Canvas/Panel/Scroll View/Event System	界面画布 / UI 面板 / 滑动区域 / 交互事件系统
Text/Image/Raw Image	文本 / 图片 / 原始图像
Button/Toggle/Slider/Dropdown/Input Field	按钮 / 开关 / 滑动条 / 下拉菜单 / 文本框

接下来将具体介绍GameObject命令栏的使用方法。

（1）在"GameObject"菜单中选择"Create Empty"命令，创建空对象；单击"3D Object→Cube"，创建立方体。

（2）单击"2D Object→Sprite"，展开立方体Inspector面板的Sprite Renderer组件，单击"Sprite"右边的圆圈按钮，并在打开的面板中选择一张图片，在Scene面板中查看。

（3）单击"Effects→Particle System"，在Scene面板中查看创建的粒子系统。

（4）单击"Light→Point Light"，在Scene面板中查看灯光对Cube对象的光影效果影响。

5. Component（组件）命令栏

Component命令栏中的命令及说明如表1-12所示。

表1-12　　　　　　　　Component命令栏中的命令及说明

命令	说明	命令	说明
Mesh	网格组件	Effects	特效组件
Physics	物理组件	Navigation	导航组件
Audio	声音组件	Video	视频组件
Rendering	渲染组件	Tilemap	瓦片地图组件
Layout	布局组件	UI	UI 组件
Event	事件组件	Add	自定义脚本组件

接下来将具体介绍Component命令栏的使用方法。

（1）在Hierarchy面板中右击并选择"Create Empty"，创建一个名为GameObject的空对象。

（2）单击"Component→Mesh→Mesh Filter"与"Mesh Renderer"，添加组件。

（3）展开GameObject对象Inspector面板的Mesh Filter组件，并单击"Mesh"右侧的圆圈按钮，在打开的面板中选择"Cube"对象，可以看到Scene面板中显示紫色立方体。

（4）展开其Mesh Renderer组件的Materials处，单击"Element0"右侧的圆圈按钮，在打开的面板中选择创建出来的New Material，可以看到Scene面板中的紫色立方体变成白色立方体。

（5）单击Project面板中创建出来的New Material球，更改其Inspector面板的Albedo右边的颜色属性，可以看到Scene面板中的立方体随之变化颜色。

（6）再次选择"GameObject"对象，单击其Inspector面板下方的"Add Component"

按钮,并搜索Rigidbody(刚体)或通过"Physics→Rigidbody"添加刚体组件。

(7)将摄像机对准GameObject对象,运行游戏。立方体对象具有刚体属性,可以自行下落。

(8)在立方体下方创建Plane对象,运行游戏。立方体穿透Plane对象继续下落。

(9)同理,为立方体对象添加Box Collider组件,运行游戏。立方体下落至Plane对象处。

6. Window(窗口)命令栏

Window命令栏中的命令及说明如表1-13所示。

表1-13　　　　　　　　　Window命令栏中的命令及说明

命令	说明	命令	说明
Layouts	界面布局方式	Asset Store	资源商城
Package Manager	资源包管理器	General	常用窗口面板
Rendering	灯光渲染面板	Animation	动画面板
Audio	声音混合面板	Sequencing	时间序列面板
Analysic	分析面板	AI	AI导航面板

接下来将具体介绍Window命令栏的使用方法。

(1)单击"Window"菜单中的"Layouts→Wide"命令,更改引擎界面布局方式后请重新设置回Default模式。

(2)单击"Asset Store"打开资源商城,单击"Package Management"打开资源管理器并导入资源包。

(3)单击"General→Console"打开Console面板,单击"Rendering→Lighting Settings"打开灯光设置面板,单击"Animation→Animation/Animator"打开动画管理面板。

7. Help(帮助)命令栏

Help命令栏中的命令及说明如表1-14所示。

表1-14　　　　　　　　　Help命令栏中的命令及说明

命令	说明	命令	说明
About Unity	Unity 信息	Unity Manual	Unity 用户手册
Scripting Reference	脚本 API	Unity Services	Unity 服务
Unity Forum	Unity 社区	Unity Answers	Unity 问答
Reporta Bug	反馈问题	Quick Search	快速搜索工具

(1)单击"Help→About Unity",了解相关信息;单击"Help→Unity Manual",打开Unity用户手册;单击"Help→Scripting Reference",浏览Unity提供的脚本API。

(2)单击"Help→Quick Search",添加快速搜索工具服务。

8. 快捷键合集

Unity引擎中为这些常用的命令设置了快捷键，掌握这些快捷键将会有助于项目的开发与制作。Unity引擎中的默认快捷键如表1-15所示，也可以通过"Edit→Shortcuts"自定义命令快捷键，具体操作如图1-34所示。

表1-15　　　　　　　　　　　　　Unity引擎中的默认快捷键

快捷键	说明	快捷键	说明
F2	重命名	Y	移动、旋转或缩放选定的对象
Alt	展开/收起对象所有子物体	Z	轴点模式切换
Shift+Space	对当前窗口进行放大/缩小	X	轴点旋转切换
Q	抓手工具	Ctrl	捕捉（Ctrl+鼠标左键）
W	移动工具	V	顶点捕捉
E	旋转工具	Ctrl+S	保存
R	缩放工具	Ctrl+Shift+B	编译设置
T	矩形工具	Ctrl+B	编译并运行
Ctrl+Z	撤销	Ctrl+A	全选
Ctrl+V	粘贴	Ctrl+Shift+N	新建空游戏对象
Ctrl+D	复制	Ctrl+Alt+F	移动到视图
Shift+Delete	删除	Ctrl+Shift+F	聚焦到视图
Ctrl+F	查找	Ctrl+Alt+F4	退出
Ctrl+P	运行游戏	Ctrl+Shift+P	暂停

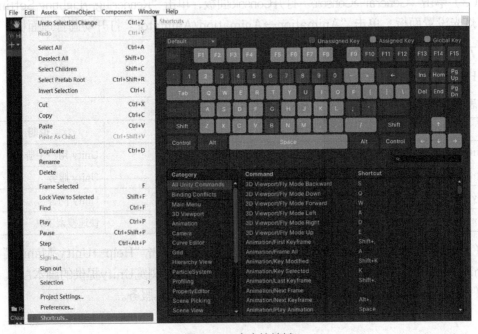

图1-34　命令快捷键

1.4.4 Unity常用资源基本使用

接下来将介绍常用的图片、字体、音频、视频、模型、动画等资源在Unity中的使用。在学习前，请先创建一个新的Unity工程项目并导入资源文件。

1. 图片

Unity支持大多数常见的图像文件类型，例如JPG、PNG、BMP、TIF、TGA、PSD、HDR等。图片常作为UI元素的源图像、材质的贴图、天空盒的材质贴图等。

图片

（1）选择一张图片，将图片拖入Project面板中的指定文件夹中，设置其Inspector面板的"Texture Type"为"Sprite(2D and UI)"。

（2）通过"UI→Image"新建对象，将图片拖曳至图片对象的Image组件Source Image栏中。

（3）选择Image对象，在Scene面板中按F键对焦查看，并调节图片位置及大小。

（4）通过"Assets→Create→Material"新建材质球，并将导入的图片拖曳至Albedo左侧栏中。Albedo属性控制了表面的基本色，可通过上述方式为Albedo属性分配纹理贴图。

（5）在Hierarchy面板中右击，选择"3D Object→Sphere"，新建一个Sphere对象，将该材质球拖曳至Scene面板中小球对象上并查看效果，如图1-35所示。

图1-35　图片使用案例

（6）选择导入的HDR格式图片，设置其Inspector面板的"Texture Shape"为"Cube"。

（7）直接将该圆形HDR贴图拖曳至Scene面板的天空中，查看天空效果。

2. 字体

Unity支持格式为TTF的文字字体，可以更改UI有关字体的显示效果，例如卡通风格字体、科幻风格字体、书画风格字体等。

（1）在Hierarchy面板中右击，选择"UI→Text"，展开Text对象的Text组件。

（2）单击Text组件Font属性栏右侧圆圈按钮◎，并在打开的窗口中选中导入的字体。

（3）查看Scene面板中Text对象的默认文本是否发生变化，如图1-36所示。

图1-36 字体使用案例

3. 音频

Unity支持播放MP3、WAV和OGG等格式的音频，音频常用作背景音乐、角色配音、爆炸或者其他音效等。

（1）在Hierarchy面板中创建一个空对象，在Inspector面板中搜索添加Audio Source组件。

（2）将Project面板导入的声音片段拖曳至对象声音组件的AudioClip右侧空栏中。

（3）勾选Audio Source组件的"Loop"复选框，运行游戏，可以听到声音片段被循环播放，如图1-37所示。

图1-37 音频使用案例

4. 视频

Unity支持MP4、MOV和WMV等大部分常用类型的视频，视频常用作新手教程、技能介绍、游戏CG过渡动画。

视频

（1）在Hierarchy面板中右击并选择"Video→Video Player"与"UI→Raw Image"。

（2）在Project面板中右击并选择"Create→Render Texture"，然后将该渲染贴图拖曳至Raw Image对象的Raw Image组件的"Texture"右侧空栏中。

（3）选中"Video Player"对象并单击其Inspector面板右侧的小锁按钮锁定。

（4）将Project面板中的MP4格式视频素材拖曳至Video Player组件的"Video Clip"处。

（5）将Project面板中的Render Texture资源拖曳至Video Player组件的"Target Texture"处。

（6）调节Raw Image的大小和位置，运行游戏，可以看到视频被播放，如图1-38所示。

图1-38 视频使用案例

5. 模型

Unity支持FBX、OBJ等格式的模型，模型常用于制作各种不同形象的物体或者人物。

模型

（1）选中导入的FBX格式模型素材，查看并了解其Inspector面板的相关参数设置。

（2）将Project面板中的FBX格式模型素材拖曳至Scene面板中即可创建模型对象。

（3）在Project面板中创建材质球并设置好相关贴图后赋场景中的模型对象。

6. 动画

Unity支持导入的模型自带动画片段，用户也可以利用Unity内置动画系统针对模型对象制作动画片段并播放。

（1）将导入的FBX格式模型拖曳至Hierarchy面板中，创建动画控制器并为对象添加Animator组件。

（2）在Project面板中右击并选择"Create→Animator Controller"选项，创建动画控制器，双击该动画控制器打开Animator面板。

（3）单击Project面板中FBX格式模型资源右边的圆圈中小箭头按钮进行展开，并将FBX格式模型内置的动画片段即绿色三角形图案资源拖曳至Animator面板中，显示Take001。

动画

（4）回到Scene面板中选中模型对象，并将新建的Animator Controller资源拖入对象的Animator组件的Controller属性右侧的空栏。

（5）将镜头对准模型对象，运行游戏，可以看到模型一直在播放动画。

（6）创建Sphere对象，重置小球位置为(0,0,0)，按F键将镜头快速对焦并选中该对象。

（7）按Ctrl+6组合键打开Animation面板并单击"Create"按钮，再将创建的Animator对象命名为An_Sphere。

（8）单击Animation面板中的红色按钮开始录制动画，移动小球位置，移动Animation中的滑动时间线，再次移动小球位置重复操作，再次单击红色按钮停止动画录制。

（9）运行游戏，可以看到小球在反复按照路径动画进行运动，如图1-39所示。

图1-39 动画使用案例

7. 特效

特效在游戏中较常用于实现各种技能效果。用户可以在Asset Store中下载各种特效资源，将其导入使用。

（1）将资源提供的特效预制体Effect资源拖入Hierarchy面板中，并快速对焦。

（2）在Effect对象的Inspector面板中，勾选Particle System组件中的"Looping"复选框。

（3）单击Scene面板右下方Particle Effect窗口中的"Player"按钮，可以看到特效播放，如图1-40所示。

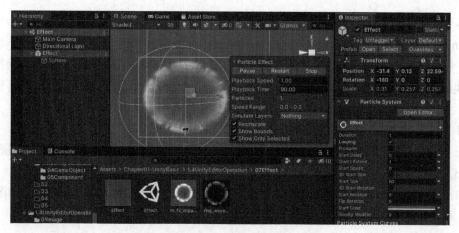

图1-40 特效使用案例

8. 脚本

Unity支持利用C#编程语言编写脚本。脚本可以控制对象组件的属性，也可以将脚本以添加组件的方式赋游戏中的对象，实现控制对象组件的属性或添加各种自定义功能。除此之外，脚本还可以实现对Unity引擎的编写。可以说，脚本几乎可以实现一切功能。

脚本

（1）在Project面板的Assets文件夹中右击并选择"Create→C# Script"，再设置脚本名称为"HelloUnity.cs"。

（2）双击Assets文件夹中的"HelloUnity.cs"脚本，在打开的脚本编辑器中输入以下代码。

```
using UnityEngine;
public class HelloUnity : MonoBehaviour{
    void Start(){
        Debug.Log("HelloUnity");
    }
}
```

（3）回到Unity引擎中，将该脚本拖曳至Hierarchy面板的Main Camera对象上。

（4）选中Main Camera对象，可以看到其Inspector面板中添加了"HelloUnity.cs"脚本。

（5）单击工具栏中的"运行"按钮运行游戏，可以看到Console面板上输出了"HelloUnity"，如图1-41所示。

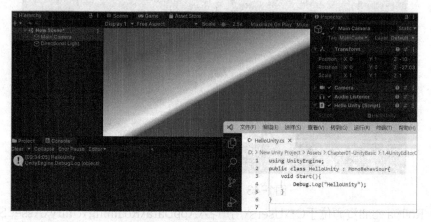

图1-41 脚本的创建和使用

9. 插件

Unity引擎提供了Package Manager来管理各种插件，插件包括编辑器工具、运行时工具、资源合集、项目模板等内容。Unity社区众多开发者提供了成千上万款Unity插件，合理地使用Unity插件可以极大地帮助用户学习和使用Unity引擎，加快Unity项目开发进度。

（1）进入Unity Asset Store并登录。

（2）在搜索栏中搜索并选择"Roll-a-ball tutorial"资源，单击"添加至我的资源"。

（3）回到Unity引擎中单击"Window"，选择"Package Manager"。

（4）单击"Packages:Unity Registry"，选择"My Assets"（我的资源），如图1-42所示，在搜索框搜索"Roll-a-ball"。

图1-42　Package Manager面板

（5）选中"Roll-a-ball"资源，单击右下角的"Download"，如图1-43所示，单击"Import"导入资源。

图1-43　插件的下载与导入

（6）Roll-a-ball资源位于C:\Users\用户名\AppData\Roaming\Unity\Asset Store中。

（7）尝试找到该资源后，也可以通过直接将其拖曳至Unity引擎Project面板或者通过"Add package from disk"的方式进行导入。

1.5 Unity案例实战——滚动小球

1.5.1 滚动小球——项目设计

1. 项目介绍

滚动小球是一款休闲类游戏。玩家通过操控一个小球在搭建好的场景中滚动，来触碰平台上旋转的立方体获得积分，当达到指定积分时获得胜利。

2. 美术策划

项目制作前需要初步设计游戏的美术风格，准备相关资源素材。美术策划如表1-16所示。

表1-16　　　　　　　　　　　　美术策划

项目类型	具体内容	项目类型	具体内容
场景对象	地面、围墙、立方体、小球	灯光布置	直射光
界面搭建	积分文本框、获胜文本框	音效	背景音乐
材质贴图	蓝色、黄色、绿色材质球	特效	无

3. 程序功能策划

一款游戏还需要好的功能设计，滚动小球项目程序功能策划如表1-17所示。

表1-17　　　　　　　　　　　　程序功能策划

功能类型	具体内容
对象功能	小球位移功能、立方体旋转功能、相机跟随功能
界面功能	记录当前剩余立方体个数文本、显示获胜文本
综合功能	碰撞检测、对象销毁、重启游戏

4. 预设草图

美术策划不能只停留在文字阶段，还需要对游戏场景、对象进行初步的绘画设计，滚动小球预设草图如图1-44所示。

5. 程序流程图

具体的游戏运行流程也需要通过制作程序流程图来反映运行机制。滚动小球流程图如图1-45所示。

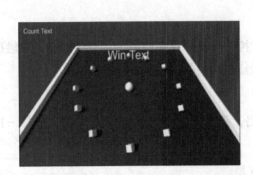
图1-44 预设草图

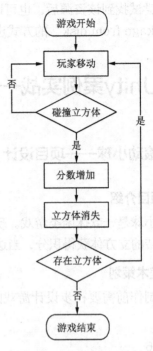
图1-45 滚动小球流程图

1.5.2 滚动小球——项目搭建

1. 滚动小球项目创建

选择合适的Unity版本新建"RollABall"项目后,可以看到在项目路径下生成了Assets、Library、Logs、Project Settings等文件夹。其中,Assets文件夹是不可或缺的,其包含项目必备的资源文件,而SampleScene.unity则为Unity引擎项目场景入口。

(1)在Unity Hub "新建"按钮右侧的下拉列表中选择合适的Unity引擎版本。

(2)新建Unity模板工程文件并将其命名为RollABall,如图1-46所示。

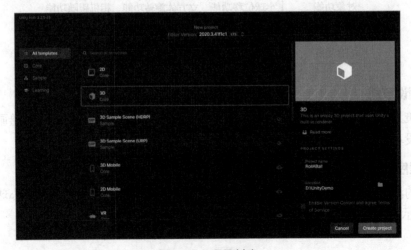
图1-46 项目创建

（3）调整引擎界面至合适布局。

（4）在Project面板中Assets文件夹下创建Material、Prefab、Script、Sound、Texture文件夹。

（5）导入相关素材并将其放置到对应文件夹中。

2. 滚动小球场景搭建

场景搭建需要开发人员对Unity界面布局、对象编辑工具、快捷键等内容有清晰且熟悉的认识。在滚动小球项目中利用Unity自带的3D Object对象即可完成场景的搭建。

（1）在Hierarchy面板中右击并选择"创建3D Object：一个Sphere对象、3个Cube对象"选项。

（2）修改其中一个Cube对象Transform组件的Scale缩放值为(15,1,15)，并将其命名为"Ground"。

（3）修改其中一个Cube对象Transform组件的Scale缩放值为(15,1,1)，并将其命名为"Wall"。

（4）将Sphere、Cube、Ground、Wall对象拖曳至Prefab文件夹中形成预制体。

（5）复制3个Wall对象，并创建一个空对象，将其命名为"GameArea"，布局如图1-47所示。

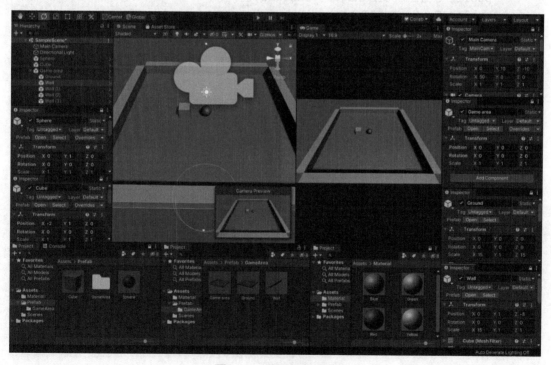

图1-47　项目场景搭建

1.5.3　滚动小球——美术优化

1. 滚动小球基本场景参数调节

滚动小球基本场景参数调节步骤如下。

（1）调节Main Camera对象的Camera组件参数。
（2）调节Directional Light对象的Light组件参数。
（3）为Main Camera对象添加Audio Source组件，将背景音乐文件拖曳至AudioClip处。
（4）在Project面板中右击并创建Material材质球，并将导入图片拖曳至材质球Albedo处。

2. 滚动小球界面设计

界面设计部分创建两个文本框分别显示当前场景中Cube对象的个数与获胜时显示"You Win!"字样。

（1）创建两个文本框并分别将其命名为"CountText""InfoText"。
（2）调节两个文本框位置组件参数。
（3）创建UIManager脚本并将其添加到Canvas对象。
（4）编辑UIManager脚本如下。

```
using UnityEngine;
using UnityEngine.UI;                          //需要导入UI包
public class UIManager : MonoBehaviour{
    //单例模式，保证实例的唯一性
    public static UIManager _instance;
    public Text countText;
    public Text infoText;
    public int cubeCount=4;                    //场景中Cube对象的个数
    private void Awake(){
        _instance = this;
    }
    void Start(){
        //初始化设置文本框
        countText.text = "Count:" + cubeCount.ToString();
        infoText.text = "";
    }
    //当玩家触碰到Cube对象时可以被调用
    public void SetText(){
        //显示当前游戏场景中Cube对象的个数
        cubeCount--;
        countText.text = "Count: " + cubeCount.ToString();
        //判断当前场景中Cube对象的个数是否为0
        if (cubeCount == 0){
            infoText.text = "You Win!";        //显示获胜文本内容
        }
    }
}
```

（5）将两个文本框拖曳至Canvas对象Inspector面板的UIManager组件栏中。
（6）运行游戏，查看效果，如图1-48所示。

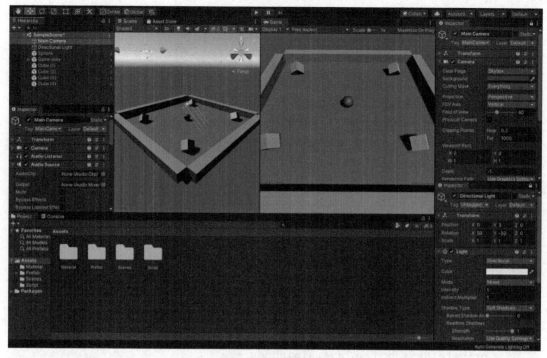

图1-48 场景搭建

1.5.4 滚动小球——功能实现

1. 旋转功能

旋转功能实现思路：Start方法与Update方法为Unity脚本声明周期函数必定会被调用，但调用逻辑与效果不同，Start方法常用于变量的初始化，Update方法中利用Transform组件的Rotate方法实现对象绕着某个向量轴每一帧都进行一定角度的旋转。

（1）在Script文件夹中创建CubeRotate脚本，编辑CubeRotate脚本如下。

```
using UnityEngine;
public class CubeRotate : MonoBehaviour{
    // 定义所需变量，private 表明参数为私有类型，外界不可访问
    //public 表明参数为公有类型，可以在其 Inspector 面板进行调节
    private Vector3 rotationAxis;        // 定义三维向量类型的变量：rotationAxis
    public float speed;                  // 定义旋转的速度：speed
    // Start 方法会在本脚本实例化第一次调用时自动运行
    void Start(){
        rotationAxis = new Vector3(0, 1, 0);
                // 设置 rotationAxis 的向量坐标为 (0,1,0)，即 y 轴
        speed = 0.5f;
                // 设置旋转的速度为 0.5，由于该参数是 float 类型的，因此需要添加 f
    }
    // 游戏在运行时的每一帧都会调用 Update 函数
    void Update(){
        // this 代表该脚本所挂载的对象，调用该对象默认的 Transform 组件并使用其
```

```
            // 组件内置的Rotate函数传入表示每帧绕某向量轴旋转度数的参数，设置该向量
            // 是以世界坐标系作为参考对象的
            this.transform.Rotate(rotationAxis * speed, Space.World);
        }
}
```

（2）为Cube预制体添加CubeRotate脚本，调节CubeRotate脚本的Speed参数。

（3）在Hierarchy面板中选择Cube预制体，在Inspector面板顶部的Overrides下拉菜单中选择"Apply All"命令将脚本设置应用到预制体。

（4）运行游戏，查看效果。

2. 位移功能

依据键盘输入事件进行位移功能的实现，具体步骤如下。

（1）为Sphere对象添加Rigidbody组件。

（2）创建SphereMove脚本并编辑如下。

```
using UnityEngine;
public class SphereMove : MonoBehaviour{
    public float speed;           // 玩家移动速度
    // 需要用到对象的Rigidbody组件实现移动功能
    private Rigidbody playerRigidbody;
    void Start(){
        speed = 10f;              // 为速度变量赋值
        // 获取该对象Inspector面板中的Rigidbody组件
        playerRigidbody = this.GetComponent<Rigidbody>();
    }
    // 物理规定的每一帧间隔调用一次，不会因为不同计算机的性能造成相同时间位移不同
    // 可以在ProjectSettings-Time中设置
    void FixedUpdate(){
        // 获取用户输入，可以在Edit-ProjectSettings-InputManager中查看或
        // 修改设置
        // Input调用输入事件，GetAxis获取方向轴变化，Horizontal为轴的名称
        float moveHorizontal = Input.GetAxis("Horizontal");
                            // 获取水平输入，即A/D/left键/right键输入值
        float moveVertical = Input.GetAxis("Vertical");
                            // 获取垂直输入，即W/S/up/down键输入值
        // 定义Player移动的方向向量并赋值
        Vector3 movement = new Vector3(moveHorizontal, 0.0f, moveVertical);
        // 调用对象身上Rigidbody组件中的AddForce方法
        // 向按键方向施加一个力使得对象移动
        playerRigidbody.AddForce(movement * speed);
    }
}
```

（3）将SphereMove脚本挂载到Sphere预制体。

（4）运行游戏，查看效果。

3. 碰撞检测

碰撞检测功能实现原理：OnCollisionEnter方法属于脚本生命周期内流程，挂载刚

体组件和碰撞体组件的小球在移动过程中不断使用CompareTag方法对比检测是否碰撞到了Tag标签为"Cube"的Cube对象碰撞体组件，如果发生碰撞，则调用集成父类中的Destroy方法销毁碰撞对象。

（1）在Inspector面板中为Cube对象预制体添加Tag标签"Cube"。

（2）创建SphereCollision脚本并将创建的脚本拖至Cube对象的Inspector面板中，编辑脚本如下。

```
using UnityEngine;
public class SphereCollision : MonoBehaviour{
    // 当挂载刚体组件和碰撞体组件的对象进入另一个对象的碰撞体组件触发区域就会调用该方法
    //Collision 为被进入的触发区域的碰撞对象
    private void OnCollisionEnter(Collision collision){
        // 判断触发区域的碰撞对象的 Tag 标签是否为设置的 Cube
        if (collision.gameObject.CompareTag("Cube")){
            // 调用父类中的销毁函数销毁碰到的对象
            Destroy(collision.gameObject);
            // 调用 UIManager 中的设置 UI 文本的方法
            UIManager._instance.SetText();
        }
    }
}
```

（3）在Hierarchy面板中选择Cube预制体，在Inspector面板顶部的Overrides下拉菜单中选择"Apply All"命令将脚本设置应用到所有Cube对象上。

（4）运行游戏，查看效果。

4．相机跟随

相机跟随原理是利用FindGameObjectWithTag方法获取小球对象，在游戏开始之前计算出相机与小球的位移差值offset，随着小球的移动实时更新相机位置并保持空间位移差值为offset。

（1）在Inspector面板中为Sphere添加名为Player的Tag标签。

（2）在Script文件夹中创建CameraFollow脚本并编辑如下。

```
using UnityEngine;
public class CameraFollow : MonoBehaviour{
    public GameObject player;        // 摄像机需要跟随的对象
    private Vector3 offset;          // 摄像机与对象的位移差值
    void Start(){
        // 通过 GameObject 类中的 FindGameObjectWithTag
        // 方法可以找到场景中带 Player 标签的第一个对象
        player = GameObject.FindGameObjectWithTag("Player");
        // 计算摄像机与 Player 玩家初始位置的位移差值
        // 通过获得其 Transform 组件的 position 属性值空间中的位置 (x,y,z) 来求差
        offset = this.transform.position - player.transform.position;
    }
    //LateUpdate 将会在 Update 方法之后自动调用
    void LateUpdate(){
        //Player 最新的位置坐标加上初始坐标差后为新相机 Transform 组件的位置坐标
```

```
            this.transform.position = player.transform.position + offset;
        }
}
```

（3）为Main Camera对象添加CameraFollow脚本，运行游戏，查看效果。

1.5.5 滚动小球——打包发布

制作滚动小球——打包发布的步骤如下。
（1）单击"File→Build Settings"，打开打包发布窗口，如图1-49所示。
（2）单击"Add Open Scenes"，添加当前游戏主场景。
（3）设置Platform为"PC, Mac & Linux Standalone"，并设置Target Platform为"Windows"。
（4）单击"Player Settings"进行游戏项目设置，可以设置游戏名称、图标等内容。这一部分内容在后面章节进行详细讲解。
（5）展开Resolution and Presentation，设置Fullscreen Mode模式为"Windowed"模式。
（6）回到Build Settings面板，单击"Build"按钮进行打包，并设置路径。
（7）打包成功，执行.exe文件运行游戏。

图1-49　项目打包发布

习　题

一、选择题

1. Unity免费个人版本可以进行商业开发吗？（　　）

A. 可以学习，不可以商用　　　B. 不可以学习，不可以商用
　　C. 可以学习，可以商用　　　　D. 只开放给企业商业开发
2. 使用Unity创造内容的所有权归属者是什么人员？（　　）
　　A. Unity公司　　　　　　　　B. 发行平台
　　C. 企业开发人员　　　　　　　D. 著作权登记人
3. 下面哪些引擎属于开源引擎？（　　）
　　A. Orge　　　　B. Frostbite　　　C. Irrlicht　　　D. Unreal
4. 下面哪些引擎属于商业引擎？（　　）
　　A. Unity　　　　　　　　　　B. Unreal
　　C. Luminous Studio　　　　　 D. CRYENGINE
5. 使用Unity开发的项目类别包括哪些？（　　）
　　A. 虚拟现实　　　　　　　　　B. 动画电影
　　C. 专业音频剪辑　　　　　　　D. 游戏
6. 使用Unity开发的项目有哪些？（　　）
　　A. 数字教育项目　　　　　　　B. 游戏项目
　　C. 网络爬虫项目　　　　　　　D. 数据库及大数据管理
7. 新建一个Unity项目需要注意的事项包括哪些？（　　）
　　A. 新项目的开发人员分配管理　B. 新项目所在的磁盘空间
　　C. 新项目的命名方式　　　　　D. 新项目是使用2D，还是使用3D模式
8. 在Unity编辑器中进行场景编辑的面板叫作什么？（　　）
　　A. Game面板　　　　　　　　B. Scene面板
　　C. Project面板　　　　　　　　D. Inspector面板
9. 对所有开发素材和资源文件进行管理的操作界面是什么？（　　）
　　A. Project面板　　　　　　　　B. Game面板
　　C. Hierarchy面板　　　　　　　D. Scene面板
10. Unity引擎使用的是什么坐标系？（　　）
　　A. 笛卡儿坐标系　　　　　　　B. 左手坐标系
　　C. 右手坐标系　　　　　　　　D. 极坐标系

二、问答题

1. 游戏引擎是什么？
2. 游戏引擎包含哪些部分？
3. Unity应用的领域有哪些？
4. Unity包含哪5个主要的面板？
5. Unity工程项目的目录包括哪些？
6. Hierarchy面板和Inspector面板有什么不同？

第 2 章

Unity 引擎基础知识

2.1 Unity官方文档

2.1.1 Unity官方文档页面介绍

Unity中国官网中文文档中包含Unity软件的全部功能服务、脚本API等内容的介绍，页面还提供了不同Unity引擎版本和语言的文档内容设置以供选择。最重要的是，用户可以通过Unity用户手册了解Unity的使用方法，通过脚本API查看Unity提供的方便的接口，操作步骤如下。

（1）访问Unity中国官网并单击导航栏中的"中文文档"。

（2）默认进入Unity用户手册页面，如图2-1所示，用户可以单击右上角的"脚本API"，查阅开发接口。

图2-1　Unity用户手册页面

（3）选择不同版本的Unity用户手册，当前默认为Version：2018.4。
（4）切换不同语言的用户手册，默认为中文。
（5）展开左侧手册目录。
（6）阅读右侧的用户手册内容，并单击"下一页"按钮➡继续浏览。

2.1.2 Unity用户手册使用指南

1. Unity 用户手册主页介绍

用户可以在Unity用户手册主页中，找到介绍Unity的新增功能与修复问题、最佳实践与专家指南路线、组成部分和其他信息源等的内容。单击"使用Unity"，可以了解Unity安装和使用的基本流程；单击"最佳实践指南"，可以学习Unity团队经过生产测试的最佳实践经验，其中包含资源管理、优化Unity UI、Unity内存管理和性能分析等内容；用户也可浏览其他信息源获取更多Unity信息。

2. Unity 用户手册目录内容介绍

Unity用户手册页面左侧是手册目录，内容分为包括版本引擎介绍的Unity用户手册，在Unity中操作和导入模块的基础知识，Unity提供的2D、图形、物理系统、动画、UI等功能引擎，以及Unity源码、Asset Store发布、实验性等高级内容，Unity包文档和术语表。

展开目录可见，每个模块系统中分为系统组件概述、组件的详细说明、属性作用信息，以及提供针对系统内的某个难点进行详细操作方法的教程内容。具体操作步骤如下。

（1）展开Unity用户手册页面左侧手册目录。
（2）阅读"在Unity中操作"中的准备开始、资源工作流程、主要窗口和创建游戏玩法部分。
（3）选取下方感兴趣的模块进行展开，浏览其概述、组件参数及教程内容。
（4）浏览术语表中与选取的功能模块相关的术语。

2.1.3 Unity脚本API查找与使用

Unity脚本API中列举了Unity提供的所有方便调用的包，主要为不可或缺的UnityEngine包、编辑系统的UnityEditor包、Unity包和Other包等。

在脚本API的每个类中也详细地介绍了类属性、相关接口、类描述、可以查看或设置的静态变量、可以被调用的具有强大功能的静态函数等。单击相关静态变量或者静态函数，可以更加详细、深入地了解该变量函数的使用方法，操作步骤如下。

（1）访问Unity中国官网并单击"中文文档"。
（2）单击"脚本API"进入相应的页面，如图2-2所示。
（3）使用搜索栏或者类属性关系找到UnityEngine包下的Classes类中的Debug类。
（4）阅读Debug类的内容，包括所属关系、描述、静态变量与静态函数等。
（5）浏览静态函数中的Log、LogError、LogWarning、DrawLine、DrawRay等函数并查看使用方法。

图2-2　Unity脚本API

2.1.4　Unity文档常见用法案例

在Unity用户手册中查看与Rigidbody组件相关的介绍信息：Rigidbody组件属于物理引擎系统，查看手册中物理系统及刚体概述，在3D物理系统参考中了解Rigidbody组件详细信息。

在Unity脚本API的搜索栏中查询Rigidbody可以快速知道Rigidbody属于UnityEngine包并继承自Component类，了解Rigidbody描述内容，掌握Rigidbody相关变量及常用函数内容，操作步骤如下。

（1）访问Unity中国官网并单击"中文文档"。

（2）在用户手册目录处展开"物理系统"，选择"物理系统概述"，查看"刚体概述"。

（3）学习3D物理系统参考中刚体部分的组件属性内容。

（4）单击"脚本API"并在搜索栏中搜索Rigidbody。

（5）选择查询结果为"Rigidbody通过物理模拟控制对象位置"的网页超链接。

（6）了解Rigidbody概述，熟悉Rigidbody的常用变量与公共函数等内容。

（7）查看mass、constraints和drag等变量的详细介绍信息及案例。

（8）浏览公共函数中的AddForce等函数，在Rigidbody.AddForce页面中了解函数的概述、函数的参数与使用函数案例等信息。

2.2　Unity常用类函数和属性

2.2.1　数学基础知识

1．坐标系——世界、局部、屏幕坐标系

Unity引擎中包含世界坐标系、局部坐标系和屏幕坐标系。其中，世界坐标系被称为全局坐标系，在世界坐标系中所有对象以(0,0,0)原点为基准且3D坐标系遵循左手法则，即x轴向右，y轴向上，z轴向前。而局部坐标系会随着对象的移动和旋转发生变化，但3D坐标系同样遵循左手法则。Unity引擎的2D游戏界面设计中的屏幕坐标系采用x轴向右、y轴向上的2D坐标系。

在Unity引擎中体验对象在不同坐标系下的操作变化，操作步骤如下。

（1）在Hierarchy面板中右击并选择"3D Object→Cube"，创建一个Cube对象。

（2）选中Cube对象，单击工具栏中的位移按钮或按W键，拖曳Scene面板中Cube对象上的坐标轴进行位移操作。

（3）按E键，拖曳Scene面板中Cube对象上的半圆线进行旋转操作。

（4）再次按W键可以看到位移坐标系为世界坐标系，单击工具栏中的"Global"按钮，切换成"Local"按钮，可以看到Cube对象上的坐标系为局部坐标系。

（5）单击Scene面板中的"2D"按钮，切换到2D模式，重复上面的操作可以看到对象在屏幕坐标系中位移数值的变化情况。

2. Vector3 向量

Vector3向量是在游戏开发中会反复使用到的数据类型，向量可以描述对象所处世界坐标系的位置、方向、缩放程度、颜色分量等。表2-1和表2-2分别介绍Vector3类的属性和说明。

表2-1　　　　　　　　　　Vector3类属性说明

属性	说明	属性	说明
x	向量 x 方向上的分量	normalized	获得单位向量
y	向量 y 方向上的分量	magnitude	获得单位长度
z	向量 z 方向上的分量	sqrMagnitude	获得单位长度的平方

表2-2　　　　　　　　　　Vector3类函数说明

函数	说明	函数	说明
Cross	向量叉乘	+、-	向量相加、相减
Dot	向量点乘	*、/	向量乘、除以标量
Angle	计算两个向量的夹角	Distance	计算两个向量的距离
==	判断两个向量是否相等	!=	判断两个向量是否不等
Project	计算向量在另一向量上的投影	—	—

在Unity引擎中定义Vector3向量并掌握相关函数，操作步骤如下。

（1）在Project面板的Assets文件夹中创建Demo_Vector3脚本，并编辑如下。

```
using UnityEngine;
public class Demo_Vector3 : MonoBehaviour{
    private Vector3 v1,v2;
    void Start(){
        v1=new Vector3(3,4,5);
        v2=Vector3.one;
        Debug.Log(v1.x);
        Debug.Log(Vector3.Distance(v1,v2));
    }
}
```

（2）将Demo_Vector3脚本拖曳并挂载到Main Camera对象的Inspector面板中。
（3）运行游戏，可以看到Console面板输出了向量运算数值。

3. 欧拉角与四元数

欧拉角使用三维向量表示，使用欧拉角可以直观、简单地控制对象进行旋转，但会存在万向锁问题，即被限制在绕竖直轴旋转丢失一个维度。这里展示Unity引擎中欧拉角的万向锁问题，操作步骤如下。

（1）在Hierarchy面板中右击并选择"3D Object→Cube"，新建一个Cube对象。
（2）单击工具栏中的"Global"按钮，切换为"Local"按钮，这时为局部坐标系。
（3）选中Cube对象，按W键（等同于单击工具栏的"Move Tool"按钮），将鼠标指针移动到Cube游戏对象的Transform组件，单击并按住Rotation栏的"x"、"y"或"z"字符处，左右拖动，可以看到Cube对象自身坐标轴旋转变化是绕x、y、z轴进行旋转的。
（4）手动设置Cube对象的Transform组件Rotation值为(90,0,0)，再次改变其Rotation的"y"或"z"值，可以看到无论如何修改，对象始终绕着y轴旋转，此时欧拉角出现万向锁问题。

万向锁问题会在3D动画插帧时出现。一般动画中使用关键帧，设计人员指定关键帧的旋转状态，然后Unity自动按照物体运动的最短距离，插帧出物体的运动过程。若采用欧拉角进行插帧，当物体最终状态处于万向锁状态的时候，会出现插帧出来的运动不是按照最短路径运动的情况。

四元数使用一个标量和一个三维向量表示，它可以很好地解决万向锁问题。虽然欧拉角和四元数模式都是绕对象自身坐标轴旋转且最终旋转角度和方向一致，但两者插帧运算方式存在差异，以此避免万向锁问题。

4. Math类

Math是在Unity中进行数学计算时都需要用到的函数，表2-3和表2-4分别介绍Math类的属性和函数。

表2-3　　　　　　　　　　　　　　Math类属性说明

属性	说明	属性	说明
PI	圆周率	Deg2Rad	角度到弧度的转换系数
Rad2Deg	弧度到角度的转换系数	—	—

表2-4　　　　　　　　　　　　　　Math类函数说明

函数	说明	函数	说明
Abs	计算绝对值	Sqrt	计算平方根
Min	返回最小值	Max	返回最大值
Pow(f,p)	返回 f 的 p 次方	Log	计算对数
Round	四舍五入为整数	Clamp	将数值限制在 min 到 max 之间
Sin	计算角度正弦值	Cos	计算角度余弦值
Tan	计算角度正切值	—	—

下例通过C#脚本编程，介绍Math类相关属性和函数的使用方法。新建C#脚本文件Script_Math，案例脚本代码如下。

```
using UnityEngine;
public class Script_Math : MonoBehaviour{
    void Start(){
        Debug.Log(Mathf.PI);
        Debug.Log(Mathf.Abs(-1));
        float i=4.5f;
        Debug.Log(Mathf.Round(i));
    }
}
```

将该脚本拖曳并挂载到Main Camera对象上，运行游戏，查看Console面板输出的信息，了解Math类的属性使用和函数使用。

5. Random类

Random是一个用于生成随机数的类，其常用属性和静态函数分别如表2-5和表2-6所示。重要的参数value可以返回随机数的结果；有别于其他随机数生成器，Unity的Random类返回值有可能等于1.0。

表2-5　　　　　　　　　　　　Random属性说明

属性	说明	属性	说明
seed	随机数生成器种子	value	返回一个0～1的随机浮点数
rotation	返回一个随机旋转数		

表2-6　　　　　　　　　　　　Random静态函数说明

函数	说明
Range(min,max)	返回min和max之间的一个数

下例使用Random类改变小球颜色。先在场景中新建一个Sphere游戏对象，在Assets文件夹中新建C#脚本文件RandomTest，脚本代码如下所示。将脚本文件挂载到Sphere上，运行游戏，可看到小球不断改变不同的颜色。代码中Random.Range (0.0f,1.0f)随机生成一个0~1的随机数（包含0和1），有3个随机数分别代表红色、绿色和蓝色的值，作为参数用于初始化Color类对象，并将值赋挂载的游戏对象MeshRenderer组件的material.color（材质颜色）。

```
using UnityEngine;
public class RandomTest : MonoBehaviour{
    void Update(){
        this.GetComponent<MeshRenderer>().material.color = new
Color(Random.Range(0.0f,1.0f), Random.Range(0.0f,1.0f), Random.Range(0.0f,1.0f),1);
    }
}
```

2.2.2 程序基础

1. C# 编程语言

Unity引擎采用的编程语言是C#。C#语言经过了多年的发展，如今已经非常稳定，并且它是一门面向对象的编程语言，对开发者非常友好，简单易学。

在使用C#编程时应注意以下几点。

（1）一条完整的程序指令称为语句，一个完整的程序就是由若干条语句组成的，每条语句必须以分号结尾。

（2）注意属性变量、函数、类的命名规范，名称应简单易懂。

（3）在Unity引擎中C#脚本文件名需要与继承了MonoBehaviour的类名保持一致，其在同一命名空间下不能重名。

（4）编写代码的同时需要添加合适的代码注释。

（5）Visual Studio中通过#region、#endregion进行代码折叠。

2. 类型变量

C#编程语言中的类型分为值类型和引用类型，值类型包括内置类型（用关键字int、string、float、bool等声明）、结构体类型（用关键字struct声明）和枚举类型（用关键字enum声明），如表2-7所示。引用类型包括类（用关键字class声明）和委托（用关键字delegate声明），如表2-8所示。C#编程语言中的常用关键字如表2-9所示。

实际数据类型处理中常常需要用到类型转换，常用类型转换函数如表2-10所示，类型转换通常有以下两种形式。

隐式类型转换：这种类型转换不会造成数据丢失，例如整型转换为字符串型。

显式类型转换：需要强制转换运算符，且会造成数据丢失，例如双精度型转换为整型。

表2-7　　　　　　　　　　　　　C#基本变量类型

变量类型	类型名	变量类型	类型名
int	整型	float	浮点型
double	双精度型	bool	布尔型
string	字符串型	struct	结构体类型
enum	枚举类型	—	—

表2-8　　　　　　　　　　　　　Unity中常用的引用类

引用类	说明	引用类	说明
GameObject	对象	Transform	位置
Color	颜色	Ray	射线
Rigidbody	刚体组件	—	—

表2-9　　　　　　　　　　　　　常用关键字

关键字	说明	关键字	说明
const	常量	class	类
using	引用包	static	静态成员
public	公开访问修饰符	namespace	命名空间
protect	保护访问修饰符	delegate	委托
private	私有访问修饰符	—	—

表2-10　　　　　　　　　C#中常用的类型转换函数

类型转换函数	说明	类型转换函数	说明
ToBoolean	把类型转换为布尔型	ToDouble	把类型转换为双精度浮点型
ToString	把类型转换为字符串型	ToByte	把类型转换为字节型
ToChar	把类型转换为单个字符型	ToDateTime	把类型转换为日期-时间结构
Int.Parse	把类型转换为整型	Convert	灵活的类型转换函数

在C#脚本中定义各种类型变量且赋值，并进行部分数据类型转换，查看Console面板中输出的信息，操作步骤如下。

（1）新建C#脚本，命名为DataType.cs并编辑脚本如下。

```
using UnityEngine;
enum FRUIT{                              //枚举类型
    Apple = 0,
    Banana,                              //值为1
}
public class DataType : MonoBehaviour{
public int a;
private float b;
public string c;
public int[] d;
public static int count = 0;             //静态成员，用于统计数量
private const float PI=3.14f;
void Awake(){                            //赋值
    a=1;   b=2.3f;                       //字符串型数值后面必须添加 f
    FRUIT fruit=FRUIT.Apple;
}
void Start(){
    string c="C# 编程语言 ";              //需要添加引号
    Debug.Log(a+b);
    a=(int)b;                            //强制将字符串型的b转换为整型的a
    Debug.Log(a);
    c=a.ToString();                      //将整型的a转换为string型的c
    Debug.Log(c);
    a=int.Parse(c);                      //将string型的c转换为整型的a
    Debug.Log(a);
}
}
```

（2）将该脚本拖曳至Main Camera对象的Inspector面板上，可以看到Inspector面板中该脚本栏下显示标有public访问属性的变量。

（3）运行游戏，查看Console面板中输出的信息。

3. 运算符

运算符是一种向编译程序说明一个特定的数学或逻辑运算的符号，也就是说，大多数编程问题都需要用运算符来处理数据，从而实现各种运算操作和满足逻辑要求。接下来介绍算术运算符、比较运算符、逻辑运算符。

除了常规的运算符外，C#还提供了一种特殊运算符——三元运算符？：，其作用和if语句类似，如果条件表达式返回值为true，则执行表达式1，否则执行表达式2。而运算符的优先级顺序是从左到右，先乘除后加减，但可以使用括号改变顺序。

算术运算符（见表2-11）用于实现数学中的加、减、乘、除四则运算等，返回同类型数值。

表2-11 算术运算符

算术运算符	说明	算术运算符	说明
+	数值相加	-	数值相减
*	数值相乘	/	数值相除
%	取余数	++	数值加1
--	数值减1	—	—

比较运算符（见表2-12）用于比较两个操作数的大小，比较结果是布尔值true或false。

表2-12 比较运算符

比较运算符	说明	比较运算符	说明
==	判断是否相等	!=	判断是否不等
<	判断数组是否小于	<=	判断数组是否小于或等于
>	判断数组是否大于	>=	判断数组是否大于或等于

逻辑运算符（见表2-13）用于判断两个值的逻辑运算是否成立，返回的是布尔值true或false。

表2-13 逻辑运算符

逻辑运算符	说明	逻辑运算符	说明
&&	与运算	||	或运算
!	非运算	—	—

在C#脚本中编写并执行各种运算符语句，在Console面板中查看输出结果，操作步骤如下。

（1）新建C#脚本，命名为OperatorDemo.cs并编辑脚本如下。

```
using UnityEngine;
public class OperatorDemo : MonoBehaviour{
    void Start(){
        int a=5,b=10;
        if((b>a)||(b==a)){
        //条件表达式 ? 表达式1:表达式2
            int c=20<b?1:0;                    //三元运算符
            Debug.Log(c);
        }
    }
}
```

（2）将该脚本拖至Main Camera对象的Inspector面板上，运行游戏，查看Console面板中输出的信息。

4. 控制语句

程序设计中的控制语句有3种，它们分别是顺序语句、条件语句和循环语句。语句都是按顺序逐句执行的，并按需要由控制语句进行循环、判断方面的控制，以达到程序设计者的目的。其中，程序开发中用得比较多的就是条件语句和循环语句。

条件语句（见表2-14）依据条件判断值来决定执行哪些语句分支。

表2-14　　　　　　　　　　　　　　　条件语句

条件语句	说明
if(条件){语句块}else if(条件){语句块}else{语句块}	先判断if语句条件是否成立，如果不成立，继续判断else if语句条件（可以存在多个else if），最后执行else语句块
switch(判断值){case 验证值：语句块 break; default 验证值：语句块 break;}	将验证值与判断值进行对比，如果相等，执行相应语句块（可以存在多个case），最后执行default语句块

循环语句（见表2-15）用来不断地重复执行一些操作，直到条件成立为止。

表2-15　　　　　　　　　　　　　　　循环语句

循环语句	说明
for(初始值;变量判断值;更改间隔值){语句块}	for循环语句需要设置初始变量，计算条件判断值是否为真，为真则执行语句块，修改间隔继续判断
foreach(变量类型 变量名 in 变量数组集合名){语句块}	将数组或对象集合中的每个元素执行一遍，遍历完所有元素后，将退出foreach循环体
while(判断语句){语句块}	判断语句为真，执行语句块，直到判断值为假
do{语句块}while(判断语句)	先执行一次语句块，再开始判断语句，直到判断值为假

在C#脚本中编写执行各种控制语句，在Console面板中查看输出结果，操作步骤如下。

（1）新建C#脚本，命名为"FlowStatementDemo.cs"并编辑脚本如下。

```
using UnityEngine;
public class FlowStatementDemo : MonoBehaviour{
    private string[] studentName=new string[]{"Bob","Andy","Mark"};
    void Start(){
```

```
        for (int i = 2; i < 10; i++){
            if (i % 2 == 0){
                Debug.Log(i+"是偶数");
            }else{
                Debug.Log(i+"是奇数");
            }
        }
        foreach(string str in studentName){
            Debug.Log(str);
            switch(str){
                case "Andy":Debug.Log("女生"); break;
                case "Bob": case "Mark":Debug.Log("男生"); break;
            }
        }
        int j=0;
        while(j<5){
            Debug.Log(j);
            j++;
        }
    }
}
```

（2）将该脚本拖至Main Camera对象的Inspector面板上，运行游戏，查看Console面板中输出的信息。

5. 函数参数

面向对象编程的核心是封装、继承和多态，其说明如表2-16所示。用户可以通过set和get方式将属性设置为可写或只读。

表2-16　　　　　　　　　面向对象编辑的核心概念及说明

核心概念	说明
封装	封装就是将数据或函数等集合在类中，封装的对象被称为抽象数据类型，其作用是保护数据不被意外修改
继承	提高代码的复用性
多态	允许不同类的对象对同一消息做出响应，体现多态有虚函数、抽象类、接口3种方式

如果函数的参数是内置类型，则在函数内部引用的是参数的副本，函数内的运算不会影响到参数本身。如果希望在函数内部改变内置类型参数的值，则需要添加ref或out标识符。也可以将ref替换为out，此函数则必须在函数内部先初始化引用的参数。两者之间的区别是ref参数必须被赋值，而out参数可以为空值。参数传递类型的说明如表2-17所示。

表2-17　　　　　　　　　参数传递类型的说明

参数传递类型	说明
普通参数传递	只在函数内部改变参数的值，无法在其他函数中更改其数值
ref/out 参数传递	引用传递既传递参数数值，也传递参数地址，支持在其他函数中进行修改

通过以下案例理解面向对象编程的核心概念（封装、继承、多态），以及函数之间的

参数传递逻辑，操作步骤如下。

（1）新建C#脚本，命名为"People.cs"，并打开脚本编写如下。

```
using UnityEngine;
public class People{
    public string people_Name{
        set{people_Name=value;}
    }
    public People(){}
    public People(string name){
        this.people_Name=name;
    }
    public void Walk(){
        Debug.Log("行走");
    }
    public void Walk(float speed){
        Debug.Log("行走速度为"+speed);
    }
}
```

（2）新建C#脚本，命名为"Student.cs"，并打开脚本编写如下。

```
using UnityEngine;
public class Student:People{
    public int student_ID;
    public int student_Phone;
    public Student(string name,int id){
        this.people_Name=name;
        this.student_ID=id;
    }
    public Student(string name,int id,int phone){
        this.people_Name=name;
        this.student_ID=id;
        this.student_Phone=phone;
    }
    public void Calculate(int i){
        i=2*i;
    }
    public void RefCalculate(ref int i){
        i=2*i;
    }
}
```

（3）新建C#脚本，命名为"FunctionDemo.cs"，并打开脚本编写如下。

```
using UnityEngine;
public class FunctionDemo : MonoBehaviour{
    void Start(){
        Student student=new Student("Bob",13);
        Student student2=new Student("Lily",14,1234);
        int i=5;
        student.Calculate(i);
```

```
        Debug.Log("Calculate 计算后 i 值: "+i);
        student.RefCalculate(ref i);
        Debug.Log("RefCalculate 计算后 i 值: "+i);
        student.Walk();                         // 多态
        student.WalK(i);
    }
}
```

（4）将该脚本挂载至空对象上，运行游戏，查看Console面板中输出的信息并理解程序的运行逻辑。

2.2.3 Unity常用类

1. MonoBehaviour 类

MonoBehaviour类是Unity基础类之一，如表2-18所示，它提供了print、Invoke、StartCoroutine等常用函数。凡是需要挂载到对象Inspector面板上的脚本都需要继承该类。其中，print函数的功能类似于Debug.Log函数向Console控制台输出消息。委托机制使用时需要注意Invoke函数不能进行参数传递，且运行时间速率ScaleTime值不能为0，否则将不被调用。

表2-18　　　　　　　　　　　　MonoBehaviour类说明

函数	说明	函数	说明
print	输出消息到控制台	Invoke	几秒后调用指定函数
InvokeRepeating	几秒后重复执行	CancelInvoke	取消待调用

应用程序通常需要多个函数同时开始执行，就像运动员一边开启计时，一边跑步一样，但Unity不鼓励使用多线程开发，所以其提供了Coroutine协同程序来解决多个函数同时被调用执行的情况，如表2-19所示。需要注意的是，所有协同程序依然是在主线程中运行的。用户可以通过StartCoroutine函数启动协同函数，并用StopCoroutine函数或StopAllCoroutines函数来终止协同程序，但这两种函数只能终止该MonoBehaviour类中的协同程序。在下面的案例中，游戏运行后按A键且不按S键，协同程序中的CoroutineFun函数执行输出语句；若在按A键的3s内按S键，执行StopAllCoroutines函数终止所有的协同程序，CoroutineFun函数的输出语句也被终止。

表2-19　　　　　　　　　　　　协同函数说明

函数	说明	函数	说明
StartCoroutine	启动协同程序	StopAllCoroutines	终止所有协同程序
StopCoroutine	终止协同程序	WaitForSeconds	等待若干秒

编写C#脚本，通过Console面板输出内容，理解协同程序，操作步骤如下。

（1）新建C#脚本，命名为"MonoBehaviourDemo.cs"，并打开脚本编写如下。

```
using UnityEngine;
using System.Collections;
```

```csharp
public class MonoBehaviourDemo : MonoBehaviour{
    void Start(){
        print("Console 面板输出 print 语句 ");
        Invoke("InvokeFun",3);
    }
    void Update(){
        if(Input.GetKeyDown(KeyCode.A)){
            float time=3.0f;
            print("A 键被按 ");
            StartCoroutine(CoroutineFun(time));
            print(" 协同函数启动并未阻止程序继续运行 ");
        }
        if(Input.GetKeyDown(KeyCode.S))
            StopAllCoroutines();
    }
    void InvokeFun(){
        print("3s 时间到，执行 InvokeFun 函数 ");
    }
    IEnumerator CoroutineFun(float time){
        yield return new WaitForSeconds(time);
        print(time+" 秒时间到，协同函数输出语句 ");
    }
}
```

（2）将该脚本挂载至空对象上，运行游戏，并按A键，等待3s后查看Console面板中输出消息的顺序。

（3）此时也可以尝试按下A键并在3s内按下S键，等待并查看Console面板是否有信息输出。

2. GameObject 类

GameObject类是Unity提供的一个与对象相关的类，表2-20和表2-21所示是GameObject类的常用属性与函数。

表2-20　　　　　　　　　　　GameObject类属性

属性	说明	属性	说明
tag	对象标签	transform	对象 Transform 组件
scene	当前场景	layer	对象层级

表2-21　　　　　　　　　　　GameObject类函数

函数	说明	函数	说明
AddComponent	为对象添加组件	GetComponent	访问组件
CompareTag	对比标签是否相同	SendMessage	发送事件
SetActive	设置是否启用	BroadcastMessage	广播事件
Find	寻找场景中的某对象	FindWithTag	寻找带有该标签的对象

通过小球组件的变化来理解GameObject类提供的函数，操作步骤如下。

（1）在Hierarchy面板中右击，选择"3D Object"，新建一个Sphere对象，并在其下方创建一个Plane对象，Sphere与Plane保持一定的高度差。

（2）设置Sphere对象在Inspector面板中的Tag标签为"Player"。

（3）新建C#脚本文件，命名为"GameObjectDemo.cs"，打开脚本并编辑如下。

```
using UnityEngine;
public class GameObjectDemo : MonoBehaviour{
    private GameObject sphere;
    void Start(){
        sphere=GameObject.FindWithTag("Player");  // 通过标签获取对象
        Debug.Log(this.gameObject.scene.name);
    }
    void Update(){
        if(Input.GetKeyDown(KeyCode.G)) {// 获取对象材质渲染组件并设置颜色
            sphere.GetComponent<MeshRenderer>().material.color=Color.red;
            sphere.AddComponent<Rigidbody>();        // 为对象添加组件
            sphere.GetComponent<Rigidbody>().AddForce(10, 0, 0, ForceMode.Impulse);
        }
        if(Input.GetKeyDown(KeyCode.D))
            Destroy(sphere.GetComponent<MeshRenderer>());    // 移除组件
        if(Input.GetKeyDown(KeyCode.S))
            sphere.SetActive(false);                 // 取消激活小球对象
    }
}
```

（4）将该脚本挂载至空对象上，运行游戏，查看Console面板中输出的消息，并按G键，可以看到Sphere对象变成红色。

（5）按A键，可看到小球对象在Inspector面板中被添加了Rigidbody组件，同时因为重力作用在小球上，小球向x轴方向做抛物线运动。

（6）按S键，可看到小球对象消失，其Inspector面板中启用的复选框被取消。

上述案例中通过GameObject的FindWithTag函数找到我们在步骤（2）设定的Tag标签为"Player"的对象并赋GameObject类的sphere变量，然后输出场景的名称。

3. Transform 类

场景里的每个对象都含有Transform类，它用以存储并控制物体的位置、旋转和缩放等信息。Transform类的属性及其说明如表2-22所示，Transform类的函数及其说明如表2-23所示。下面的例子通过摄像机的移动、旋转等效果理解Transform类的相关属性和函数，操作步骤如下。

表2-22　Transform类的属性

属性	说明
position	空间中位置
eulerAngles	欧拉角表示的旋转值
localScale	相对于父对象的缩放
forward/right/up	世界坐标轴对应方向
parent	对象父级
rotation	四元数表示的旋转值

表2-23　Transform类的函数

函数	说明
Find	寻找对象并放回
LookAt	旋转变换到某对象
Rotate	对象自身旋转
RotateAround	绕某点旋转
SetParent	设置父对象
Translate	对象位移变化

（1）新建一个游戏场景，主相机的名称为"Main Camera"。

（2）在Hierarchy面板中新建一个Cube对象，将其命名为"Cube"并重置其位置为(0,0,0)；在Hierarchy面板中右击并选择"Create Empty"命令，创建一个空的游戏对象，命名为"EmptyObject"。

（3）新建C#脚本文件TransformDemo.cs，打开脚本并编辑如下。

```csharp
using UnityEngine;
public class TransformDemo : MonoBehaviour{
    private GameObject cube;
    void Start(){
        cube=GameObject.Find("Cube");
        Debug.Log(this.transform.position);
    }
    void Update(){
        if (Input.GetKey(KeyCode.W))
            cube.transform.Translate(0,0,0.1f);
        if(Input.GetKey(KeyCode.D))
            cube.transform.Rotate(transform.up,Space.World);
        if(Input.GetKeyDown(KeyCode.K))
            GameObject.Find("Main Camera").transform.LookAt(cube.transform);
        if (Input.GetKeyDown(KeyCode.S))
        {
            this.transform.SetParent(cube.transform);
            this.transform.parent.Translate(0.1f,0,0);
        }
    }
}
```

（4）将该脚本挂载到空游戏对象EmptyObject上，按顺序按W、D、K、S键查看相机的移动和旋转效果，以及Hierarchy面板中空游戏对象EmptyObject的层级变化。

上述案例中通过GameObject类的Find函数，在场景中找到指定名称的游戏对象，并赋cube变量。当按S键后，Cube对象成了EmptyObject对象的父节点，由于脚本挂载在EmptyObject对象上，this.transform.parent表示其父节点的游戏对象Cube。

4. Time类

Time类是在Unity中获取时间信息的接口类，只有静态属性。记录时间要用到Time类，可以用来统计时间，其常用的属性如表2-24所示。在Update函数中，Time.deltaTime记录最近一次调用Update函数到现在的时间，其数值每一帧均有所变化。若想在不考虑帧速率的情况下匀速地旋转一个物体，可以乘以Time.deltaTime。

表2-24　　　　　　　　　　　　　　Time类常用的属性

属性	说明
time	游戏从开始到现在所经历的时间（单位：s）
deltaTime	从上一帧到当前帧消耗的时间
fixedTime	从游戏开始计算，最近 FixedUpdate 已启动的时间

续表

属性	说明
timeSinceLevelLoad	从加载当前 Scene 开始到目前为止的运行时间
realtimeSinceStartup	从游戏启动到目前为止运行的时间
frameCount	已渲染的帧总数
timeScale	时间的缩放。它可用于实现慢动作效果

为了更好地理解，下面通过脚本来演示Time类一些属性的使用并实现倒计时功能，操作步骤如下。

（1）新建C#脚本，命名为"TimeDemo.cs"，并打开编辑脚本如下。

```csharp
using UnityEngine;
public class TimeDemo: MonoBehaviour{
{
    public float appointTime = 3.0f;
    private float countTime = 3.0f;
    void Update()
    {
        Debug.Log("当前游戏已经运行的时间: " + Time.time);
        Debug.Log("上一帧消耗的时间: " + Time.deltaTime);
        Debug.Log("上一帧消耗的固定增量时间: " + Time.fixedDeltaTime);
        Debug.Log("程序已运行的时间: " + Time.realtimeSinceStartup);
        Countdown();
    }
    void Countdown()
    {// 倒计时
        if (countTime >= 0f)
        {
            countTime -= Time.deltaTime;
        }
        else
        {
            Debug.Log(appointTime + "秒倒计时时间到!");
            countTime = appointTime;
        }
    }
}
```

（2）将该脚本拖至Main Camera对象的Inspector面板上，运行游戏，查看Console面板中输出的信息。

5. SceneManager 类

Unity中提供了SceneManager类用来切换场景，需要将场景添加到Build Settings的Scenes In Build中，并且在使用前需要引用SceneManagement包文件。在用SceneManager.LoadScene进行场景切换时，参数可以采用Build Settings中的序号或场景名称。SceneManager类的函数及其说明如表2-25所示。

表2-25　　　　　　　　　　　SceneManager类的函数及其说明

函数	说明
SceneManager.LoadScene	直接切换到指定场景，但可能会出现卡顿的情况
SceneManager.LoadSceneAsync	异步切换会先加载场景，加载完以后再切换场景

利用SceneManager.LoadScene实现场景切换，操作步骤如下。

（1）在Project面板的Assets文件夹处右击，选择"Create→Scene"，并创建两个场景，分别命名为Scene1、Scene2。

（2）双击"Scene1"进入Scene1场景，在Hierarchy面板中添加一个Cube对象并重置其位置。

（3）单击"File→Build Settings→Add Open Scenes"，添加当前场景。

（4）双击"Scene2"进入Scene2场景，在场景中添加Sphere对象，并同步骤（3）一样，添加当前场景。

（5）回到Scene1场景中，创建脚本SceneManagerDemo，并打开编写如下代码。

```
using UnityEngine;
using UnityEngine.SceneManagement;
public class SceneManagerDemo : MonoBehaviour{
    void Update(){
        if(Input.GetKeyDown(KeyCode.A)){
            DontDestroyOnLoad(this.gameObject);// 保留当前物体到下一个场景中
            SceneManager.LoadScene(0);
        }
        if(Input.GetKeyDown(KeyCode.S)){
            DontDestroyOnLoad(this.gameObject);
            SceneManager.LoadScene("Scene2");
        }
    }
}
```

（6）在Hierarchy面板中右击并选择"Create Empty"创建空对象，将该脚本拖曳至其Inspector面板上，运行游戏，按A键，重新打开Scene1场景，按S键进入Scene2场景。

2.3　Unity组件详解

Unity引擎中内置了许多具有强大功能的组件，读者不必了解广泛的底层知识，在学会组件相关的参数设置方法和函数调用方法后，就可以实现各种游戏效果，制作出有趣、真实的游戏。

2.3.1　Unity组件合集介绍

1. Unity 内置功能组件

Unity引擎界面中的"Component"或Inspector面板下方的"Add Component"中

包含几乎所有的内置功能组件，涵盖了游戏制作所需要的各方面基础功能，分为Mesh、Effects、Physics、Audio、Video、UI、Event等类，其中又包含许多相关的功能组件。

2. 了解组件功能

若想了解某个组件的功能，可以单击该组件右侧的"小问号"按钮，如图2-3所示，直接打开对应版本的用户手册中对该组件选项的介绍。

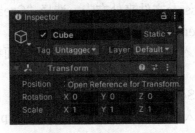

图2-3　了解组件功能

2.3.2　Unity组件功能参数了解

1. Unity 内置组件 Rigidbody 函数说明

刚体是运动学（Kinematic）中的一个概念，是指在运动中和受力作用后，形状和大小不变，而且内部各点的相对位置不变的物体。通过官方文档可以学习使用Rigidbody函数的方法。

（1）单击Inspector面板中该组件右侧的"小问号"按钮，打开浏览器网页后选择右上角的Scripting API，输入"Rigidbody"进行搜索，可以看到与Rigidbody组件相关的可调用函数的介绍，如图2-4所示。

（2）选择其中一个链接，进入相应页面，可以看到详细的解释和案例教学内容，如图2-5所示。

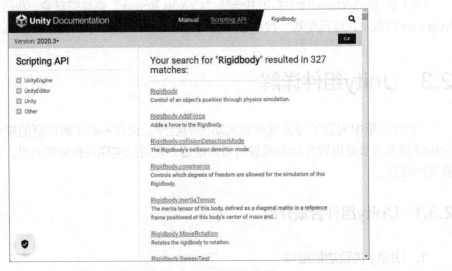

图2-4　与Rigidbody相关的函数

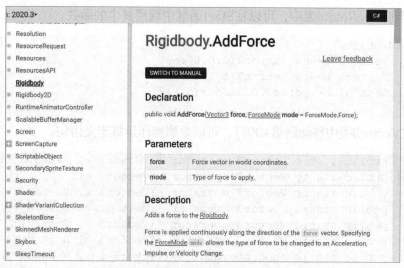

图2-5 解释和案例教学内容

2. C# 常用向量类 Vector3 说明

下面将通过案例来详细讲解向量类Vector3的使用方法。

（1）回顾第1章中的"滚动小球"案例中使用到的向量类Vector3。

（2）找到并打开CubeRotate.cs脚本，查看定义的绿色字体的Vector3类。

（3）右击"Vector3"，选择"转到定义"，转到其定义，进入Vector3类中观察变量。

```
// 可访问到该类公开的属性 x、y、z 的值
    public float x;    // 向量中的 x
    public float y;    // 向量中的 y
    public float z;    // 向量中的 z
```

（4）回到CubeRotate类中，可以在Start函数中访问属性。

```
void Start(){
    print(rotationAxis.x);    // 可通过.访问到 x 属性并输出其值
}
```

（5）在Vector3类中可以看到许多重载函数，因此可以传入不同数量的参数。

```
        // 用给出的 x、y、z 创建向量，设置 z 为 0。当只传入两个参数时默认 z 为 0
        public Vector3(float x, float y);              // 参数：x、y
        public Vector3(float x, float y, float z);     // 参数：x、y、z
```

（6）回到CubeRotate类中，可以在Start函数中赋值传入对应参数。

```
void Start(){        // 为变量赋值
    rotationAxis=new Vector3(0,1,0);
            // 设置 rotationAxis 的向量坐标为 (0,1,0)，即 y 轴
}
```

（7）在Vector3类中有许多函数。

```
    // 返回一个字符串型数据，内容为 a 到 b 的距离
    public static float Distance(Vector3 a, Vector3 b);  // 参数：a、b
```

（8）回到CubeRotate类中，可以在Start函数中调用其中的函数。

```
void Start() {
    Vector3 a=new Vector3(0,0,0);
    Vector3 b=new Vector3(1,1,1);
    float aTob=Vector3.Distance(a,b);
}
```

（9）在Vector3类中移动到第400行，可以看到操作运算定义语句。

```
public static Vector3 operator +(Vector3 a, Vector3 b);
public static Vector3 operator -(Vector3 a);
public static Vector3 operator -(Vector3 a, Vector3 b);
public static Vector3 operator *(float d, Vector3 a);
public static Vector3 operator *(Vector3 a, float d);
public static Vector3 operator /(Vector3 a, float d);
public static bool operator ==(Vector3 lhs, Vector3 rhs);
public static bool operator !=(Vector3 lhs, Vector3 rhs);
```

（10）回到CubeRotate类中，可以在Start函数中尝试操作运算。

```
void Start() {
    Vector3 a=new Vector3(0,0,0);
    Vector3 b=new Vector3(1,1,1);
    Vector3 c=a+b;
}
```

（11）用户可以在编写代码时通过"."的方式浏览相关内容，如图2-6所示。其中，立方体图标◎代表可以使用的函数；扳手图标🔧代表相关的参数属性。

智能提示当前类的重载函数（按上下键切换），如图2-7所示，需要传入的参数类型和数量，以及返回的类型值（需要接收的对象类型）。

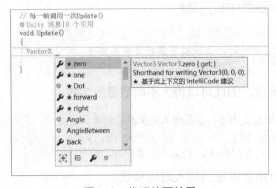

图2-6 代码编写效果

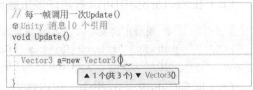

图2-7 重载函数提示

3. this

编写类时，使用this就可提供一种访问自己的机制。因为类是抽象的，不属于任何一个对象，而对象可以有很多，且对象在内存中是独立存放的。

（1）可以看到this代表脚本挂载的对象本体。

（2）通过"."的方式可以快速查看具体的属性和函数等内容，如图2-8所示。

（3）在CubeRotate类中，在Update函数中找到this.transform.Rotate，在transform上右击并选择"转到定义"，转到其定义以查看与Component类相关的内容，如图2-9所示。

图2-8 智能提示属性和函数 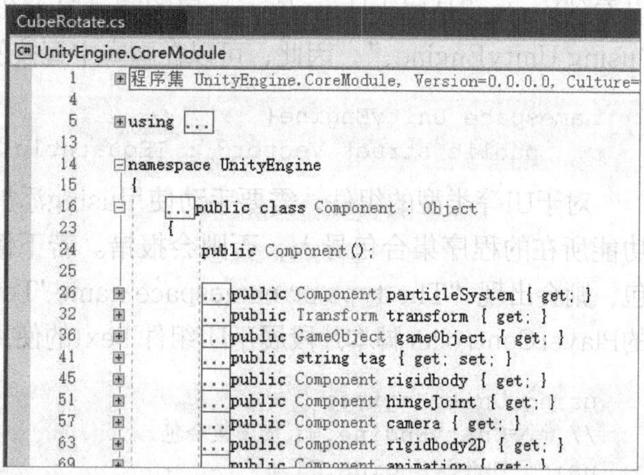　　　　　图2-9 Component类内容

（4）在Component类中第32行的绿色Transform类处右击并选择"转到定义"，转到其定义以查看与Transform类相关的内容。

（5）在Transform类中又看到熟悉的属性、类名及各种函数，在第267行处看到在Update函数中使用过的函数Rotate，如图2-10所示。

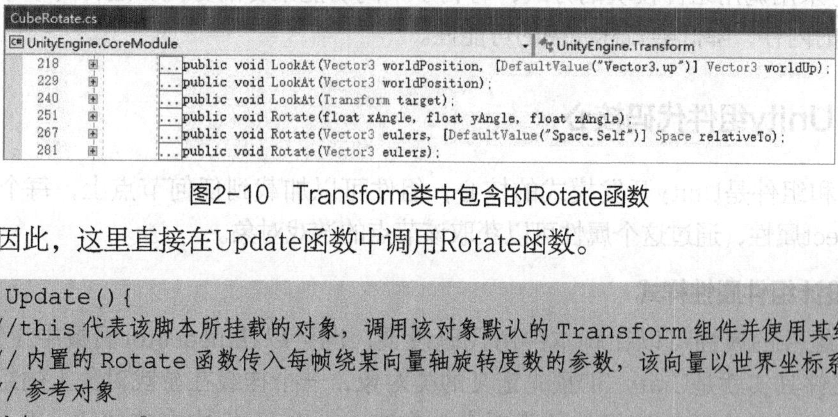

图2-10 Transform类中包含的Rotate函数

（6）因此，这里直接在Update函数中调用Rotate函数。

```
void Update(){
    //this 代表该脚本所挂载的对象，调用该对象默认的 Transform 组件并使用其组件
    // 内置的 Rotate 函数传入每帧绕某向量轴旋转度数的参数，该向量以世界坐标系为
    // 参考对象
    this.transform.Rotate(rotationAxis * speed, Space.World);
}
```

2.3.3　Unity组件模块函数调用

随着项目规模的扩大和脚本数量的增加，脚本类名称相同的可能性也越来越大。当几名程序员各自负责游戏的某个方面并最终将他们的工作整合起来的时候，若他们定义的脚本类名称相同，项目整合会发生冲突。

Unity中采用命名空间的方式解决上述问题。命名空间就是类的集合，引用集合中的类时需要在类名中使用所选的前缀。在Unity 3D中，常用的类分别属于不同的程序集合

包，如Vector3属于UnityEngine程序集合包，使用Vector3类的时候需要用namespace引用该程序集合包。

在脚本文件中，通过选择"Vector3"，右击并选择"转到定义"，转到其定义，可以看到Vector3是属于UnityEngine包的类。由于在脚本生成的时候，脚本文件自动添加"using UnityEngine;"，因此，可以在脚本中直接使用Vector3类。

```
namespace UnityEngine{
    public struct Vector3 : IEquatable<Vector3>, IFormattable{
```

对于UI等类型的组件，需要手动使用using添加对应的命名空间，将UI组件或者其他功能所在的程序集合包导入，否则会报错。若下例中没有导入UnityEngine.UI程序集合包，则会出现"The type or namespace name 'Text' could not be found"的错误。下面的PlayerController脚本片段展示UI组件Text的使用方式。

```
using UnityEngine;
// 导入UnityEngine.UI 程序集合包
using UnityEngine.UI;
public class PlayerController : MonoBehaviour{
    public float speed;           // 玩家移动速度
    private Rigidbody playerRigidbody;// 需要用到对象的 Rigidbody 组件实现移动功能
    //UI 相关变量
    public Text countText;        // 用到 Hierarchy 面板中 CountText 对象的 Text 组件
```

Unity采用调用组件模块的方式，有利于不同功能集合的分离，这样可以减少调用程序时占用的内存，降低类名称冲突的可能性。

2.3.4 Unity组件代码核心

节点和组件是Unity开发模式的核心，组件可以加载到任何节点上，每个组件都有gameObject属性，通过这个属性可以获取该节点的游戏对象。

1. 设计组件属性样式

设计组件的属性可以在脚本中用代码设置，也可以在Inspector面板中设置。Unity 3D中的组件其实就是Unity 3D预先定义的类对象，一个挂载在游戏对象上的组件，相当于在该游戏对象上添加该组件的类对象。在Hierarchy面板中右击"UI→Text"，添加Text对象，查看Text对象的Text组件，并新建一个脚本文件。

下面将介绍查看Text的定义及其属性的方法，操作步骤如下。

（1）在文件中导入UnityEngine.UI程序集合包，定义一个Text类对象countText。

```
public Text countText; //用到 Hierarchy 面板中 Text 对象的 Text 组件
```

（2）右击"Text"并选择"转到定义"转到其定义，可以看到在Text类中有很多公开属性，如图2-11所示。与Inspector面板对比，不难发现其中的很多属性名与Inspector面板的类似，开发者如果想在自己的脚本中实现类似功能只需要模仿编写即可。

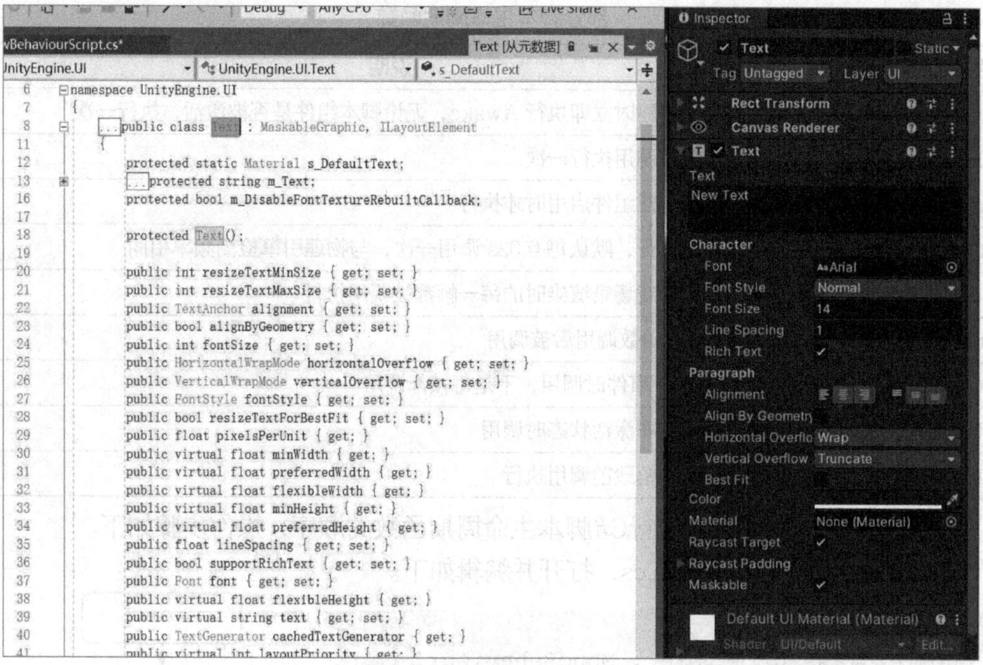

图2-11 组件效果分析

2. 在Inspector面板的组件栏添加独立组件

在Text类的定义文件Text.cs中，可以看到第8行开始的代码如下。

```
[AddComponentMenu("UI/Text", 10)]
[RequireComponent(typeof(CanvasRenderer))]
public class Text : MaskableGraphic, ILayoutElement
```

因此，可以在AddComponentMenu的UI栏中直接添加Text组件，并且添加该组件的要求是对象一定要添加CanvasRenderer组件后才可使用；另外，挂载在Inspector面板的脚本组件自身或其父类必须继承自MonoBehaviour类。

2.4 Unity程序解析

2.4.1 Unity生命周期函数执行顺序

1. 脚本生命周期函数

Unity在脚本的生命周期内对生命周期函数进行排序并重复执行这些事件函数，表2-26给出了部分脚本生命周期函数。生命周期函数全部是由系统定义好的，系统会自动调用，且调用顺序和在代码里面的书写顺序无关。其中，Awake、OnEnable和Start对应脚本初始阶段，FixedUpdate和Update对应脚本更新阶段（FixedUpdate主要用于执行物理行为相关的更新），OnGUI对应图形用户界面显示阶段，OnDestroy对应资源销毁阶段，如图2-12所示。

表2-26　　　　　　　　　　　部分脚本生命周期函数

生命周期函数	说明
Awake	在游戏对象被创建时立即执行Awake，无论脚本组件是否被激活，执行一次
OnEnable	在脚本激活时被调用执行一次
Start	在游戏对象被创建组件启用时才执行
FixedUpdate	固定间隔时间执行，默认每0.02s调用一次，与物理引擎检测频率相同
Update	脚本启用后，游戏场景渲染时的每一帧都被调用执行
LateUpdate	在所有Update函数调用后被调用
OnGUI	渲染和处理GUI事件时调用，不是每帧都调用
OnDisable	当对象不可用或非激活状态时调用
OnDestroy	在脚本被移除和销毁前调用执行

通过以下操作理解Unity执行C#脚本生命周期函数的顺序，操作步骤如下。

（1）新建C#脚本LifeCycle.cs，打开并编辑如下。

```
using UnityEngine;
public class LifeCycle : MonoBehaviour{
    void Awake(){
        Debug.Log("Awake 函数被调用 ");
    }
    void OnEnable(){
        Debug.Log("OnEnable 函数被调用 ");
    }
    void Start(){
        Debug.Log("Start 函数被调用 ");
    }
    void Update(){
        Debug.Log("Update 函数每一帧被调用 ");
    }
    void FixedUpdate(){
        Debug.Log("FixedUpdate 函数间隔时间被调用 ");
    }
    void OnDestroy(){
        Debug.Log("OnDestroy脚本销毁时被调用 ");
    }
}
```

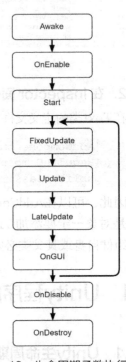

图2-12　生命周期函数执行顺序

（2）将该脚本挂载至空对象上，运行游戏，查看Console面板中输出的信息。

（3）在运行状态下，选择该空对象，在Inspector面板中使用"Remove Component"函数将该脚本移除，可看到Console面板中输出OnDestroy函数消息。

（4）尝试取消该对象Inspector面板上"对象激活"复选框或"脚本组件"前的激活复选框，分别再次运行游戏，查看Console面板中脚本执行了哪些函数。在运行状态下，在Inspector面板中勾选"脚本组件"前的激活复选框再取消，可以看到当重新勾选的时候，调用OnEnable函数。

（5）更改脚本中函数的顺序，运行脚本程序，查看Console面板中输出消息是否发生改变。

2. Script 脚本组件

在Unity中，最基础的游戏单位称为游戏对象（GameObject）。一个基本的游戏对象仅包括一个Transform组件，能够对其进行位移、旋转和缩放，此外没有任何其他功能。每个游戏对象上可以加载不同的组件（Component），这个组件可能是一个贴图、一个模型或一个脚本，当加载了不同的组件后，游戏对象将根据组件的组成发挥不同的作用。为了能运行脚本，最基本的要求是将脚本指定给一个游戏对象作为它的脚本组件，最简单的方式是直接将脚本拖动到游戏对象的Inspector面板的空白位置，或者在菜单栏中选择"Component"，然后选择需要的脚本。Unity运行时，脚本默认必须继承自基类MonoBehaviour；如果脚本不是继承自MonoBehaviour类，则无法将这个脚本作为组件运行，但允许在其他脚本中调用该脚本。

3. 脚本执行顺序

在Unity中编写脚本，没有一个默认的Main函数作为程序入口。所有继承自MonoBehaviour类的脚本都可以独立运行。另外，继承自MonoBehaviour类的脚本也没有构造函数，但MonoBehaviour类提供了系统事件函数来响应不同的事件，例如脚本开始运行、更新等，即脚本的生命周期函数。

4. 脚本的序列化

大部分游戏都会有一套配置系统，可以使用配置文件定义游戏中的生命值、速度等的数值。使用Unity，一些简单的配置数值可以直接在脚本中暴露出来，然后在场景中进行设置。标签[SerializeField]代表序列化显示，而标签[HideInInspector]代表序列化不显示。

5. 组件式编程

在Unity中，C#和JavaScript语言都支持面向对象编程，Unity的脚本是基于组件形式加载到游戏对象上的，当需要重载函数时，继承并不是唯一的解决方案。

2.4.2　Unity常用父类继承关系

Inspector等函数的调用与MonoBehaviour类的介绍如下。

如果希望脚本挂载在对象的Inspector面板中，必须让该脚本或其父类继承自MonoBehaviour类。接下来，探索MonoBehaviour类的继承关系。

（1）右击"MonoBehaviour"，选择"转到定义"，可以查看类的定义代码。可以看到MonoBehaviour类中的一些常用函数，同时MonoBehaviour类继承自Behaviour类。

```
//第38行：常用的在Console面板输出的函数，可以输出任何信息
   public static void print(object message);
//第58行：定时调用函数
public void Invoke(string methodName, float time);
```

```
// 第 91 行: 开启线程函数
public Coroutine StartCoroutine(string methodName);
```

（2）右击"Behaviour"，选择"转到定义"，转到其定义，可以查看Behaviour类的定义文件，也可见Behaviour类继承自Component类。

```
// 第 22 行: 在 Inspector 面板的该组件前方有一个复选框决定是否启用该脚本
  public bool enabled { get; set; }
```

（3）打开Component的定义文件，可见其部分公用属性定义如下，且Component类继承自Object类。

```
// 第 33 行: 任何对象都必备的 Transform 组件
public Transform transform { get; }
// 第 38 行: 获取该脚本挂载到的对象本身
  public GameObject gameObject { get; }
// 第 42 行: 获取对象的 tag 标签
// 以及一些列默认的组件变量名称，通过这些变量名称可以直接访问其组件函数
  public string tag { get; set; }
// 第 187 行: 比较对象的标签是否与 tag 字符串相同
  public bool CompareTag(string tag);
// 第 197 行: 获取对象的其他组件
public Component GetComponent(Type type);
```

（4）右击"Object"，选择"转到定义"，转到其定义，可以进入其类中，查看具体内容，如表2-27所示。

```
// 第 30 行: 获取对象的名称
  public string name { get; set; }
// 第 43 行: 定时销毁某对象
public static void Destroy(Object obj, [DefaultValue("0.0F")] float t);
// 第 96 行: 依据类型寻找某对象
public static T FindObjectOfType<T>() where T : Object;
// 第 220 行: 实例化生成传入的对象
public static Object Instantiate(Object original);
// 第 335 行: 对两个对象进行比较运算，判断是否相等
public static bool operator ==(Object x, Object y);
```

表2-27　　　　　　　　　　　　Object类函数说明

函数	说明	函数	说明
GetInstanceID	返回对象的实例 ID	Instantiate	生成 original 对象
ToString	返回对象的名称	FindObjectOfType	返回第一个该类型对象
name	对象的名称	FindObjectsOfType	返回所有该类型对象
Destroy	删除 GameObject	DontDestroyOnLoad	在加载新的场景时，请勿销毁 Object

当有内容需要在不同的游戏场景中进行传递时，可以将信息挂载在同一个游戏对象上，然后将这个游戏对象用该函数设置为不会因为场景切换而卸载，便于实现信息在不同场景中的传递。从上面的代码片段中看到Object为最终的父类了，每个脚本的第2行内容都表明了这些函数的实际内容被封装到DLL文件中。

2.5 Unity拓展编辑器

本节将会详细地介绍Unity拓展编辑器的构成，希望读者学会自定义Unity引擎界面布局并尝试修改和理解拓展编辑器。正式使用Unity引擎前，先了解拓展编辑器，了解命令是如何执行的，组件是如何管理的，以及窗口是如何生成的。

2.5.1 Unity拓展编辑器介绍

Unity不只是允许开发者对UnityEditor进行页面布局调整，还提供了添加菜单栏中的命令、界面窗口创建、组件功能优化等强大的自定义拓展编辑器的功能。开发者可以通过Unity用户手册中的"在Unity中操作→Editor高级主题→拓展编辑器"进行详细学习和了解。编写好用、合适的拓展工具将会有助于开发效率的提高。

2.5.2 Unity菜单栏命令添加

可以通过脚本的方式，在菜单栏中添加命令、命令分隔线、视图面板命令、命令使用约束和快捷键等，以扩展Unity菜单栏的功能。

1. 在菜单栏中添加命令

下面将介绍如何在菜单栏中添加ProjectInfo命令，操作步骤如下。

（1）在Unity Hub中新建工程文件项目，项目名为"UnityEditor"，在Project面板中创建名称为"Editor"的文件夹（注意，Editor文件夹下的资源不会被打包，只能在编辑器环境下被调用）。

（2）在Editor文件夹中新建名为"MenuUnityProject.cs"的C#脚本，编辑内容如下。

菜单栏

```csharp
using System.Collections;
using System.Collections.Generic;
using UnityEngine;
// 编辑器拓展需要经常用到的包
// 可以在 Unity 的 Scripting API 相关文档中进行详细了解
using UnityEditor;
// 编辑器拓展无须挂载在游戏对象上，所以无须继承自 MonoBehaviour
public class MenuUnityProject {
    // Unity 菜单栏命令添加
    // 在菜单栏创建一个 UnityProject 项，在其中添加一个 ProjectInfo 命令
    // 右击 "MenuItem"，选择"转到定义"，转到其定义，查看其他重载函数
    [MenuItem("UnityProject/ProjectInfo")]
    //ProjectInfo 命令如下，静态类才能在编译环境下调用该命令
    static void ProjectInfo(){
        Debug.Log("Unity 虚拟游戏开发教学案例工程文件 ");
        // 在 Console 面板中输出信息
    }
}
```

可见，在编辑器的菜单栏中增加了一个UnityProject项，如图2-13所示，单击"ProjectInfo"命令会执行指定的功能函数。

图2-13 在菜单栏中添加"ProjectInfo"命令后的效果

2. 在菜单栏中增加命令分隔线

下面展示如何实现在菜单栏中增加命令分隔线。在与上例同一项目的Editor文件夹中，创建并打开ScriptEditor_CommandSeparate脚本，内容编辑如下，效果如图2-14所示。

```
using UnityEngine;
using UnityEditor;
public class ScriptEditor_CommandSeparate{
    // 通过后面的参数实现划分序列号相差11
    [MenuItem("UnityProject/ProjectMembers/Bob", false, 1)]
    static void Bob(){
        Debug.Log("负责部分: 策划 \n成员名称: Bob");}
    [MenuItem("UnityProject/ProjectMembers/Mark", false, 12)]
    static void Mark(){
        Debug.Log("负责部分: 程序 \n成员名称: Mark");}
    [MenuItem("UnityProject/ProjectMembers/Doris", false, 23)]
    static void Doris(){
        Debug.Log("负责部分: 美术 \n成员名称: Doris");}
}
```

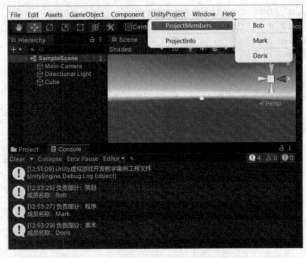

图2-14 增加命令分隔线后的效果

3. 添加视图面板命令

Unity 3D的视图面板命令包含基本的功能，我们可以通过添加视图面板命令的方式将常用的功能添加到视图面板。下例在"GameObject"中快速创建10行10列的Cube对象，若当前有选择对象，则新建选中Cube对象的子对象；若没有选择对象，则为当前场景下的子对象，同时设置快捷键C供快速调用。

下面将介绍如何添加视图命令，以实现快速创建10行10列的Cube对象。具体操作步骤如下。

（1）在项目的Editor文件夹中，创建并打开ScriptEditor_PanelCommand脚本，编写代码如下。

```
using UnityEngine;
using UnityEngine;
using UnityEditor;
public class ScriptEditor_PanelCommand{
    // 修改原菜单栏面板右击内容且快速创建10×10个Cube对象，设置父物体对象为选中对象
    // 并设置快捷键为C
    [MenuItem("GameObject/QuickCreateCube _c", false, 0)]
    static void QuickCreateCube(){
        for (int x = 0; x < 10; x++){
            for (int z = 0; z < 10; z++){
                // 创建类型为Cube的对象
                GameObject cube = GameObject.CreatePrimitive (PrimitiveType.Cube);
                // 设置Cube对象的位置
                cube.gameObject.transform.position = new Vector3(x,0,z);
                // 设置Cube对象的父物体对象为选中对象
                cube.gameObject.transform.parent =Selection.activeTransform;
            }
        }
    }
}
```

（2）回到Unity引擎中，在Hierarchy面板中创建一个空对象并选中。

（3）通过打开"GameObject"菜单或在Hierarchy面板中右击找到"QuickCreateCube"命令，如图2-15所示，单击该命令，可以看到Scene面板中出现了排列整齐的10行10列共100个Cube对象。

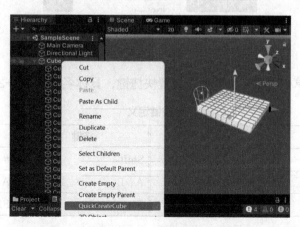

图2-15　Hierarchy面板命令执行效果

4. 增加命令使用约束

为创建的命令增加约束条件,否则命令为灰色状态,不可执行。

(1)在项目的Editor文件夹中,创建并打开ScriptEditor_CommandConstraints.cs脚本,其代码如下。

```
using UnityEngine;
using UnityEditor;
public class ScriptEditor_CommandConstraints{
    // 设置验证函数: MenuItem传入的第二个参数设置为true
    [MenuItem("GameObject/QuickCreateCube _c", true, 0)]
    static bool IsSelectionObject(){
        if (Selection.activeTransform){// 是否选中某对象
            return true;
        }else{
            return false;
        }
    }
}
```

(2)回到Unity引擎中,取消当前选中对象后再次在Hierarchy面板中右击,已看不到"QuickCreateCube"命令,如图2-16所示。

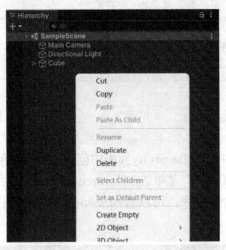

图2-16 增加命令使用约束

5. 快捷键

我们可以为菜单栏中自定义的命令设置快捷键,具体名称如表2-28所示。

表2-28 按键定义

按键	标记符	按键	标记符
Ctrl	%	Shift	#
Alt	&	A、B、C、…、Z	A、B、C、…、Z
1、2、3、…、9	1、2、3、…、9	F1、F2、F3、…、F12	F1、F2、F3、…、F12

以下案例通过具体操作来展示如何实现为命令添加快捷键。

（1）在项目的Editor文件夹中，新建脚本ShortcutDemo，打开并编写代码如下。

```
using UnityEngine;
using UnityEditor;
public class ShortcutDemo{
    // 设置验证函数：将MenuItem传入的第二个参数设置为true
    [MenuItem("HotKey/ShowLog % 1")]
    static void DoSomething(){
        Debug.Log("Ctrl + 1 is Pressed!");
    }
}
```

（2）在菜单栏中增加了"HotKey"一项，同时按Ctrl键和1键，相当于执行ShowLog命令。可以看到，Console面板中输出"Ctrl + 1 is Pressed!"的消息。

2.5.3　Unity组件栏命令拓展

Unity 3D支持在Inspector面板中添加命令，以实现在Inspector面板中右击组件所打开的菜单中添加自定义命令的效果。下例为Inspector面板的Transform组件添加"MyUpdateTransform"命令，执行该命令会移动组件所挂载的游戏对象位置。

下面将通过案例来展示如何添加组件栏命令。操作步骤如下。

（1）新建名为"Script_ComponentCommand.cs"的C#脚本，编辑内容如下。

```
using UnityEngine;
using UnityEditor;
public class Script_ComponentCommand{
    // 通过 CONTEXT+/+ 组件名 +/+ 命令名
    [MenuItem("CONTEXT/Transform/MyUpdateTransform")]
    // 通过 MenuCommand 传入参数，系统可以自动获得该组件脚本内容
    static void MyUpdateTransform(MenuCommand command){
    // 将 command 中的内容强制转换为 Transform 类，需知道传入为 Transform 类的内容
        Transform transform = (Transform)command.context;
        // 修改内容
        Vector3 offset = new Vector3(1, 1, 1);
        transform.position += offset;
    }
}
```

（2）选中任意一个Hierarchy面板的对象，查看其Inspector面板，在Transform组件上右击，可以看到弹出的菜单中添加了一条自定义命令"MyUpdateTransform"，如图2-17所示。

图2-17 组件添加命令效果

2.5.4 Unity窗口和面板创建

Unity 3D支持通过脚本的方式自定义创建窗口和面板，为团队的项目开发创建便捷的项目开发环境。

1. 窗口创建

下面创建类似"File"菜单中Build Settings命令对应的界面，并实现为所有选中对象设置相对位移功能。

（1）新建名为"CreateInterface.cs"的C#脚本，编辑内容如下。

```
using UnityEngine;
using UnityEditor;
public class CreateInterface : ScriptableWizard{
    //调用创建面板的命令
    [MenuItem("Edit/CreateInterface")]
    static void ShowPanel(){
        //显示面板，设置面板名称和按钮名称均为SettingOffset
        ScriptableWizard.DisplayWizard<CreateInterface> ("SettingOffset",
"SettingOffset");
    }
    public Vector3 offset;
    //检测单击默认的Create按钮调用函数
    void OnWizardCreate(){
        //将所有选中对象存到对象数组allObjects中，快速按照自定义规则设置位置
        GameObject[] allObjects = Selection.gameObjects;
        for (int i = 0; i < allObjects.Length; i++){
```

```
            allObjects[i].transform.position += offset * i;
        }
    }
}
```

（2）在Hierarchy面板中使用Shift键或Ctrl键，选中"QuickCreateCube"命令创建出来的所有Cube对象。

（3）单击"Edit"菜单，找到"CreateInterface"命令并单击，如图2-18所示。

（4）在打开的SettingOffset窗口中，设置好x、y、z偏移值，单击"SettingOffset"按钮确认，可以看到Scene面板中选中的Cube对象自动移动到指定位置，其新的位置由该Cube对象对应的索引与偏移值的乘积确定。

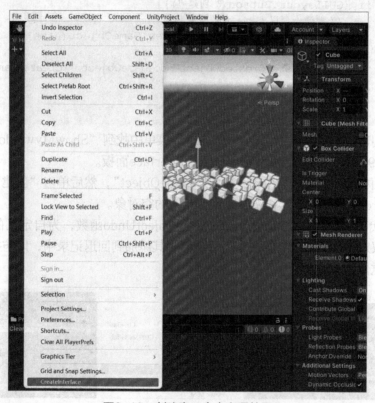

图2-18　创建窗口命令实现效果

2. 面板创建

创建类似Hierarchy、Inspector等的面板，并可在该面板中自定义按钮实现各自的功能。下面案例在面板中增加创建空对象的按钮。

（1）新建名为"PanelInterface.cs"的C#脚本，编辑内容如下。

```
using UnityEngine;
using UnityEditor;
// 创建窗口面板需要继承EditorWindow
public class PanelInterface : EditorWindow{
    // 调用菜单中的命令显示窗口
    [MenuItem("Window/ShowMywindow")]
```

```
    static void ShowMyWindow(){
        PanelInterface panel = EditorWindow.GetWindow<PanelInterface>();
        panel.Show();
    }
    private string name;
    //OnGUI 函数会自动调用来绘制用户界面
    void OnGUI(){
        // 设置页面标签名称为 Panel
        GUILayout.Label("Panel");
        // 添加输入文本 TextField, 内容为 name 值
        name = GUILayout.TextField(name);
        // 创建 Button, 如果单击"创建"按钮, 则执行下面函数
        if (GUILayout.Button("创建")){
            // 新建一个以 name 为名的空对象
            GameObject gameObject = new GameObject(name);
            // 设置该对象可以进行回退操作
            Undo.RegisterCreatedObjectUndo(gameObject, "create gameObject");
        }
    }
}
```

（2）回到Unity 3D引擎中，在"Window"菜单中找到"ShowMywindow"命令并单击，如图2-19所示，可以看到出现一个PanelInterface面板。

（3）在面板的文本输入栏中输入字符"gameObject"，然后单击"创建"按钮，可以看到在Hierarchy面板中新建了名为gameObject的空对象。

（4）在代码中使用Undo.RegisterCreatedObjectUndo函数，为自定义的命令提供回退功能。建议对于所有自定义的命令，尽量都将其添加到回退记录中，以防操作失误不可回退，只能重做。

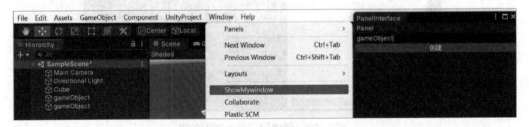

图2-19 创建面板效果

习　题

一、选择题

1. 在Unity中，游戏对象（GameObject）是由什么组成的？（　　）
   A. 预制体（Prefab）　　　　　　　B. 系统（System）
   C. 组件（Component）　　　　　　D. 几何纹理（Texture）

2. 下列哪些操作可以打开设置发布程序选项的面板？（   ）
   A. General Settings → Layers → Collision
   B. Edit → Render Settings
   C. Edit → Project Settings → Player
   D. Window → Rendering → Lightting Setting
3. 以下哪个组件是任何GameObject必备的组件？（   ）
   A. Mesh Renderer   B. Transform
   C. Texture   D. Collider
4. 在Unity工程的Project面板中选中一张图片，此时在Inspector面板中Preview窗口下所显示图片大小表示的是以下哪一项含义？（   ）
   A. 图片实际占用外存的大小
   B. 当工程运行时，该图片在场景中所占用内存的大小
   C. 将图片的格式压缩后所占用外存的大小
   D. 图片预览时，生成的缩略图所占内存的大小
5. 下列关于C#面向对象应用的描述中，哪项是正确的？（   ）
   A. 派生类是基类的扩展，派生类可以添加新的成员
   B. abstract函数的声明必须同时实现
   C. 声明为sealed的类不能被继承
   D. 类定义中private声明的类成员可以通过类实例化后直接访问
6. 下列函数中，有固定执行时间的是（   ）。
   A. FixedUpdate   B. Update   C. LateUpdate   D. LastUpdate
7. 作为可运行的组件，基类必须是（   ）。
   A. Object   B. GameObject
   C. MonoBehaviour   D. ScriptableObject
8. 下列哪些函数可能在同一个对象周期中反复执行？（   ）
   A. OnEnable   B. Awake   C. Start   D. Update
9. Heap和Stack的区别有哪些？（   ）
   A. Stack的空间由操作系统自动分配和释放
   B. Heap的空间是手动申请和释放的，Heap常用new关键字来分配
   C. Stack空间有限
   D. Heap的空间有很大的自由区
10. 关于C#中事件，下列说法正确的是哪些？（   ）
    A. C#事件本质就是对消息的封装
    B. 发送方叫事件发送器
    C. 接收方叫事件接收器
    D. C#中使用事件机制实现线程间的通信

二、问答题

1. 反射的实现原理是什么？

2. 向量的点乘、向量的叉乘，以及向量归一化的意义分别是什么？
3. 四元数的作用是什么？四元数相对欧拉角有哪些优点？
4. Unity中的协同程序与C#线程之间的区别是什么？
5. GameObject类与Object类有什么区别？
6. Unity组件有什么作用？
7. 如何创建自定义的菜单？
8. Unity脚本的生命周期函数有哪些？
9. C#的委托是什么？有何用处？

第 3 章

Unity 界面交互设计

3.1 图形用户界面交互设计

3.1.1 界面交互设计概述

UI（User Interface，用户界面）是指对软件的人机交互、操作逻辑、界面的整体设计。UI设计可分为网页UI设计、移动应用UI设计和游戏UI设计。在游戏UI设计中还需要考虑到移动端或PC端等不同的呈现平台。

UI设计主要指界面的样式、美观程度。好的UI设计不仅要让游戏更加吸引玩家，还要让游戏的操作变得轻松、流畅，充分符合游戏风格和内容定位。不同的搭配会系统地引导玩家的游戏体验，推动玩家的想象力与再创造力。界面设计语言要能够代表游戏玩家说话，就是设计者把大部分玩家的想法实体化，通过造型、色彩、布局等方面来表达，不同的变化会产生不同的心理感受。UI设计不仅要有好的图标、风格、布局，还需要考虑到至关重要的界面交互（Interface Interaction）。

界面交互，是指对界面的整体设计。快捷、方便的操作——不仅会提高用户的工作效率，还使得界面在功能实现上变得简洁而高效。

3.1.2 游戏界面设计原则

游戏界面设计的好坏直接影响玩家对游戏的兴趣，而游戏界面设计主要包括图标设计、界面布局和界面交互3个部分，分别需要遵循相应的原则。

1. 图标设计遵循原则

图标设计需要遵循以下原则。

（1）统一性原则：界面内容与游戏内容需要统一，界面设计的风格、颜色、纹理、结构等必须与游戏的主题和内容统一。

（2）一致性原则：指窗体大小、文本框、按钮等界面元素外观（如形状、色彩）的一致性。

（3）视觉明确性：UI设计需要能够清晰地表达出设计内容的意义，因为具有明确的意义，方便玩家理解其作用。图标和按钮的图形要易于识别，图形造型语义要一目了然。

2. 界面布局遵循原则

界面布局需要遵循以下原则。

（1）易于使用性：界面设计尽可能简洁，突出主要信息，隐藏不重要的内容，便于玩家使用，避免在操作上出现错误。

（2）布局合理：符合玩家认知的概念模型、操作适应性，界面设计在操作上需要在大部分玩家的认知范围内，确定受众人群审美习惯。合理利用空间、保持界面的简洁，依据组件重要程度与功能性合理程度进行界面布局。

（3）统一性原则：尽量保证界面布局统一、色调统一，将同一种风格贯穿整个游戏界面设计中。

在实际的界面布局设计中，可以通过调整轮廓、色相、明度、灰度、虚实、主次、比例、疏密等方法来提高视觉清晰度，突出重点，减少识别误区。

3. 界面交互遵循原则

界面交互设计需要遵循以下原则。

（1）易用性原则：提供常用操作的快捷方式，根据常用操作的使用频率高低设计，减少操作次数，让用户感觉到操作合理，具有亲切感。

（2）容错原则：界面要有容错能力。当玩家等出现录入错误或命令错误时，给其一个修正参考，提供回退、中途放弃等功能，保证操作的连续性。

（3）实时反馈：界面的视觉与操作上必须有实时反馈。实时反馈并不是要求在界面组件所对应的功能上立即产生映射，而是要照顾玩家心理上的需要。声音、动画、颜色、明暗、形态等的变化都能使玩家心理上得到反馈。

（4）自由度：界面交互方式具有多样性的特点，设计者可为玩家等提供更多交互可能，不局限于鼠标和键盘，甚至可以扩展到游戏手柄、体感游戏设备。

3.1.3 界面交互设计赏析

《纪念碑谷》是Ustwo公司开发、制作的解谜类手机游戏，于2014年正式发行。下面使用上述的界面交互设计原则来对《纪念碑谷》进行赏析。

图3-1分别展示的是《纪念碑谷》的主界面、关卡界面、设置界面、游戏界面、结束界面和截图界面。可以看到，《纪念碑谷》的UI设计简约，布局合理、易于使用、美观大方，充分考虑游戏的美术风格及故事背景，实现了UI和游戏内容相统一，交互设计也是简单易用的，并提供实时的反馈效果。

这样清新的UI设计风格能使玩家静下心来，沉浸在游戏的世界中，而丰富的UI设计结合玩家的操作可带来不同的触摸体验。在游戏过程中，玩家能沉浸在操作中而忘记界面本身。具有人文体验关怀的UI设计是考虑了游戏产品的人机交互、操作上的逻辑思维，以及界面美观度的设计。

图3-1 《纪念碑谷》界面交互

3.2 2D精灵和瓦片组件

2D精灵组件

3.2.1 2D游戏、2D精灵组件和瓦片组件

Unity引擎也被用于制作2D游戏。开发者可以通过Scene面板工具栏中的2D视图模型按钮切换到2D开发模式，将Camera对象的Projection属性切换成Orthographic（正交）模式。

Unity提供了与2D相关的界面组件以方便开发者更快地搭建出2D游戏理想界面场景原型，最常用的组件是2D精灵（Sprite）组件和瓦片（Tilemap）组件。精灵组件用于创建2D游戏中的角色、道具及其他元素，瓦片组件用于创建2D游戏中的场景地图。

1. Unity 2D 预制对象

通过"GameObject→2D Object"或者在Hierarchy面板中右击并选择"2D Object"，可以创建2D精灵和瓦片组件，2D Object对象栏的说明如表3-1所示。

表3-1　　　　　　　　　　　　2D Object对象栏

名称	说明	名称	说明
Sprite	2D 精灵	Sprite Mak	精灵遮罩
Tilemap	瓦片地图	Hexagonal/Isometric	六边形及菱形瓦片地图

2. Unity 2D 内置插件

Unity引擎中内置了许多有关2D开发模型的插件，如图3-2所示部分内置2D插件说明如表3-2所示。这些插件可以通过"Window"菜单中的"Package Manager"进行搜索、导入并使用，如图3-3所示，部分插件需要URP的项目环境。

表3-2　　　　　　　　　　　　　内置2D插件

插件	说明	插件	说明
2D Animation	2D 动画骨骼工具插件	2D Sprite	2D 精灵编辑器
2D Pixel Perfect	2D 像素相机组件	2D Sprite Shape	2D 精灵绘制插件

续表

插件	说明	插件	说明
2D PSD Importer	Photoshop 的 PSD 格式识别插件	2D Tilemap Editor	2D 瓦片地图编辑插件

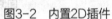

图3-2 内置2D插件

图3-3 导入2D资源插件

3. Unity 2D 资源素材

Unity Asset Store中有许多2D资源素材可以被导入、使用，其中包含2D类型的角色、环境、字体、材质与材料等素材资源，如图3-4所示。

尝试导入Unity Asset Store中的Sunny Land素材包，具体操作步骤如下。

（1）打开并登录Unity Asset Store页面，在搜索栏中搜索"Sunny Land"。

（2）进入"Sunny Land"资源页面，将其添加至"我的资源"，单击"在Unity中打开"。

（3）回到Unity引擎中在Package Manager面板的"Packages: My Assets"下拉列表中搜索并导入该资源（见图3-3）。

图3-4 Unity Asset Store页面

4. Unity 图片资源属性面板

在Project面板中选中Unity图片资源，可以在Inspector面板中查看到2D资源的相关信息，以及设置其相关属性类型，如表3-3所示。导入图片等2D资源素材后，通常需要根据图片类型及内容在其属性面板上进行设置，如图3-5所示。例如，当图片用于UGUI或2D精灵对象时，需要将其Texture Type设置为Sprite(2D and UI)；当图片用于灯光剪影时，需要将其Texture Type设置为Cookie；当一张Sprite类型图片内有多个图标时，需要将其Sprite Mode设置为Multiple，再进行编辑处理。

表3-3　2D图片资源属性面板说明

属性	主要取值	说明
Texture Type 图片类型	Default	默认格式图片类型
	Normal map	法线贴图类型图片
	Sprite	2D 精灵图片类型
	Cookie	剪影图片类型
	Editor GUI	编辑器 GUI 图片类型
	Cursor	鼠标指针图片类型
	Lightmap	光照图片类型
Texture Shape 图片形状	2D	2D 图片
	Cube	天空盒图片形状
Sprite Mode 精灵图片类型	Single	单一图片
	Multiple	多序列帧图片
	Polygon	多边形图片
Alpha Source 透明通道资源	Input Texture Alpha	自带 Alpha 资源
Wrap Mode 包装模式	Repeat	重复填充
Filter Mode 过滤模式	Bilinear	双线性填充
Aniso Level 增强纹理的精细度等级	—	—

图3-5　图片资源属性面板

3.2.2　2D精灵组件工具

2D精灵可以用于2D类型游戏开发或者在2D类型应用当中作为空间UI内容。首先通过Sprite Creator创建精灵图片模板，再通过Sprite Editor对导入的图片进行编辑，最后通过Sprite Renderer组件进行渲染。

1. Sprite Creator

Sprite Creator用于创建各种类型的临时占位精灵图片，以方便开发者在前期还未准备充足美术资源的情况下就可以实现2D游戏想法，后期直接将其替换成所需要使用的精灵图片。在Unity新版本中，开发者需要通过Package Manager面板安装2D Sprite才能使用Sprite Creator。

下面将介绍如何创建不同的精灵对象，具体操作步骤如下。

（1）单击"Assets→Create→2D→Sprites"。

（2）分别创建Circle、Diamond、Hexagon、Polygon、Square、Triangle精灵对象，如图3-6所示。

（3）利用这些元素构思并搭建2D游戏场景地图原型。

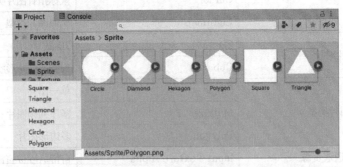

图3-6　创建精灵对象

2. Sprite Renderer 组件

Sprite Renderer组件是2D精灵对象的核心渲染组件。开发者将导入图片资源的属性面板中的Texture Type设置为Sprite后变成精灵素材，通过Sprite Renderer组件将该精灵对象渲染在Scene面板内，并且对Sprite Renderer组件属性进行设置以更改精灵显示效果，如图3-7所示，具体属性说明如表3-4所示。

图3-7　对Spirte Renderer组件属性进行设置

表3-4　　　　　　　　　　　Sprite Renderer组件属性说明

属性	说明	属性	说明
Sprite	精灵纹理	Material	渲染精灵纹理的材质
Color	精灵纹理颜色	Sorting Layer	精灵所属层级
Flip	沿选定轴翻转处理	Order In Layer	精灵渲染优先级

续表

属性	说明	属性	说明
Draw Mode	精灵缩放变化方式	Mask Interaction	精灵渲染器与遮罩交互范式
Sprite Sort Point	计算精灵和摄像机之间的距离时，在精灵中心或其轴心点之间进行选择	—	—

3. Sprite Editor

在美术制作过程中，同一类图标通常会放在一张图片中进行显示，这时就需要在Unity引擎中利用Sprite Editor进行分割处理。下面重点介绍Sprite Editor常用插件的使用方法，具体操作步骤如下。

Sprite Editor

（1）单击"Window→PackageManager"，打开Package Manager面板，分类为"All packages"。

（2）在下方选择"2D Sprite"插件，单击右侧下方的"Import"按钮，导入该插件。

（3）导入Unity Asset Store中的Sunny Land资源素材包。

（4）单击"Sunnyland→artwork→Environment"，选中Environment文件夹中的Tileset图片。

（5）在Tileset图片的属性面板中设置Texture Type为Sprite(2D and UI)，设置Sprite Mode为Multiple，并单击"Sprite Editor"，打开Sprite Editor。

（6）在Sprite Editor中展开Slice下拉列表，设置Type为Automatic后，单击"Slice"按钮分割图标。

（7）查看图标分割效果，可以选中分割图标方格，更改右下角Sprite属性面板进行调整。

（8）关闭Sprite Editor，单击Inspector面板中的"Apply"按钮进行应用。

（9）单击Project面板中的tileset图片右边的箭头，展开2D Sprite合集，如图3-8所示，可以看到包含在Sprite Editor中分割的图片，将其拖曳至Scene面板使用。

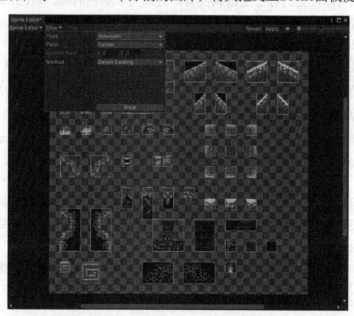

图3-8　Sprite Editor中分割的图片

3.3 IMGUI系统

3.3.1 IMGUI系统概述

　　IMGUI系统是一款代码驱动的、功能独立的即时模式的UI系统。IMGUI系统主要是面向程序员的工具，它可用于创建游戏内调试显示的工具、为脚本组件创建自定义检视面板、创建新的编辑器窗口和工具以扩展Unity本身。IMGUI系统通常不适合玩家使用。

　　即时模式指的是创建和绘制IMGUI的方式。要创建IMGUI元素，必须编写进入名为OnGUI的特殊函数代码。显示界面的代码将在每帧执行，并在屏幕上绘制。除了OnGUI代码附加到的对象，或者层级视图中与绘制的可视元素相关的其他类型对象之外，没有其他持久性游戏对象。

　　IMGUI允许使用代码创建各种功能UI元素。通过该系统，手动定位这些对象，然后编写一个处理对象功能的脚本，而只需几行代码即可立即执行所有操作，该代码将生成通过单个函数调用进行绘制和处理的GUI组件。

3.3.2 IMGUI常用组件解析

　　GUI类属于UnityEngine包中，是UnityGUI的接口，用户可以在Unity脚本API中全面了解有关GUI的静态变量与静态函数内容并实现自定义UI效果。要了解详细使用教程，用户可以在Unity手册中查看UI模块的IMGUI部分内容，与之相关的脚本API类有GUI、GUIContent、GUILayout、GUISkin等。

1. 常用 IMGUI 属性与组件

　　常用IMGUI可以设置的静态变量属性有：背景元素颜色的backgroundColor、全局颜色的color、文本颜色的contentColor、渲染排序深度的depth、是否启用GUI的enabled、是否使用全局皮肤的skin，以及鼠标指针悬停的提示信息属性等。

　　常用IMGUI可以创建的组件有：GUI框（Box）、标签（Label）、按钮（Button）、开关（Toggle）、输入栏（TextField）、水平滑动条（HorizontalSlider）、窗口（Window）等。

2. 常用 IMGUI 具体组件解析

　　IMGUI的组件种类较多，难以一一介绍。下面针对常用的Box、Label、Button、Toggle和Window几个IMGUI组件的功能与重载方法进行介绍。

　　（1）Unity 3D Box组件用于在屏幕上绘制一个图形化的盒子。Box组件中既可以显示文本内容，也可以显示图片，或同时显示两者；Label组件用于在设备的屏幕上创建文本标签和纹理标签，它与Box组件类似，可以显示文本内容或图片；Button组件是游戏开发中最常使用的组件之一，用户常常通过Button组件来确定其行为，当用户单击"Button"组件时，Button组件会显示按下的效果，并触发与该组件关联的游戏功能。GUI.Box、GUI.Label、GUI.Button常用的重载方法相同，如表3-5所示。

表3-5　　GUI.Box、GUI.Label、GUI.Button常用的重载方法

方法	说明
public static void Box/Label/Button (Rect position, string text);	绘制文字形式的框/标签/按钮
public static void Box/Label/Button (Rect position, Texture image);	绘制图形形式的框/标签/按钮
public static void Box/Label/Button (Rect position, GUIContent content);	绘制指定样式的框/标签/按钮

（2）Toggle组件用于在屏幕上绘制一个开关，通过控制开关的开启与闭合来执行一些具体的操作。当用户切换开关状态时，Toggle组件的绘制函数就会根据不同的动作来返回相应的布尔值。GUI.Toggle常用的重载方法如表3-6所示。

表3-6　　GUI.Toggle常用的重载方法

方法	说明
public static bool Toggle (Rect position, bool value, string text);	绘制文字形式的开关按钮
public static bool Toggle (Rect position, bool value, Texture image);	绘制图形形式的开关按钮
public static bool Toggle (Rect position, bool value, GUIContent content);	绘制指定样式的开关按钮

（3）通常情况下，一个游戏界面可以由很多窗口组成，在窗口中可以任意添加功能组件，窗口的使用丰富了游戏界面。使用Unity 3D Window组件可以为当前界面添加窗口，其常用的重载方法如表3-7所示。

表3-7　　GUI.Window常用的重载方法

方法	说明
public static Rect Window (int id, Rect clientRect, GUI.WindowFunction func, string text);	绘制显示文字的窗口
public static Rect Window (int id, Rect clientRect, GUI.WindowFunction func, Texture image);	绘制显示图片的窗口
public static Rect Window (int id, Rect clientRect, GUI.WindowFunction func, GUIContent content);	绘制指定样式的窗口

（4）上述IMGUI组件都需要相关的参数传入，其参数说明如表3-8所示。

表3-8　　IMGUI组件参数说明

参数	说明	参数	说明
position	Rect 类型屏幕位置	value	布尔类型开关值
text	String 类型文本内容	content	GUIContent 类型文本图像提示
image	Texture 类型图片显示	style	GUIStyle 类型样式
id	Int 类型窗口 ID 唯一编号	func	窗口内容的脚本函数

3. IMGUI 函数具体使用方法

下面以OnGUI为例，介绍IMGUI函数具体使用方法。

（1）在Unity引擎中新建C#脚本OnGUI_Test.cs并添加以下代码。

```
using UnityEngine;
public class OnGUI_Test : MonoBehaviour{
    void OnGUI(){
        GUI.color = Color.yellow;
```

```
        GUI.Label(new Rect(10, 10, 100, 20), "Label");
        GUI.Box(new Rect(10, 110, 50, 50), "BOX");
        GUI.Toggle(new Rect(110, 10, 50, 50), true,"Toggle");
        GUI.Window(1,new Rect(110, 40, 100, 100),MyWindow,"window");
         void MyWindow(int windowID){}
        if (GUI.Button(new Rect(10, 50, 70, 30), "Button"))
            Debug.Log("Button Click");
    }
}
```

（2）在Hierarchy面板中右击"Create Empty"，新建GameObject对象，并将OnGUI_Test脚本挂载其上，单击"运行"按钮，运行效果如图3-9所示。

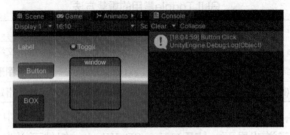

图3-9　OnGUI使用示例

3.3.3　IMGUI常用组件高级使用

1. 样式 GUIStyle 和皮肤 GUISkin

自定义IMGUI组件改变GUI组件的外观。虽然 Unity的IMGUI系统主要用于创建开发者工具和调试界面，但仍可以通过多种方式自定义组件并设置样式。在Unity的IMGUI系统中，用户可微调组件的外观，为组件添加大量细节。组件外观由GUIStyle决定。默认情况下，如果创建组件时未定义GUIStyle，则会应用 Unity的默认GUIStyle。此GUIStyle是Unity的内部样式，用户可在已发布的游戏中将此样式用于快速原型设计，或者如果选择不对组件进行样式设置，则会采用此样式。

改变GUI组件外观的方法有两种：一是使用样式，可以创建公共变量GUIStyle、更改不同的样式元素等；二是使用皮肤，可以创建新的GUISkin、将皮肤应用于GUI、更改GUI字体大小等。

GUIStyle和GUISkin之间的关系：如前文所述，GUISkin是GUIStyle的子集合。GUIStyle定义了GUI组件的外观。如果要使用GUIStyle，则不必使用GUISkin。

2. 布局模式

使用IMGUI系统时，可使用两种不同的模式来排列和组织UI：固定布局模式和自动布局模式。到目前为止，前文介绍的每个IMGUI组件都使用了固定布局。要使用自动布局，应在调用组件函数时写入GUILayout而不是GUI。用户不必使用一种布局模式来替代另一种布局模式，可在同一OnGUI函数中同时使用这两种模式。

当有预先设计好的界面可供使用时，采用固定布局比较合理。如果预先不知道需要多少元素，或者不想费心进行每个组件的手动定位，则采用自动布局比较合适。如果要基于保存的游戏文件来创建大量不同的按钮,但无法准确知道要绘制多少按钮时,这种情况下采用自动布局可能会更加合理。具体取决于游戏设计以及所需的界面呈现方式。

使用自动布局时有两个主要的不同之处在于使用GUILayout而不是GUI,自动布局组件不需要Rect函数。

IMGUI布局模式分为固定布局与自动布局,排列组件有固定布局-组、自动布局-区域、自动布局-水平/垂直组,以及使用GUILayoutOption定义一些组件等方式。

根据使用的布局模式,可控制组件的位置及组件组合的方式。在固定布局中,可将不同的组件放入组中。在自动布局中,可将不同的组件放入区域、水平组和垂直组中。

3. 扩展 IMGUI

用户可借助多种方法利用和扩展IMGUI系统,从而满足自己的需求。此外,用户可以混合并创建组件,以及充分控制GUI用户输入的处理方式。

GUI 中可能存在两种类型的组件总是一起出现的情况。例如,假设正在创建具有多个水平滑动条(Horizontal Slider)的"角色创建"(Character Creation)操作的屏幕。所有这些滑动条(Slider)都需要一个标签(Label)来进行标识,让玩家知道自己正在调整什么。在这种情况下,用户可将每个GUI.Label()调用与GUI.HorizontalSlider()调用进行搭配,或者可创建一个同时包含Label和Slider的复合组件。

通过使用静态函数,可以创建自成一体的完整复合组件集合。这样,就不必在需要使用函数的同一脚本中重复声明该函数。

3.3.4 IMGUI常用组件案例实战——猜拳游戏

1. 猜拳游戏介绍

为了具体介绍组件的使用方法,下面将利用GUI系统制作一款猜拳游戏。该游戏使用IMGUI的Box、Label、Button、Window进行制作,其运行效果如图3-10所示。读者在制作之前可先阅读并掌握Unity用户手册中UI模块的即时模式GUI(IMGUI)部分内容。注意IMGUI通常只用作游戏检测或引擎编辑器,不作为发布游戏的界面设计方式。下面先介绍案例使用的Rect类和Random类。

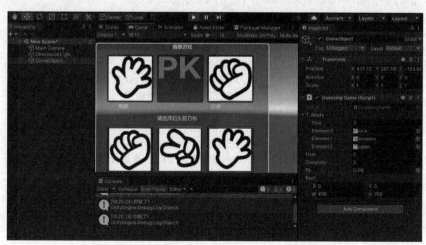

图3-10　猜拳游戏

2. Rect 类介绍

Rect类是由x和y值、宽度及高度定义的2D矩形。摄像机空间中的y值从屏幕底部开始测量，但是编辑器GUI空间中的y值从窗口顶部开始测量，其常用属性如表3-9所示。

Rect类构造函数格式为public Rect (float x, float y, float width, float height);，其各个参数的说明如表3-10所示。

表3-9　　　　　　　　　　　　　　Rect类常用属性

属性	说明	属性	说明	属性	说明
zero	Rect(0,0,0,0)	height	矩形高度	max	最大值
center	中心坐标	width	矩形宽度	min	最小值
position	x和y值	size	宽度和高度	x	x坐标
xMax	最大x坐标	xMin	最小x坐标	y	y坐标
yMax	最大y坐标	yMin	最大y坐标	—	—

表3-10　　　　　　　　　　　　　　传入参数说明

参数	说明	参数	说明
x	用于测量矩形的x值	width	矩形的宽度
y	用于测量矩形的y值	height	矩形的高度

3. 开发流程

下面将介绍猜拳游戏的具体开发流程。

（1）导入石头、剪刀、布与PK的图片，新建场景GuessGame并创建一个空对象。

（2）创建C#脚本GuessingGame.cs，将脚本挂载到空对象上并编写脚本如下。

```csharp
using UnityEngine;
public class GuessingGame : MonoBehaviour{
    public Texture2D[] t_Array;
    public int user=0,computer=0;
    public Texture2D pk;
    public Rect rect=new Rect(0,0,450,350);
    void OnGUI(){
        rect=GUI.Window(0,rect,GuessWindow, "猜拳游戏");
    }
    void GuessWindow(int windowID){
        GUI.Box(new Rect(30,30,120,120), t_Array[computer]);
        GUI.Label(new Rect(60,150,60,30),"电脑");
        GUI.Box(new Rect(160,30,120,120), pk);
        GUI.Box(new Rect(290,30,120,120), t_Array[user]);
        GUI.Label(new Rect(300,150,60,30),"玩家");
        GUI.Label(new Rect(160,180,150,30),"请选择石头、剪刀、布");
        if (GUI.Button(new Rect(30,210,120,120), t_Array[0])){
            user = 0; Play();
        }
        if (GUI.Button(new Rect(160,210,120,120), t_Array[1])){
```

```
            user = 1; Play();
        }
        if (GUI.Button(new Rect(290,210,120,120), t_Array[2])){
            user = 2; Play();
        }
        GUI.DragWindow(new Rect(0,0,10000,10000));
    }
    void Play(){
        computer = Random.Range(0,3);
        if (user - computer == 1 || user - computer == -2)
            Debug.Log("你输了!");
        if (user - computer == 0)
            Debug.Log("平局!");
        if (user - computer == -1 || user - computer == 2)
            Debug.Log("你赢了!");
    }
}
```

（3）分别将石头、剪刀、布图片拖曳至GuessingGame脚本的T_Array栏处。

（4）将PK图片拖曳至GuessingGame脚本的PK栏处。

（5）运行游戏，单击下方图片选择出拳，并查看Console面板中输出的对局结果。

3.4 UGUI系统

3.4.1 UGUI系统概述

Unity引擎中的UGUI系统可以帮助开发者快速、直观地创建界面。UGUI系统中预定义了许多常用的组件，例如Canvas、Text、Button等，可以帮助设计师在不使用任何代码的前提下，简单、快速地在游戏中建立其一套界面。

3.4.2 UGUI常用组件解析

我们可以通过"Component"菜单中的UI模块或者在Hierarchy面板中右击UI栏，创建UGUI交互界面。

1. 画布相关组件——Canvas 和 Canvas Scaler

与画布相关的组件有Canvas、Canvas Scaler、Canvas Group、Canvas Renderer等，下面将重点介绍Canvas（画布）组件与Canvas Scaler（画布缩放器）组件。

（1）Canvas组件：Canvas是容纳所有UI元素的区域，所有UI元素都必须是此类画布的子项。其中，绘制元素的顺序依据的是Hierarchy中UI元素的顺序，越下面的UI对象越后渲染，显示在前一个元素之上，其部分组件如图3-11所示。Canvas组件3种重要的渲染模式如表3-11所示。

表3-11　　Canvas组件渲染模式

渲染模式	说明
Screen Space - Overlay	UI元素永远置于场景之上，并随着屏幕大小或分辨率更改进行调节
Screen Space - Camera	UI元素以场景中某个摄像机视角进行渲染。随着摄像机的位移，画布也发生位移
World Space	画布的行为与场景中的所有其他对象相同。UI元素将基于3D位置在场景中的其他对象前面或后面渲染

（2）Canvas Scaler组件：用于控制画布中UI元素的整体缩放和像素密度。此缩放会影响画布下的所有内容，包括字体大小和图像边框。Canvas Scaler组件3种重要的缩放模式如表3-12所示。

表3-12　　Canvas Scaler组件缩放模式

缩放模式	说明
Constant Pixel Size	无论屏幕大小如何，UI元素都保持相同的像素
Scale With Screen Size	屏幕越大，UI元素越大
Constant Physical Size	无论屏幕大小和分辨率如何，UI元素都保持相同的物理大小

2. 布局组件——Rect Transform

Rect Transform（矩形变换）组件是Transform（变换）组件在2D布局中的对应组件，在调整UI元素进行布局时较为常用，其组件如图3-12所示。其常用属性有Pos(X,Y,Z)、Width/Height、Scale等，如表3-13所示。UI元素相对布局设置如表3-14所示。

图3-11　Canvas组件

图3-12　Rect Transform组件

在Canvas对象下右击并选择"UI→Text"创建Text对象，再分别按住Alt键、Shift键并单击"Rect Transform"组件左侧的middle/center按钮的左上角，修改其Rect Transform组件参数，查看Text对象移动效果。

表3-13　　　　　　　　　　　Rect Transform组件属性

属性	说明
Pos (X, Y, Z)	矩形轴心点相对于锚点的位置
Width/Height	矩形的宽度和高度
Scale	在 X、Y 和 Z 维度中应用于对象的缩放因子

表3-14　　　　　　　　　　　Rect Transform布局设置

操作	效果
按住 Ctrl 键并单击 "center/middle 图"	对 UI 元素进行绝对位置布局设置
按住 Shift 键并单击 "center/middle 图"	对 UI 元素进行相对位置布局设置

3. 可视化界面组件——Text/Image

在UGUI系统中常用的可视化的组件有显示文本区域的Text组件（见图3-13）、显示精灵类型图片的Image组件（见图3-14）等。其中，Text组件和Image组件的常用属性分别如表3-15和表3-16所示。

图3-13　Text组件

图3-14　Image组件

表3-15　　　　　　　　　　　Text组件常用属性

属性	说明	属性	说明
Text	显示的文本内容	Line Spacing	文本行之间的距离
Font	显示的文字字体	Rich Text	是否采用富文本样式
Font Style	字体格式	Alignment	文本排列方式
Font Size	字体大小	Color	字体颜色

表3-16　　　　　　　　　　　Image组件常用属性

属性	说明	属性	说明
Source Image	显示的精灵类型图片	Material	图片纹理材质
Color	图片颜色	Raycast Target	是否可交互检测

4. 可视化界面组件案例实战——时钟

利用Text组件与Image组件制作一个时钟，并使其可以依据当前时间更换图片，案例实现步骤如下。

（1）导入3张时间图片并设置图片的Inspector面板类型为Sprite 2D。

（2）在Hierachy面板中创建Text、Image对象，如图3-13、图3-14所示，调节其大小与位置并设置Main Camera对象的Camera组件Clear Flags类型为Solid Color，调节背景颜色。

（3）创建脚本Demo_Clock.cs，将其挂载在Canvas对象上并编辑如下。

```
using UnityEngine;
using UnityEngine.UI;
using System;
public class Demo_Clock : MonoBehaviour{
    public Text textClock;
    public Image my_img;// 定义 Image 对象组件
    public Sprite[] my_sprites;// 定义需要更改的精灵类型图片
    void Update(){
        DateTime time = DateTime.Now;
        string hour = time.Hour.ToString().PadLeft(2,'0');
        string minute =time.Minute.ToString().PadLeft(2,'0');
        string second =time.Second.ToString().PadLeft(2,'0');
        textClock.text = hour+ ":" + minute+ ":" + second;
        if(time.Hour>6&&time.Hour<12){
            my_img.sprite=my_sprites[0];
        }
        else if (time.Hour>12&&time.Hour<18){
            my_img.sprite=my_sprites[1];
        }else{
            my_img.sprite=my_sprites[2];
        }
    }
}
```

（4）将Text、Image对象分别拖曳至Canvas对象的Demo_Clock(Script)组件栏下如图3-15所示的Text Clock和My_img位置。

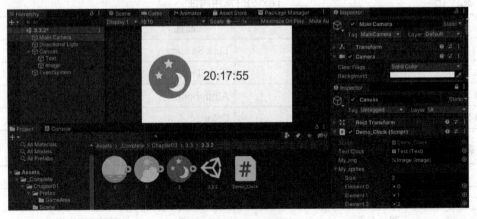

图3-15 时钟案例

（5）将导入的3张精灵类型图片拖曳添加到Demo_Clock(Script)栏的My_sprites处，运行游戏并查看效果。

5. 交互式界面组件——Button/Toggle/Slider/InputField

在UGUI系统中可交互的UI组件有：Button（按钮）组件、Toggle（开关）组件、ToggleGroup（开关组）组件、Slider（滑动条）组件、Scrollbar（滚动条）组件、Dropdown（下拉菜单）组件、InputField（输入字段）组件、ScrollView（滚动视图）组件。

可以看到，交互式对象都是由多种组件构成的，例如Button对象包含Image组件、Button组件及Text组件，并且大多数交互式组件内置状态变化栏，可以设置交互动态效果与添加触发事件功能。但如果用到交互式组件功能，则场景中必须有EventSystem对象中的EventSystem组件与StandaloneInputModule组件，所有交互行为都是通过这两个组件进行捕获和记录的。绝大部分交互式组件共有属性如表3-17所示。

表3-17　　　　　　　　　　绝大部分交互式组件共有属性

属性	说明	属性	说明
Interactable	是否开启按钮交互	Animation	按钮动画过渡
Transition	按钮相应过渡方式	Sprite Swap	精灵类型图片过渡
Color Tint	颜色渐变过渡	Navigation	Button 组件导航属性

上述交互式组件除了共有属性外，也有自己特有的属性，交互式Button组件、Toggle组件、Slider组件和InputField组件特有的属性功能分别如表3-18～表3-21所示，设置如图3-16所示。

表3-18　　　　　　　　　　Button组件特有属性

属性	说明
On Click	用户按住鼠标左键再松开时调用的 UnityEvent

表3-19　　　　　　　　　　Toggle组件特有属性

属性	说明	属性	说明
Is On	是否处于打开状态	Graphic	复选标记的图像
Toggle Transition	发生变化时效果变化	Group	开关组
On Value Changed	单击开关时调用的 UnityEvent，文本内容以布尔型动态参数发送	—	—

表3-20　　　　　　　　　　Slider组件特有属性

属性	说明	属性	说明
Fill Rect	用组件填充区域的图形	Min Value	滑动最小值
Direction	控制柄滑动方向	Max Value	滑动最大值
Navigation	Toggle 组件导航属性	Value	当前滑动条数值
On Value Changed	滑动条的当前值已变化时调用的 UnityEvent	—	—

表3-21　InputField组件特有属性

属性	说明	属性	说明
Text Component	字段文本框内容	Text	文本框内容
Character Limit	字符数最大值	Content Type	文本内容类型
Line Type	文本行数类型	Caret Blink Rate	行上标记闪烁速率
On Value Changed	单击开关时调用 UnityEvent，文本内容以 string 型动态参数发送	End Edit	文本框结束编辑时触发消息

（a）Button组件　　（b）Toggle组件　　（c）Slider组件　　（d）InputField组件

图3-16　交互式界面组件的设置

3.4.3　UGUI常用组件案例——颜色板

1. 案例介绍

利用UGUI组件实现拖曳Slider组件更改图片颜色、使用文本框实时显示当前RGB值并单击"Button"按钮以复位归零颜色，使用Toggle组件控制是否实时更改图片颜色，使用InputField更改颜色数值。

2. Color 类介绍

Color类用于传递颜色，每个颜色分量都是0～1的浮点值。

Color类常用的静态变量有black、blue、gray、green、red、white、yellow、clear。

Color类常用的变量有代表透明度的a、代表红色分量的r、代表绿色分量的g、代表蓝色分量的b，演示代码如下。

```
Image my_image;
float r=0.3f,g=0.5f,b=0.7f,a=1.0f;
Color my_color=new Color(r,g,b,a);
Color my_color1=Color.green;
my_image.color=my_color;
```

3. 操作步骤

下面将介绍颜色板的具体实现方式。

（1）在Hierarchy面板中，添加Panel对象并将其布局在中间。

（2）在Panel对象下面添加Text、Image、Button、Slider_R、Slider_G、Slider_B、Toggle及InputField对象并布局，如图3-17、图3-18所示。

图3-17　UGUI颜色板Slider模式　　　　图3-18　UGUI颜色板InputField模式

（3）创建UGUI_Color.cs脚本文件并编辑如下。

```
using UnityEngine;
using UnityEngine.UI;
public class UGUI_Color : MonoBehaviour{
    public Image ugui_image; public Text ugui_text;
    public Slider[] sliders; public Toggle toggle;
    public bool is_UpdateImgae;
    public float r,g,b;
    void Start(){
        r = g = b = 0;
        UpdateInfo();
    }
    void Update(){
        if (is_UpdateImgae)
            UpdateInfo();
    }
    private void UpdateInfo(){
        ugui_image.color = new Color(r,g,b);
        ugui_text.text = "Color:(" + r.ToString("f2") + "," +
        g.ToString("f2") + "," + b.ToString("f2") + ")";
    }
    public void Button_Reset(){
        r = g = b = 1.0f;
        ugui_image.color = new Color(r,g,b);
        foreach (Slider slider in sliders){
            slider.value = 1f;
        }
        toggle.isOn = false;
    }
    public void Slider_SetColorR(Slider slider){
        r = slider.value;
    }
```

```csharp
    public void Slider_SetColorG(Slider slider){
        g = slider.value;
    }
    public void Slider_SetColorB(Slider slider){
        b = slider.value;
    }
    public void Toggle_UpdateColor(Toggle toggle){
        is_UpdateImgae = toggle.isOn;
    }
    public void InputField_SetColor(InputField inputField){
        switch (inputField.text){
            case "Red":case "red":
                ugui_image.GetComponent<Image>().color = Color.red;break;
            case "Green":case "green":
                ugui_image.GetComponent<Image>().color = Color.green; break;
            case "Blue":case "blue":
                ugui_image.GetComponent<Image>().color = Color.blue;break;
        }
    }
}
```

（4）将UGUI_Color脚本挂载到Canvas对象上，将Image对象拖曳至UGUI_Color组件的Ugui_image栏处，并将其他相应对象添加到UGUI_Color组件栏中，如图3-19所示。

（5）单击Button对象中Button组件On Click()事件下的加号，拖曳Canvas对象到Runtime栏下，并在其右侧函数栏中找到UGUI_Color.Button_Reset函数，如图3-20所示。

图3-19 UGUI_Color组件

图3-20 Button组件

（6）单击Slider_R对象中Slider组件最上方的On Value Changed(Single)处下方的加号，添加绑定Canvas对象UGUI_Color脚本中的Slider_SetColorR函数，并将Slider_R对象拖曳至Runtime Only栏右下方，如图3-21所示。同理，给Slider_G、Slider_B、Toggle对象分别绑定Slider_SetColorG、Slider_SetColorB、Toggle_UpdateColor事件，并传入对应组件参数。

（7）单击InputField对象中的InputField组件On End Edit(String)处下方的加号，添加绑定Canvas对象中的UGUI_Color.InputField_SetColor函数，并将InputField作为参数拖曳至Runtime Only右下方，如图3-22所示。

（8）勾选"Toggle"复选框进入Slider模式，拖动Slider查看Image对象颜色变化。

（9）取消勾选"Toggle"复选框，在InputField栏中输入"red"并按Enter键查看Image对象效果。

图3-21　Slider、Toggle组件

图3-22　InputField组件

3.4.4　高级UGUI功能模块

1. 动画集成

Button、Toggle、Slider、InputField等交互式组件都可以进行Transition模式选择。其中，包含Animation动画过渡模式，通过动画组件附加到控制元素实现UI在交互过程中的动画效果。

下面通过案例来实现交互式组件Button的动画功能，具体操作步骤如下。

（1）在Hierarchy面板中右击并选择"UI→Button"，创建Button对象，更改Button对象Inspector面板的Button组件中的Normal Color和Pressed Color，运行游戏并单击Button对象，查看效果。

（2）导入两张PNG格式的图片，设置其Inspector面板的Texture Type为Sprite并应用。

（3）更改Button对象Button组件的Transition为SpriteSwap模式，分别设置Highlighted Sprite和Pressed Sprite为导入的图片，运行游戏并单击Button对象，查看效果。

（4）更改Button组件的Transition为Animation，并单击"Auto Generate Animation"后保存为新建的Button.controller（动画控制器），在Project面板中单击保存的动画控制器，展开Button的动画控制器。

（5）选中Button对象，单击"Window→Animation→Animation"或按下Ctrl+6组合键打开Animation面板，选择"Pressed"后单击"Add Property→Rect Transform→Anchored Position"，单击Anchored Position右侧的加号。

（6）将右侧的时间轴移动至0:30处，修改左侧Anchored Position.y的值为15，单击白色的小菱形与加号图标按钮，插入动画帧，运行游戏，单击Button对象，查看效果，如图3-23所示。

（7）同理，设置Button对象的其他动画属性值，并尝试创建Toggle、Slider及InputField对象尝试Animation动画功能。

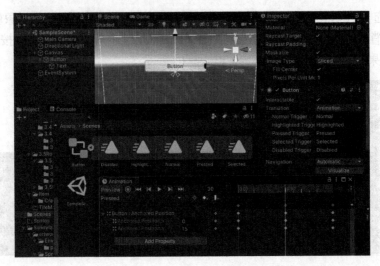

图3-23 Animation模式

2. 自动布局

自动布局系统提供了CanvasGroup、GridLayoutGroup、Horizontal LayoutGroup、ToggleGroup、Vertical LayoutGroup等组件，可以实现灵活、方便及结构化的系统布局。

开发者还需要了解LayoutElement（布局元素内容）组件、ContentSizeFitter（内容大小适配器）、AspectRatioFitter（宽高比适配器）等更加强大的UGUI高级布局功能组件。

下面通过案例展示如何将10个Image对象按照网格布局自动布局排列，具体操作步骤如下。

（1）在Hierarchy面板中右击并选择"UI→Panel"，设置其RectTransform组件的"Anchor Presets"为middle/center，Width和Height设置为500。

（2）选中"Panel"，在Inspector面板中单击"Add Component"，添加GridLayout Group组件，设置Spacing的X、Y值为30。

（3）右击"Panel"对象并选择"UI→Image"创建10个Image对象，如图3-24所示，可以看到Image对象自动排列整齐。

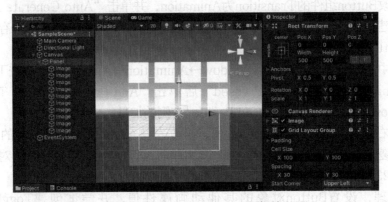

图3-24 GridLayoutGroup组件

（4）同理，更改GridLayoutGroup的其他参数，查看Image排列效果变化，以及分别添加HorizontalLayoutGroup、VerticalLayoutGroup等组件查看不同效果。

（5）在Hierarchy面板中右击并选择"UI→Canvas"创建Canvas对象，右击Canvas对象，选择"Create Empty"创建GameObject，将其命名为ToggleGroup。

（6）在ToggleGroup对象的Inspector面板中单击"Add Component"，添加Toggle Group组件。

（7）右击ToggleGroup对象并选择"UI→Toggle"创建多个Toggle对象，将其调整至合适位置，并设置其Toggle组件的Group栏为ToggleGroup对象的ToggleGroup组件。

（8）运行游戏，选中Scene面板中的Toggle，如图3-25所示，可以看到在ToggleGroup中只能有一个Toggle对象被选中。

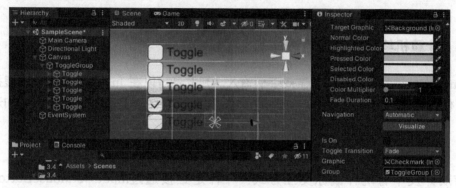

图3-25　ToggleGroup组件

3. 富文本

UI元素中的文本组件内容支持部分HTML格式内容，如表3-22所示，即使用标记格式、嵌套元素、各种标签参数设置，旧版GUI系统也支持富文本，但在EditorGUI系统中其已经被禁用。如果希望在EditorGUI系统中使用富文本，可以通过自定义GUIStyle的方式实现。

表3-22　支持的标签

标签	描述	标签	描述
\<b\> \</b\>	以粗体显示文本	\<i\> \</i\>	以斜体显示文本
\<size\> \</size\>	设置文本的大小	\<color\> \</color\>	设置文本的颜色
\<material\> \</material\>	使用指定的材质渲染	\<quad\> \</quad\>	渲染与文本内联的图像

下面将介绍使用UI的Text组件的方法，具体步骤如下。

（1）在Hierarchy面板中右击，在弹出的菜单中单击"UI"，新建Text对象，展开其Text组件。

（2）设置Text组件的文本内容如下，并查看文本效果，如图3-26所示。

```
<b>Unity</b> <i>Learn</i> <size=20><color=yellow>Text</color></size>
```

图3-26 Text富文本

3.5 图形用户界面交互系统

3.5.1 计算机终端用户交互设计

Unity支持键盘、游戏杆和游戏手柄输入。开发者可以在Input窗口中创建虚拟轴和按钮，使用Input来读取游戏输入中设置的轴，以及访问移动设备上的多点触控/加速度计数器。

1. 鼠标交互方式

游戏开发中有两种鼠标交互方式：一种是直接通过Input.GetMouseButtonXXX输入参数，依据传入的整型参数进行判断，如表3-23、表3-24所示，如Input.GetMouseButtonDown (0)表示单击事件，参数若替换为1和2则分别表示右击和滚轮滚动事件；另一种则是通过Input.GetButtonXXX虚拟轴定义鼠标输入事件，在脚本中可以通过名称访问所有虚拟轴并检测其当前状态。可以选择"Edit→Project Setting→Input Manager→Axes→Fire1"，将Alt Positive Button的值设为mouse 0，将单击事件与字符串Fire1关联。鼠标键的名称遵循约定名称：mouse 0代表鼠标左键、mouse 1代表鼠标右键、mouse 2代表鼠标滚轮。

如果使用鼠标运动增量，参数有Mouse X、Mouse Y和Mouse ScrollWheel，分别表示鼠标指针沿着屏幕x轴移动、鼠标指针沿着屏幕y轴移动和当鼠标滚轮滚动时触发这3种情况，其返回值将鼠标增量乘坐标轴灵敏度，则其范围将不是-1~1。鼠标操作时的坐标轴灵敏度可以通过"Edit→Project Settings→Input Manager→Mouse X/Mouse Y/Mouse ScrollWheel→Sensitivity"设定，默认值为0.1。

鼠标事件使用范围较广，如单击地面让人物移动过去、右击敌人以攻击目标等。

表3-23 鼠标交互属性参数

属性	说明	属性	说明
mousePosition	获取鼠标坐标位置	mouseScrollDelta	获取鼠标滚动增量

表3-24　　　　　　　　　　　　　鼠标交互函数说明

函数名	说明
Input.GetMouseButton	某键被持续按下，返回是否按下了给定的鼠标按钮
Input.GetMouseButtonDown	在用户按下给定鼠标按钮帧时，返回 true
Input.GetMouseButtonUp	在用户释放给定鼠标按钮帧时，返回 true
传入参数	参数 0 表示鼠标左键；1 表示鼠标右键；2 表示鼠标滚轮

下面案例通过检测鼠标交互事件，在Console面板中实时输出当前鼠标信息并移动立方体。本案例中需新建一个Cube对象，并将以下脚本挂载到Cube对象上，则单击的时候可在Console面板中看到鼠标的操作，鼠标指针在游戏场景的水平和垂直方向移动会带动Cube对象在x轴和y轴上移动，鼠标滚轮会带动Cube对象在z轴上的移动。

```
using UnityEngine;
public class Mouse_Interact : MonoBehaviour{
    void Update(){
        // 当鼠标左键一直处于按下状态时
        if (Input.GetMouseButton(0)) Debug.Log(" 鼠标左键处于按下状态 ");
        // 当鼠标右键按下时执行一次，直到重新按下
        if (Input.GetMouseButtonDown(1)) Debug.Log(" 鼠标右键按下 ");
        // 鼠标右键弹起时
        if (Input.GetMouseButtonUp(2)) Debug.Log(" 鼠标中键弹起 ");
        Debug.Log(" 鼠标位置 :"+Input.mousePosition);
        Debug.Log(" 鼠标滑轮值 :"+Input.mouseScrollDelta);
    }
}
```

2. 键盘键值交互

键值交互是需要根据用户按下键盘上某个键才能触发事件，其相关函数说明如表3-25所示，例如需要等待用户按下功能键时实现功能，或者按Esc键"呼出"系统菜单等。Input对象通过Input.GetKeyXXX (KeyCode keyCode) 函数检测键盘交互事件，其中KeyCode是一个枚举型变量，是由Event.keyCode返回的，返回值直接映射到键盘上的物理键，常用的键值如表3-26所示。

若以键映射到轴的方式利用字符检测按钮当前状态，此时可以选择"Edit→Project Setting→Input Manager"查看Axes各种按钮的默认名称，通过Positive Button或Negative Button修改输入键的名称。

表3-25　　　　　　　　　　　　　键值交互函数说明

函数名	说明
Input.GetKey	在用户按下指定按键时返回 true
Input.GetKeyDown	在用户开始按下指定按键的帧期间返回 true
Input.GetKeyUp	在用户释放指定按键的帧期间返回 true

表3-26 常用的键值

键值	说明
A、B、C……	普通键
Alpha1、Alpha2、Alpha3……	数字键
UpArrow、DownArrow、LeftArrow 和 RightArrow	方向键
mouse 0、mouse 1、mouse 2……	鼠标按钮
Backspace、Tab、Return、Escape、Space、Delete、Enter……	特殊键

以下案例展示常用键盘事件的处理方法。本案例需新建一个Cube对象,并将以下脚本挂载到Cube对象上。游戏运行以后,当键盘中指定的键被按下时,在Console面板中可看到相关的提示信息,并且若按UpArrow、DownArrow、LeftArrow和RightArrow 4个键时,可在x轴和y轴方向上移动Cube对象。

```
using UnityEngine;
public class Keyboard_Interact : MonoBehaviour{
    void Update(){
        if(Input.GetKeyDown(KeyCode.A))
            Debug.Log("A 键被按下 ");
        if(Input.GetKey(KeyCode.LeftShift))
            Debug.Log(" 左侧 Shift 键一直处于按下状态 ");
        if(Input.GetKeyUp(KeyCode.UpArrow))
            Debug.Log("UpArrow 键被释放 ");
    }
}
```

3. 虚拟轴

在Input对象中,GetAxis函数常被用来根据坐标轴名称返回虚拟坐标系中的值。使用键盘和摇杆输入时参数有Horizontal和Vertical两个,分别代表水平方向和垂直方向,其返回值范围为-1~1。

Input.GetAxis函数的参数是轴的名称,参数根据当前用户输入实时变更,所以使用的时候应该去持续地获得值来更新它,否则得到的结果是不准确的;通常会在Update函数里面通过每帧去获取,其使用到的场景较多为应用在对角色的控制上。下面将介绍虚拟轴的使用方法。

(1)在场景中创建一个Plane和Cube对象。

(2)将摄像机镜头斜下角45°对准Cube对象。

(3)创建编写脚本Script_AxisMove.cs并将其挂载至Cube对象的属性面板组件中。

```
using UnityEngine;
public class Script_AxisMove : MonoBehaviour{
    public float speed;
    void Update(){
        float h = Input.GetAxis("Horizontal") * Time.deltaTime * speed;
        float v = Input.GetAxis("Verticle") * Time.deltaTime * speed;
        this.gameObject.transform.Translate(h,0,v);
    }
}
```

（4）设置Cube对象的Script_AxisMove脚本组件的speed值为5。
（5）运行游戏，按W/A/S/D或上/下/左/右方向键，可以看到立方体移动。

4. 按键事件交互

Input对象中提供了丰富的函数参数，通过该对象可以获取鼠标、键盘及移动端等触摸设备的操控信息。该对象的主要函数如表3-27所示。

表3-27　　　　　　　　　　Input对象获取鼠标、键盘事件的主要函数

函数	说明
GetButton	当按住虚拟按钮时，返回true
GetButtonDown	在用户按下虚拟按钮的帧时，返回true
GetButtonUp	在用户释放虚拟按钮的帧时，返回true

Input对象针对键盘、鼠标和虚拟按钮提供了处理函数，同时也提供相关的参数，可以获取计算机终端鼠标和键盘的操控信息，其主要变量如表3-28所示。下面的代码介绍了按键交互的使用方法。

表3-28　　　　　　　　　　　　Input对象的主要变量

变量	说明
inputString	返回键盘输入的字符串

```
using UnityEngine;
public class Script_GetButton : MonoBehaviour{
    void Update(){
        if (Input.GetButtonDown("Fire"))
            Debug.Log(" 开火 ");
        if (Input.GetButton("Jump"))
            Debug.Log("Space 键一直处于按下状态 ");
        if (Input.GetButtonUp("MyCustomName"))
            Debug.Log(" 自定义设置按钮抬起 ");
    }
}
```

3.5.2　移动端用户交互设计

当将Unity游戏运行在iOS或Android设备上时，电脑端的单击操作可以自动转换为移动端屏幕上的触屏操作，但如多点触屏等操作却是无法利用鼠标操作进行的。Unity的Input类中既包含电脑端的各种输入功能，也包含针对移动端触摸设备的各种功能。下面介绍Input类在触摸操作上的使用。

首先介绍Input.touches结构。其是一个触摸数组，每个属性代表着手指在屏幕上的触摸状态。每个手指的触摸状态都是通过Input.touches来描述的。Touch输入对象的属性及其说明如表3-29所示，手指触摸状态的枚举变量及其说明如表3-30所示。

表3-29　　　　　　　　　　　　Touch输入对象的属性及其说明

属性	说明
fingerID	触摸的唯一索引
Position	触摸的屏幕位置
deltaPosition	自上一帧以来的屏幕位置变化
deltaTime	自上次状态变化以来经过的时间
Phase	描述阶段或触摸状态。确定是触摸刚开始、手指移动还是手指刚从屏幕上抬起

表3-30　　　　　　　　　　　　手指触摸状态的枚举变量及其说明

枚举变量	说明
Began	手指触摸了屏幕
Moved	手指在屏幕上移动了
Stationary	手指正在触摸屏幕但自上一帧以来尚未移动
Ended	从屏幕上抬起了手指。这是触摸的最后一个阶段
Canceled	执行超过 5 次触摸后，系统取消对触摸的跟踪

下面通过一段代码来完成移动设备触摸操作的实现，具体操作步骤如下。

```
using UnityEngine;
public class Mobile_Interactive : MonoBehaviour
{
    private Vector2 beforePos_t1 = new Vector2();// 记录上一帧手指1的位置
    private Vector2 beforePos_t2 = new Vector2();// 记录上一帧手指2的位置
    void Update()
    {
        if (Input.touchCount == 1)
        {   // 仅一只手指触碰屏幕
            Touch t = Input.GetTouch(0);
            if (t.phase == TouchPhase.Began)
            { Debug.Log("触碰屏幕初始位置:"+ t.position); }
            if (t.phase == TouchPhase.Moved)
            { Debug.Log("手指处于移动状态"); }
            if (t.phase == TouchPhase.Ended)
            { Debug.Log("触碰屏幕结束位置:"+ t.position); }
        }
        else if(Input.touchCount == 2)
        {
            Touch t1 = Input.touches[0];// 获取手指1信息
            Touch t2 = Input.touches[1];// 获取手指2信息
            if (t1.phase == TouchPhase.Moved && t2.phase == TouchPhase.Moved)
            {
                Vector2 newPos_t1 = t1.position;// 记录当前帧手指1的位置
                Vector2 newPos_t2 = t2.position;// 记录当前帧手指2的位置
                Vector2 deltaDis1 = t1.deltaPosition;
                Vector2 deltaDis2 = t2.deltaPosition;
```

```
                    //判断两点间的距离是否变大
                    if (Distance(newPos_t1, newPos_t2) > Distance(beforePos_t1,
beforePos_t2))
                    {
                        Debug.Log("两只手指距离逐渐变大,手指每帧变化分别为" +
deltaDis1 + "," + deltaDis2);
                    }
                }
                beforePos_t1 = t1.position;//存储当前帧手指1的位置
                beforePos_t2 = t2.position;//存储当前帧手指2的位置
            }
        }
        private float Distance(Vector2 t1,Vector2 t2)//返回两点间的距离
        {
            return Mathf.Sqrt((t2.x - t1.x) * (t2.x - t1.x) + (t2.y - t1.y)
* (t2.y - t1.y));
        }
    }
```

3.5.3 EventTrigger交互组件

事件系统（EventSystem）支持许多事件，并可在用户编写的自定义输入模块中进一步自定义它们。在添加了EventSystem对象，即场景中有EventSystem与StandaloneInput Module组件后，可以为其他UI元素添加EventTrigger交互组件定义交互行为触发事件，其中，EventTrigger可以绑定PointerClick、PointerDown、PointerUp、Drag等交互事件，说明如表3-31所示。

表3-31　　　　　　　　　　　EventTrigger事件

事件	说明
PointerClick	在同一对象上按下再松开鼠标时调用
PointerDown	在对象上按下鼠标时调用
PointerUp	松开鼠标时调用
Drag	发生拖动时，在拖动对象上调用

下面将以Image添加EventTrigger组件实现单击事件检测为例，说明EventTrigger交互组件的使用方法。

（1）单击"GameObject→UI→Image"，创建一个ImageUI元素，系统默认添加Canvas与EventSystem对象。

（2）创建鼠标事件的处理脚本Event_Trigger.cs，将其添加到Canvas对象上并编辑如下。

```
using UnityEngine;
public class Event_Trigger : MonoBehaviour{
    public void Image_Click(){
        Debug.Log("Image被单击！");
    }
}
```

（3）选定Image对象，在Inspector面板中添加EventTrigger组件，然后在EventTrigger组件中单击"Add New Event Type"，添加Pointer Click事件。

（4）单击"+"，将Canvas对象拖曳至EventTrigger组件的Pointer Click(BaseEventData)的Runtime Only下方，如图3-27所示，并在右侧调用Image_Click函数。

（5）运行游戏，并单击Image对象，可以看到Console面板中输出"Image被单击！"内容。

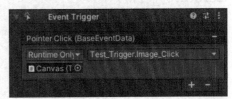

图3-27　EventTrigger组件

3.5.4　UGUI支持的事件

独立输入模块和触摸输入模块支持的事件由接口提供，通过实现该接口即可在MonoBehaviour上实现这些事件。如果配置了有效的事件系统，则会在正确的时间调用事件。其中，所支持的常用事件接口及其说明如表3-32所示。

表3-32　　　　　　　　　　　　常用事件接口

事件接口	说明
IPointerEnterHandler – OnPointerEnter	当鼠标指针移入对象时调用
IPointerExitHandler – OnPointerExit	当鼠标指针移出对象时调用
IPointerDownHandler – OnPointerDown	在对象上按下鼠标时调用
IPointerUpHandler – OnPointerUp	松开鼠标时调用
IPointerClickHandler – OnPointerClick	当完成一次单击时调用
IBeginDragHandler – OnBeginDrag	即将开始拖动时，在拖动对象上调用
IDragHandler – OnDrag	发生拖动时，在拖动对象上调用
IEndDragHandler – OnEndDrag	拖动完成时，在拖动对象上调用
IScrollHandler – OnScroll	当鼠标滚轮滚动时调用
ISubmitHandler – OnSubmit	单击"Submit"按钮时调用

1. UGUI 组件元素交互事件接口

UGUI系统中的所有UI组件都可以添加交互事件接口，以实现UI界面的交互检测功能。为Image添加单击事件检测，具体操作步骤如下。

（1）在Hierarchy面板中新建Image对象。

（2）创建Event_Interface.cs脚本并编辑如下。

```
using UnityEngine;
using UnityEngine.EventSystems;
public class Event_Interface : MonoBehaviour,IPointerClickHandler{
    public void OnPointerClick(PointerEventData eventData){
        Debug.Log("OnPointerClick");
    }
}
```

（3）将Event_Interface脚本添加到Image对象上。

（4）运行游戏，并单击Image对象，可以看到Console面板中输出"OnPointerClick"内容。

2. UGUI交互式组件监听事件

针对UGUI系统中的Button、Toggle、Slider等交互式组件，直接添加监听事件后就无须在Unity引擎编辑器中绑定事件了。为Button组件添加监听事件，具体操作步骤如下。

（1）在Hierarchy面板中新建Button对象。

（2）创建Event_Listen.cs脚本并编辑如下。

```
using UnityEngine;
using UnityEngine.UI;
public class Event_Listen : MonoBehaviour{
    void Start(){
        Button btn = this.GetComponent<Button>();
        btn.onClick.AddListener(OnClick);
    }
    private void OnClick(){
        Debug.Log("Button Clicked");
    }
}
```

（3）将Event_Listen脚本添加到Button对象上。

（4）运行游戏，并单击Button对象，可以看到Console面板中输出"Button Clicked"内容。

3.6 Unity界面交互设计案例实战

3.6.1 界面交互实战案例概述

本案例将进行滚动小球界面交互设计案例实战，内容主要包含界面布局与交互设计两大部分。其中，界面布局内容有主界面的Text、Image、Button、InputField组件的位置布局与样式设计，游戏运行界面的RawImage视频播放组件设置，游戏设置界面的Toggle、Slider组件设置；交互设计内容实现用户名数据存储、模拟进度条加载、场景切换、视频播放控制、界面显示管理和声音控制器等功能。

3.6.2 滚动小球——界面布局设计

1. 资源导入准备

在正式进行滚动小球界面交互设计案例实战之前，需要新建项目、导入相关资源，并设置好相关图片素材格式，如图3-28所示。

（1）新建名为RollABall_UI的Unity项目。
（2）导入Chapter03UI.unitypackage资源。
（3）修改Sprite文件夹下所有图片的Texture Type，将其设置为Sprite(2D and UI)。

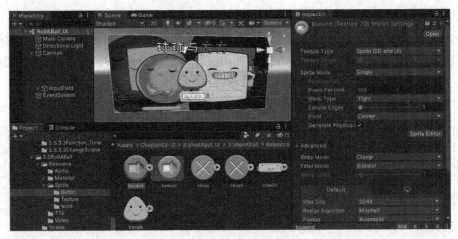

图3-28　资源导入设置

2. 游戏主界面布局设计

（1）新建场景并将其命名为"RollABall_Main"，如图3-29所示。

图3-29　界面布局

（2）创建Image组件并将其命名为"img_BackGround"，将图片img_BackGround关联Image组件。按Shift键设置stretch为stretch-stretch。

（3）创建Image组件并将其命名为"img_Title"，将图片img_球球与方方关联Image组件并单击"SetNativeSize"，移动至合适位置。

（4）创建Button组件并将其命名为"btn_BeginGame"，将图片btn_Trangle关联Image组件，设置合适大小与位置，删除btn_BeginGame下的Text对象。

（5）创建InputField组件并将其命名为"img_UserName"，将图片img_TCube1关联Image组件。

（6）设置其中的Placeholder与Text的Text组件Font（字体）为ziti、Style为Bold、Size为124、Alignment为居中。

（7）创建Slider对象并将其命名为"img_LoadSlider"，将图片img_LoadSlider关联Image组件并设置合适大小。

（8）调整img_LoadSlider对象Image组件的Color属性、ImageType为Filled、FillMethod为Horizontal。

3. 游戏运行界面布局

（1）打开RollABall_Game场景，如图3-30所示。

图3-30　主界面布局

（2）修改txt_Count、txt_Win的Text组件样式。

（3）创建Button组件并将其命名为"but_AudioControl"，设置SourceImage为btn_AudioSound并调整合适的位置与大小。

（4）新建Panel组件并将其命名为"pan_User"，设置合适位置与Width、Height值。

（5）在Panel下创建一个RawImage和Text，分别命名为"raw_UserImg""txt_Username"。

（6）在Video面板中新建RenderTexture，并将RenderTexture移动至raw_UserImg对象的RawImage组件Texture处。

（7）为raw_UserImg对象添加VideoPlayer组件，将Video文件夹下的UserVideo.mp4文件关联VideoPlayer的VideoClip组件，并勾选VideoClip组件中的Loop属性。

（8）运行并查看效果，如图3-31所示。

图3-31　主界面运行

4. 游戏设置界面布局

（1）新建Panel组件，将其命名为"pan_Setting"并设置SourceImage为kname。

（2）在pan_Setting下创建Button组件，将其命名为"but_Close"并设置SourceImage为close1。

（3）创建3个Text组件，分别命名为"img_Setting""img_togSound""img_t_silSound"并设置各自的SourceImage为"声音设置""声音启用"和"音量调节"。

（4）创建Toggle组件，设置其大小、位置、样式。

（5）创建Slider组件，设置其大小、位置、样式。

（6）效果如图3-32、图3-33所示。

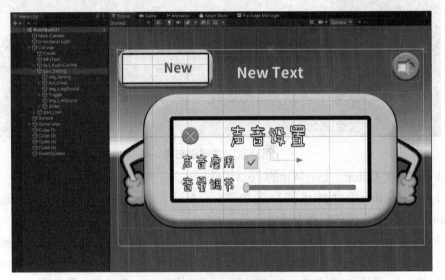

图3-32　设置界面布局

图3-33　设置界面运行

3.6.3 滚动小球——主界面交互程序实现

1. PlayerPrefs 数据存储与获取

PlayerPrefs是Unity提供数据存储的一种方式，即使切换场景、对象销毁、游戏退出，数据仍会被永久保存。

PlayerPrefs类支持浮点型、整型和字符串型3种数据类型的存储和读取。3种数据类型的存储和读取分别对应的函数为SetInt、GetInt（存储和读取整型数据）；SetFloat、GetFloat（存储和读取浮点型数据）；SetString、GetString（存储和读取字符串型数据）。

PlayerPrefs.GetString需要传入两个参数，分别是供下次访问调用的键值与需要存储的整型数据。判断玩家是否是第一次登录游戏，并设置用户名称，具体代码如下。

```
using UnityEngine;
public class Function_PalyerPrefs : MonoBehaviour{
    void Start(){
        if(PlayerPrefs.GetInt("GameCounts")==0){
            // 进入教学模式，游戏次数加1，设置用户名称为默认名称并输出
            PlayerPrefs.SetInt("GameCount",PlayerPrefs.GetInt("GameCounts")+1);
            PlayerPrefs.SetString("UserName"," 默认名称 ");
            Debug.Log(PlayerPrefs.GetString("UserName"));
        }
    }
}
```

2. 场景切换功能

游戏常常需要进行场景切换，Unity提供了可非常方便地对场景进行管理的API SceneManagement，其提供的LoadScene函数可实现在游戏运行过程中加载场景，其参数可以是场景名称或路径，也可以是场景的索引。单击切换场景，具体操作步骤如下。

（1）在Project面板中创建两个场景，分别命名为"Scene0"和"Scene1"，在Scene0中创建一个球体。

（2）单击"File→Build Settings→Add Open Scenes"，添加场景，这时右侧显示序号0。

（3）进入Scene1中创建立方体，再次单击"Add Open Scenes"，添加场景，右侧显示序号1。

（4）回到Scene0中，创建并编写脚本ChangeScene.cs，将该脚本挂载到Main Camera对象上。

```
using UnityEngine;
using UnityEngine.SceneManagement;
public class ChangeScene : MonoBehaviour{
    void Update(){
        if (Input.GetMouseButtonDown(0)){
            SceneManager.LoadScene(1);
```

```
        }
    }
}
```

3. 主界面数据存储与更换图片功能实现

(1) 新建脚本UI_Main.cs后将其挂载在Canvas对象上, 打开并编辑脚本如下。
(2) 单击imp_UserName对象InputField组件的On Value Changed处下方的"+"。
(3) 将Canvas对象拖曳至RuntimeOnly栏右下方。
(4) 在RuntimeOnly栏右侧下拉列表中找到UI_Main.SetName函数。
(5) 拖曳imp_UserName对象到UI.Main.SetName下方。

```
using UnityEngine;
using UnityEngine.UI;                    // 导入UI包
public class UI_Main : MonoBehaviour{
    // 其他代码
    public Sprite finishName;             // 精灵类型图片
    Public InputField Inp_name;           //InputField组件
    public void SetName(InputField Input_name){
        if (input_name.text != null){     // 判空
            // PlayerPrefs 类的 SetString 函数是 Unity 存储数据方式之一
            PlayerPrefs.SetString("name",Inp_name.text);
            // 更换 InputField 背景图片成功则表示存储成功
            Inp_name.GetComponent<Image>().sprite = finishName;
        }
    }
}
```

4. 主界面数据获取、Button事件单击交互绑定功能实现

(1) 编辑UI_Main.cs脚本添加以下内容。

```
using UnityEngine;
using UnityEngine.UI;                    // 导入UI包
public class UI_Main : MonoBehaviour{
    // 其他代码
    private bool load;                    // 设置是否开始加载
    public void BeginGame(){
        if (PlayerPrefs.GetString("name") != ){
            load = true;
        }
    }
}
```

(2) 为btn_BeginGame的Button组件添加UI_Main.GeinGame单击事件。

5. 主界面模拟进度条效果与场景切换功能实现

(1) 编辑UI_Main.cs脚本添加以下内容, 并将Img_loadSlider拖曳至Canvas对象组件的UI_Main中。

```
using UnityEngine;
```

```
using UnityEngine.UI;                        // 导入UI包
using UnityEngine.SceneManagement;           // 导入场景管理包
public class UI_Main : MonoBehaviour{
    // 其他代码
    public Image img_loadSlider;
    private float my_time = 0;
    public void Update(){
        if (load){
            my_time += Time.deltaTime;
            // 进度条填充值逐渐增加
            img_loadSlider.fillAmount = my_time;
        }
        if (img_loadSlider.fillAmount == 1){
            SceneManager.LoadScene(1);
        }
    }
}
```

（2）将img_loadSlider的Image组件的fillAmount调整至0。
（3）单击"File→Build Settings→Add Open Scenes"，添加当前场景。
（4）打开RollABall_Game场景并将其添加到Scenes In Build中。
（5）回到RollABall_Main中运行游戏并查看效果。

3.6.4 滚动小球——游戏界面交互程序实现

1. Panel界面显示与隐藏控制功能实现

（1）打开RollABall_Game场景。
（2）打开脚本UI_Game.cs后添加如下内容。

```
using UnityEngine;
using UnityEngine.UI;                        // 需要导入UI包
public class UI_Game : MonoBehaviour{
    // 其他代码
    public GameObject pan_Setting;           // 设置页面
    public void Show_Setting(){
        pan_Setting.SetActive(true);         // 显示页面
    }
    public void Hide_Setting(){
        pan_Setting.SetActive(false);        // 隐藏页面
    }
}
```

（3）将pan_Setting设置为隐藏并拖曳至Canvas对象UI_Game组件对应位置。
（4）选定but_AudioControl对象，在Inspector面板下Button的OnClick事件中单击"+"，添加事件关联，关联Canvas对象和绑定UI_Game脚本中的Show_Setting函数。
（5）选定but_Close对象，在Inspector面板下Button的OnClick事件中单击"+"，添加事件关联，关联Canvas对象和绑定UI_Game脚本中的Hide_Setting函数。

(6)运行并查看效果。

2. VideoPlayer 组件视频的播放与暂停控制功能实现

(1)打开脚本UI_Game.cs后添加如下内容。

```
using UnityEngine;
using UnityEngine.UI;               //需要导入UI包
using UnityEngine.Video;             //导入视频包
public class UI_Game : MonoBehaviour{
    //其他代码
    public Text t_UserName;
    private int i= 0;
    public VideoPlayer vidP_UserImage;
    void Start(){
        //初始化设置文本框
        t_UserName.text = PlayerPrefs.GetString("name");
    }
    //控制视频播放与暂停
    public void UserVideo(){
        i++;
        switch (i % 2){
            case 0:vidP_UserImage.Play();break;
            case 1:vidP_UserImage.Stop();break;
        }
    }
}
```

(2)拖曳txt_UserName、raw_UserImg到Canvas对象的UI_Game组件对应位置。

(3)给raw_UserImg对象添加EventTrigger组件,选择"PointerClick"事件,并设置调用Canvas对象的UI_Game.UserVideo函数。

(4)运行游戏,单击"raw-UserImg"查看控制效果。

3.6.5 滚动小球——游戏设置界面交互程序实现

在游戏设置界面实现用Toggle控制音乐的播放、用Slider控制音量大小等功能。

(1)打开脚本UI_Game.cs后添加如下内容。

```
using UnityEngine;
using UnityEngine.UI;               //需要导入UI包
public class NewMonoBehaviour : MonoBehaviour{
    //其他代码
    public AudioSource bg_Audio;
    public void Tog_Audio(Toggle tog_Audio){
        if (tog_Audio.isOn)
            bg_Audio.Play();
        else
            bg_Audio.Stop();
    }
    public void Sli_Audio(Slider sli_Audio){
```

```
        bg_Audio.volume = sli_Audio.value;
    }
}
```

（2）确保Main Camera对象上面有AudioSource组件且AudioClip处有音频片段并勾选"Loop"属性。

（3）将Main Camera对象拖曳至Canvas对象的UI_Game脚本组件的Bg_Audio栏处。

（4）单击Toggle对象中Toggle组件On Value Change栏处的"+"，将Canvas对象添加到Runtime Only右下方空栏中，并设置右侧Function栏为UI_Game脚本中的Tog_Audio函数。

（5）用与步骤（4）同理的方法为Slider组件绑定Canvas对象的UI_Game脚本中的Sli_Audio函数。

（6）运行并查看效果。

习　题

一、选择题

1. 下列关于MonoBehaviour.OnGUI的描述中，错误的是哪些？（　　）
    A. 如果 MonoBehaviour 没有被启用，则OnGUI函数不会被调用
    B. 用于绘制和处理 GUI Events
    C. 每帧可能会被绘制多次，每次对应于一个GUI Events
    D. 每帧被调用一次

2. 对于UGUI中Image和RawImage的区别，下列说法正确的是哪些？（　　）
    A. RawImage为Texture Type类型，Image只能是Sprite类型的图片
    B. RawImage和Image的渲染在Unity中的实现方法是一样的
    C. RawImage不可以接受Raycast碰撞
    D. RawImage可以用来显示Unity播放器可用的任何纹理

3. 下列关于IMGUI的说法中，正确的是哪些？（　　）
    A. 可以创建公共变量GUIStyle、更改不同的样式元素等
    B. 可以创建新的GUISkin、将皮肤应用于GUI、更改GUI字体大小等
    C. GUIStyle是GUISkin的子集合
    D. Unity有一个全局的GUISkin，称为GUI.skin。在声明组件时，如果不写GUIStyle，会使用GUI.skin中的默认style来显示组件

4. Canvas组件渲染模式有哪些？（　　）
    A. Screen Space - Overlay   B. Screen Space - Camera
    C. World Space   D. World Space - Camera

5. Unity中每个游戏对象（GameObject）至少都会存在以下哪个组件？（　　）
    A. Transform   B. Light

C. Collider D. Animation

6. 关于UGUI的Canvas，下列说法不正确的是哪些？（　　）
   A. 每当你创建一个UI物体时，Canvas都会自动创建
   B. 所有的UI元素都必须是Canvas的子对象
   C. 如果要对键盘、触摸、鼠标、自定义输入进行处理，必须手动创建一个EventSystem
   D. Canvas组件自带3个组件，分别是Canvas、Canvas Scaler、Graphic Raycaster组件

7. UGUI中关于给Button添加单击事件的方法正确的是哪些？（　　）
   A. 可视化创建及事件绑定，直接在Button组件的Inspector面板中的OnClick处添加事件
   B. 通过直接绑定脚本来绑定事件，通过代码给按钮添加单击事件
   C. 通过EventTrigger实现按钮单击事件
   D. 通过Button的父对象添加单击事件

8. Unity的UGUI渲染层级中决定UI显示顺序的因素有哪些？（　　）
   A. Camera B. Sorting Layer
   C. Shader的RenderQueue D. Order in Layer

9. 界面交互设计有哪些原则？（　　）
   A. 图标设计遵循原则
   B. 界面布局遵循原则
   C. 界面交互遵循原则
   D. KISS（Keep It Simple and Stupid）懒汉原则

10. Camera组件中有哪些相机投射方式？（　　）
    A. 透视视角 B. 正交视角
    C. 正反视角 D. 深度视角

二、问答题

1. IMGUI与普通静态UI有什么区别？
2. UGUI如何构建界面？
3. UGUI实现的核心是什么？
4. 移动摄像机的动作放在哪个系统函数中，为什么放在这个函数中？
5. 在场景中放置多个Camera组件且它们同时处于活动状态会发生什么？
6. Unity事件系统包括哪些部分？

第 4 章

Unity 物理引擎

物理引擎让游戏更加真实，而游戏也推动了物理引擎的发展。目前，主流的物理引擎有以下3种：Intel的HAVOK引擎、早期开源易学的AMD的BULLET，以及Unity内置的NVIDIA的PhysX物理引擎。PhysX提供了多种实现物理碰撞、关节、布料等效果的易学易用组件，我们可以通过提供的刚体组件模拟重力效果，通过碰撞体组件实现物体之间的碰撞检测，通过关节组件模拟对象约束变换，通过布料组件仿真旗帜飘动的效果，以及利用车轮碰撞体轻松实现汽车的创建。

Unity引擎实际上提供了两套独立的物理系统，分别为2D物理系统与3D物理系统。虽然组件名称略有不同，但主要概念和使用方法保持一致。利用它们，可以在Unity里面模拟如重力、阻力、摩擦力、弹性、碰撞等物理效果。

4.1 物理引擎基础知识

4.1.1 Prefab与实例化游戏对象

Prefab（预制体）可以被看作对象资源的一个模板，创建出来后可以被轻松地反复使用，同时也可以统一修改场景中所有用到该预制体对象的组件属性、参数等配置对象值。预制体通常应用于需要被反复使用的石头、树木等环境资源，多次出现的NPC（非玩家角色），不断生成并销毁的子弹对象等。

1. 实例化对象

实例化对象的常用方式有两种：一种是在编辑状态将Project面板中的预制体拖曳至Scene面板中进行创建；另一种则是在游戏运行时通过代码动态生成实例化对象。

2. 实例化游戏对象的常用函数

实例化游戏对象的常用函数有CreatePrimitive、Instantiate。其中，Instantiate函数有以下几种重置方法，具体参数介绍如表4-1所示。

```
public static Object Instantiate (Object original);
public static Object Instantiate (Object original, Transform parent,
```

```
bool instantiateInWorldSpace);
    public static Object Instantiate (Object original, Vector3 position,
Quaternion rotation, Transform parent);
```

表4-1　　　　　　　　　　实例化游戏对象函数参数介绍

参数	说明	参数	说明
original	要复制的现有对象	rotation	新对象的方向
position	新对象的位置	parent	指定给新对象的父对象
instantiateInWoldSpace	指定父对象的方式是保持世界位置（true）或是相对位置（false）		

3. 案例实践

下面将介绍预制体的创建和使用方法。

案例实践

（1）在Hierarchy面板中右击并选择"Create→3D Object"创建一个Cube对象。

（2）将Hierarchy面板中的Cube对象拖曳至Project面板形成预制体，图标变成蓝色。

（3）选中Hierarchy面板中的Cube对象，按Ctrl+D组合键复制多个对象，并在Scene面板中将其平移成一排。

（4）在Project面板中右击并选择"Create→Material"创建材质球，将其命名为"Blue"，修改其Inspector面板颜色为蓝色。

（5）双击Project面板中的Cube预制体进入编辑页面，按下F键对焦。

（6）将Project面板中的Blue材质球拖曳至Cube预制体的MeshRenderer组件的Materials栏中，Scenes面板中的Cube对象变为蓝色。

（7）单击Hierarchy面板返回键或Scene面板下的"Scenes"按钮，返回主场景中。

（8）选择"保存"按钮后，可以看到Scene面板中所有的Cube对象都变成了蓝色。

（9）选择Project面板中的Blue材质球，修改其Inspector面板颜色为黄色，可以看到Scene面板中所有Cube预制体实时同步发生变化。

（10）选择Scene面板中的一个Cube对象，将其Inspector面板的Mesh Renderer组件中的Cast Shadows设置为Off。

（11）单击该Cube对象Inspector面板栏下方的"Overrides→Apply All"。

（12）可以看到图4-1所示的Scene面板中所有Cube预制体的阴影都消失了。

使用Instantiate函数在运行状态下将Cube预制体对象实例化。

（1）在Hierarchy面板中创建一个Plane对象和空对象并重置其位置为(0,0,0)。

（2）在Project面板中右击并选择"Create→C# Script"，新建脚本并将其命名为"Demo_Prefab"，打开脚本编辑如下。

```
using UnityEngine;
public class CreatePrefab : MonoBehaviour{
    public GameObject cube;
    public Transform t_cubeWall;
    void Update(){
        if (Input.GetKeyDown(KeyCode.R))
            for (int x = 0; x < 3; x++)
```

```
                for (int y = 0; y < 3; y++){
                    GameObject gameObject = Instantiate(cube, new 
Vector3(x,y,1), Quaternion.identity,t_cubeWall);
                    gameObject.AddComponent<Rigidbody>();// 组件的获取
                    gameObject.transform.position = new Vector3(x, y, 0);
                }
        }
    }
```

（3）将Demo_Prefab脚本拖曳至Main Camera对象上，并将Project面板中的Cube预制体拖曳至Demo_Prefab组件中Cube空栏处，将Hierarchy面板中的GameObject对象拖曳至Demo_Prefab组件T_cubeWall空栏处。

（4）按下R键运行游戏，可以看到Game场景中生成了一面Cube墙，如图4-2所示。

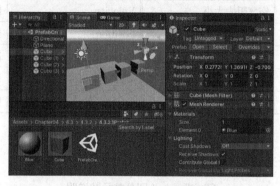

图4-1　编辑状态下创建预制体

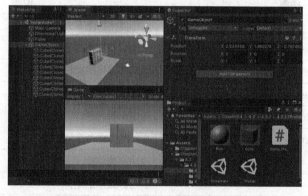

图4-2　运行状态下预制体实例化

4.1.2　刚体组件Rigidbody

刚体组件Rigidbody是实现游戏对象物理行为的主要组件，主要作用于3D对象上，对象添加Rigidbody组件后便可以设置如重力、阻力等相关物理属性，获取当前位置、速度等信息，也可以自定义取消受重力影响，以及限制对象运动位置旋转状态。另外，Rigidbody组件还内置了许多常用函数，例如AddForce（施加力）、AddTorque（施加扭矩）等。Rigidbody组件让对象轻松实现仿真下落、碰撞、位移等效果。

刚体

1. 添加 Rigidbody 组件

在Hierarchy面板中，单击"Component→Physics→Rigidbody"，添加Rigidbody组件；或者选中需要添加的对象，单击Inspector面板中的"Add Component"按钮，搜索"Rigidbody"并添加Rigidbody组件。

2. 属性说明

Rigidbody组件常用的属性说明如表4-2所示。

表4-2　　　　　　　　　　Rigidbody组件常用的属性说明

属性	说明	属性	说明
Mass	刚体的质量（单位为kg）	Collision Detection Mode	碰撞检测模式
Drag	空气阻力大小	Velocity	刚体的速度矢量
Use Gravity	是否受重力影响	Position	刚体的位置
Is Kinematic	是否由物理引擎驱动	Rotation	刚体的旋转
Constraints	限制刚体运动	World Center Of Mass	刚体在世界空间中的质心
Freeze Position	限制刚体位置移动	Freeze Rotation	刚体局部旋转限制

3. 函数说明

Rigidbody API公共函数说明如表4-3所示。

表4-3　　　　　　　　　　Rigidbody API公共函数说明

函数	说明
Rigidbody.AddForce	对刚体添加绝对力
Rigidbody.AddRelativeForce	对刚体添加相对力
Rigidbody.AddTorque	对刚体添加绝对扭矩
Rigidbody.AddRelativeTorque	对刚体添加相对扭矩
Rigidbody.AddExplosionForce	对刚体添加爆炸力
Rigidbody.AddForceAtPosition	在刚体指定位置施加力
Rigidbody.Sleep	强制刚体休眠
Rigidbody.WakeUp	唤醒休眠中的刚体
Rigidbody.MovePosition	将刚体移动到某位置
Rigidbody.MoveRotation	将刚体旋转到某位置

其中，常用的Rigidbody组件函数AddForce的ForceMode模式参数说明如表4-4所示。

```
public void AddForce (Vector3 force, ForceMode mode = ForceMode.Force);
```

表4-4　　　　　　　　　　ForceMode模式参数说明

参数	说明	参数	说明
Force	沿矢量方向连续施加力	Acceleration	改变其加速度，忽略质量
Impulse	对刚体施加一个瞬间冲击力	Velocity Change	改变物体速度，忽略质量

4. 案例实践

以Rigidbody组件为例,测试函数使用不同参数的效果,如图4-3所示,具体操作步骤如下。

(1) 在Hierarchy面板中创建Plane、Cube对象并设置其位置关系如图4-4所示,Cube在Plane的上方。

图4-3 Rigidbody组件

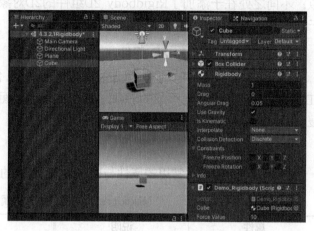

图4-4 Rigidbody组件案例运行效果

(2) 选中"Cube",单击Inspector面板中的"Add Component",搜索"Rigidbody"并添加组件。

(3) 创建脚本Demo_Rigidbody.cs并编写如下。

```
using UnityEngine;
public class Demo_Rigidbody : MonoBehaviour{
    public Rigidbody cube;
    public float forceValue=10.0f;//设置力的大小
    void Start(){
        cube.mass=1.0f;//设置Cube质量为1kg
        cube.useGravity=true;//设置Cube受重力影响
        cube.freezeRotation=true;//设置Cube无法旋转
    }
    void Update(){
        if(Input.GetKey(KeyCode.F))//在世界坐标系的z轴方向施加绝对力
            cube.AddForce(Vector3.forward*forceValue,ForceMode.Acceleration);
        if(Input.GetKeyDown(KeyCode.E))//在自身坐标轴的z轴方向施加相对力
            cube.AddRelativeForce(Vector3.back*forceValue,ForceMode.Impulse);
        if(Input.GetKey(KeyCode.T))//在世界坐标系的x轴方向施加绝对扭矩
            cube.AddTorque(Vector3.right*10.0f,ForceMode.Impulse);
        if(Input.GetKeyDown(KeyCode.R))//按P键重置位置
            cube.MovePosition(Vector3.zero);
    }
    void DebugInfo(){
        Debug.Log("velocity:"+cube.velocity);
        Debug.Log("velocity:"+cube.position);
        Debug.Log("velocity:"+cube.rotation);
    }
}
```

（4）运行游戏，分别按F、E、T、R键查看Cube运动效果。

4.1.3 刚体组件Rigidbody 2D

刚体组件Rigidbody 2D作用于2D精灵对象上，许多物理属性效果与Rigidbody组件类似；不同之处在于添加了Rigidbody 2D组件的2D对象只能在xOy平面上移动，绕着垂直于该平面的轴旋转。

1. 添加 Rigidbody 2D 组件

在Hierarchy面板中，单击"Component→Physics 2D→Rigidbody 2D"，添加Rigidbody 2D组件；或者选中需要添加的对象，单击Inspector面板中的"Add Component"按钮，搜索"Rigidbody 2D"并添加Rigidbody 2D组件。

2. 属性说明

Rigidbody 2D组件常用的属性与Rigidbody组件的相似，如表4-5所示。

表4-5　　　　　　　　　　Rigidbody 2D组件常用的属性说明

属性	说明	属性	说明
Body Type	2D 行为类型	Material	碰撞接触的物理材质
Simulated	是否启用物理模拟	Mass	2D 刚体的质量
Linear Drag	位置移动阻力系数	Angular Drag	旋转移动阻力系数
Gravity Scale	重力系数	Collision Detection Mode	2D 碰撞检测方式
Sleeping Mode	是否在静止状态下休眠	Interpolate	是否使用插值
Constraints	限制 2D 刚体运动	Freeze Rotation	2D 刚体局部旋转限制
Position	刚体位置	Velocity	刚体的速度矢量

3. 函数说明

Rigidbody 2D的常用函数也与Rigidbody组件的相似，如表4-6所示。

表4-6　　　　　　　　　　Rigidbody 2D常用组件函数说明

函数	说明
Rigidbody2D.AddForce	对 2D 刚体施加力
Rigidbody2D.AddForceAtPosition	在空间中对某点施加力
Rigidbody2D.AddRelativeForce	相对于其坐标系添加相对力
Rigidbody2D.AddTorque	在刚体质心处添加绝对扭矩
Rigidbody2D.Distance	技术对象碰撞体到其他附加碰撞体的最小距离
Rigidbody2D.GetPointVelocity	获取某点处的刚体速度
Rigidbody2D.IsAwake/IsSleeping/IsTouching	刚体是否处于唤醒 / 睡眠 / 被接触状态
Rigidbody2D.MovePosition/MoveRotation	将刚体移动 / 旋转

4. 案例实践

以Rigidbody 2D组件为例，测试函数使用不同参数的效果，具体操作步骤如下。

（1）在Hierarchy面板中右击并选择"2D Object→Sprite"创建2D精灵对象，将其命名为"Box"，为其Sprite Renderer组件添加Sprite类型图片。

（2）选中Box对象，单击Inspector面板中的"Add Component"，搜索并添加Rigidbody 2D组件。

（3）调整对象至合适的大小及位置，选中摄像机，按Ctrl+Shift+F组合键聚焦到当前视图。

（4）运行项目，可以看到Box对象竖直下落。

4.1.4 恒定力组件Constant Force

恒定力组件Constant Force可用于快速为刚体对象添加恒定力，使对象在游戏中受到力的作用而运动，例如模拟飞机航行、火箭发射、电动机转动等运动。

1. 添加 Constant Force 组件

在Hierarchy面板中，单击"Component→Physics→Constant Force"，添加Constant Force组件；或者选中需要添加的对象，单击Inspector面板中的"Add Component"按钮，搜索并添加Constant Force组件。

2. 属性说明

Constant Force组件属性说明如表4-7所示。

表4-7　　　　　　　　　　Constant Force组件属性说明

属性	说明
Force	每帧都在向刚体施加力，相对于世界坐标系的矢量
Relative Force	每帧都在向刚体施加力，相对于刚体坐标系的矢量
Torque	每帧都在向刚体施加扭矩旋转，相对于世界坐标系的矢量
Relative Torque	每帧都在向刚体施加扭矩旋转，相对于刚体坐标系的矢量

3. 案例实践

无须额外编写代码，使用Constant Force组件（见图4-5）就可以实现给对象添加作用力，具体操作步骤如下。

（1）在Hierarchy面板中创建Plane、Cube对象并分别设置位置为(0,0,0)、(0,1,0)。

（2）选中Cube对象，单击其Inspector面板的"Add Component"，搜索并添加Constant Force组件，设置Force值为(0,0,10)，如图4-6所示，运行游戏并查看Cube运动效果。

（3）停止游戏，单击Constant Force组件右上角■按钮，在弹出的菜单中单击"Reset"按钮，重置组件。

（4）设置Relative Force值为(0,0,10)，并勾选Rigidbody组件中Constraints的Freeze Position中的"Y"，运行游戏并查看Cube运动效果。

（5）与步骤（3）、步骤（4）同理，重置Rigidbody与Constant Force，设置Torque值为(0,0,10)，运行游戏并查看Cube运动效果。

图4-5　Constant Force组件

图4-6　Constant Force组件案例效果

4.1.5　3D物理材质

在真实世界当中，刚体对象碰撞效果会因为材质的不同而产生不同作用力的效果。3D物理材质（Physic Material）指的是碰撞体表面的材质，物理材质用于调整碰撞对象的摩擦力和反弹效果。即便是相同质量的乒乓球、网球、篮球、保龄球，从同样高度下落到地面上反弹的高度也会有所不同。

1. 创建3D物理材质

单击"Assets→Create→Physic Material"或者在Project面板中右击并选择"Create→Physic Material"，创建物理材质。调节物理材质Inspector面板中的参数模式，将其拖曳至3D对象的Inspector面板相应的Collider组件的Material处进行赋值使用。

2. 参数说明

组件常用的3个参数为Dynamic Friction、Static Friction及Bounciness。具体3D物理材质参数说明如表4-8所示，计算模式说明如表4-9所示。

表4-8	3D物理材质参数说明
材质参数	说明
Dynamic Friction	动态摩擦系数
Static Friction	静态摩擦系数
Bounciness	弹力

表4-9	计算模式说明
计算模式	说明
Average	两者平均值
Minimum/ Maximum	取最小/最大值
Multiply	两者相乘值

3. 注意事项

（1）摩擦力数值为0～1，动态摩擦系数中数值0代表没有摩擦力，表面光滑；1代表完整摩擦力，即迅速静止。

（2）弹性摩擦系数中数值0代表不会反弹，1代表反弹时不产生任何能量损失。

（3）当两个对象接触时，如果它们所使用的物理材质计算模式不同，则将使用更高优先级的计算方式，优先级顺序为Average< Minimum<Multiply<Maximum。

4. 案例实践

在Project面板中创建物理材质并添加给对象，测试不同的摩擦系数及计算模式下对象发生碰撞时所产生的效果，具体操作步骤如下。

（1）在场景中创建1个Plane对象并倾斜15°构成斜坡，创建一个Cube对象置于Plane对象上方。

（2）在Project面板中创建两个物理材质球，并通过将其拖曳至Sence面板中的方式分别赋Cube对象与Plane对象。

（3）设置两个物理材质球的Dynamic Friction与Static Friction为0，如图4-7所示。

（4）给Cube对象添加Rigidbody组件，运行并查看效果。修改摩擦系数查看其他效果。

（5）在场景中创建一个Plane与一个Sphere对象，并为Sphere对象添加Rigidbody组件。

（6）在Project面板中创建两个物理材质球，分别赋Plane对象与Sphere对象。

（7）设置两个物理材质球的Bounciness参数值为1，运行游戏并查看效果。

（8）尝试分别为不同物理材质修改不同参数并重新设置计算模式，查看游戏运行效果。

（9）为了方便读者，图4-8展示了不同物理材质球在不同参数下碰撞后的效果。

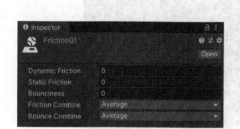

图4-7　3D物理材质设置

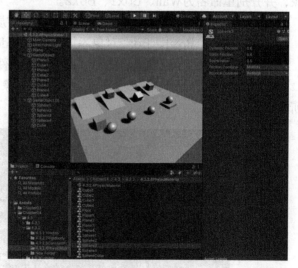

图4-8　不同物理材质球在不同参数下碰撞后的效果

4.1.6　2D物理材质

2D物理材质与3D物理材质的作用和使用方法类似，可以参考3D物理材质部分内容进行类比学习。

1. 创建2D物理材质

单击"Assets→Create→2D→Physic Material 2D"或者在Project面板中右击并选择"Create→2D→Physic Material 2D",创建物理材质。调节物理材质Inspector面板中的参数模式,将其拖曳至具有2D碰撞体对象Inspector面板下Box Collider 2D组件的Material处进行赋值使用。

2. 参数说明

组件常用的两个参数为Friction、Bounciness。具体2D物理材质参数说明如表4-10所示。

表4-10　　　　　　　　　　2D物理材质参数说明

材质参数	说明	材质参数	说明
Friction	摩擦系数	Bounciness	弹力

3. 案例实践

在Project面板中创建2D物理材质并添加给对象,测试不同的2D弹性系数下发生碰撞时所产生的效果(需在项目的Package Manager中先安装2D Sprite),具体步骤如下。

(1)在Hierarchy面板中右击并选择"2D Object→Sprite→Square",创建3个Cube对象,并分别重命名为Wall、Box1、Box2。

(2)分别为Wall、Box1、Box2对象在Sprite Renderer组件处添加Sprite类型图片。

(3)在Project面板中右击并选择"Create→Physic Material 2D",创建3个Cube对象,并分别重命名为Wall、Box1、Box2。

(4)分别设置Wall、Box1、Box2的2D物理材质Bounciness值为0.2、0.4、0.6。

(5)为Wall、Box1、Box2对象添加Box Collider 2D组件并赋对应的2D物理材质。

(6)为Box1、Box2对象添加Rigidbody 2D组件。

(7)运行并查看不同2D物理材质的Box对象下落碰撞到Wall后的效果,如图4-9所示。

图4-9　2D物理材质案例

4.2 物理碰撞体组件解析

碰撞体可以模拟真实世界中的碰撞效果。在Unity中内置了6种碰撞体，分别为Box Collider（盒型碰撞体）、Sphere Collider（球形碰撞体）、Capsule Collider（胶囊碰撞体）、Mesh Collider（网格碰撞体）、Wheel Collider（车轮碰撞体）及Terrain（地形碰撞体）。

4.2.1 3D碰撞体

Unity引擎中提供了几种简单几何碰撞体组件，分别为Box Collider、Sphere Collider、Capsule Collider组件。可以分别为箱子、石头、人体等对象添加简易碰撞体，进行物理碰撞检测。

1. 添加碰撞体组件

在Hierarchy面板中，单击"Component→Physics→Box Collider/Sphere Collider/Capsule Collider"，添加碰撞体组件；或者选中需要添加的对象，单击Inspector面板中的"Add Component"按钮，搜索"Box Collider/Sphere Collider/Capsule Collider"，添加碰撞体组件；此外，也可以通过"GameObject→3D Object→Cube/Sphere/Capsule"直接创建的方式创建自带碰撞体组件的对象。

2. 属性说明

盒型、球形、胶囊等简单碰撞体组件属性说明如表4-11所示。

表4-11　简单碰撞体组件属性说明

属性	说明	属性	说明
Edit Collider	对碰撞体编辑	Radius	碰撞体的半径大小
Is Trigger	启用触发事件而忽略碰撞	Height	碰撞体的总高度
Material	引用物理材质效果	Direction	胶囊体局部空间 y 轴
Center	碰撞体的空间位置	Size	碰撞体在方向轴上的大小

3. 注意事项

添加3D碰撞体的注意事项如下。
（1）注意检测当前碰撞体是否能够启用触发事件而忽略碰撞。
（2）尽量使用简单碰撞体进行组合，使用模拟复杂形状对象的碰撞区域可以有效提高性能。

4. 案例实践

创建碰撞体对象，编辑碰撞体区域并设置Trigger触发区域，具体操作步骤如下。
（1）在场景中创建1个Plane对象，其他游戏对象放置在plane上。
（2）新建Cube1并单击其Box Collider组件Edit Collider右侧按钮，在Scene面板中自由缩放碰撞检测区域。

（3）新建一个Sphere1球体，添加刚体组件后将其放置在Cube1对象碰撞区域上方。

（4）复制两个Cube1对象，分别命名为"Cube2""Cube3"，将其移动到Cube1右边合适的位置，将Cube2的BoxCollider组件中的Size中X、Y和Z都设为1。为Cube3的Box Collider组件勾选"Is Trigger"复选框。

（5）复制两个Sphere1对象并分别置于Cub2和Cub3上方，参数设置如图4-10，场景效果如图4-11所示。

图4-10　简单几何体组件

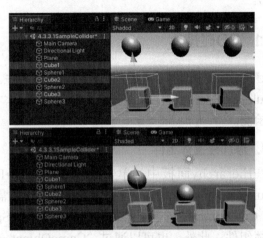

图4-11　碰撞体编辑运行效果

4.2.2　2D碰撞体

2D碰撞体组件可定义用于物理碰撞的2D游戏对象的形状。碰撞体是不可见的，其形状不需要与游戏对象的网格完全相同；2D游戏对象的所有碰撞体的名称都以"2D"结尾。名称中没有"2D"的碰撞体将作为3D游戏对象。

2D碰撞体

1．添加碰撞体组件

选中需要添加的对象，单击"Component→Physics 2D"，选择所需添加的2D Collider组件；或者单击Inspector面板中的"Add Component"按钮，搜索"Box Collider 2D/Circle Collider 2D"等添加2D碰撞体组件。

2D碰撞体类型如表4-12所示。

表4-12　　　　　　　　　　　　2D碰撞体类型

类型	说明	类型	说明
Circle Collider 2D	圆形 2D 碰撞体	Box Collider 2D	方形 2D 碰撞体
Polygon Collider 2D	2D 多边形碰撞体	Edge Collider 2D	2D 边界碰撞体
Capsule Collider 2D	2D 胶囊碰撞体	Composite Collider 2D	2D 复合碰撞体
Custom Collider 2D	自定义 2D 碰撞体	—	—

2. 属性说明

2D方形、圆形等2D碰撞体组件可以设置常用的物理材质、是否启用触发事件而忽略碰撞、设置碰撞体大小和位置等操作，具体如表4-13所示。

表4-13　　　　　　　　　　　2D碰撞体组件属性说明

属性	说明	属性	说明
Material	引用物理材质效果	Used by Effector	是否启用 2D 效应器
Is Trigger	启用触发事件而忽略碰撞	Used by Composite	是否附加为复合 2D 碰撞体
Offset	碰撞体位置偏移	Generation Type	控制 2D 复合碰撞体的碰撞区域
Radius	圆形半径	Auto Tiling	自动调整碰撞体平铺边界
Size	碰撞体在方向轴上的大小	Edge Radius	碰撞体边界圆凸角的半径
Points	2D 碰撞体顶点位置	Direction	胶囊体方向

3. 案例实践

创建2D碰撞体对象接住下落的2D刚体对象，具体操作步骤如下。

（1）在Hierarchy面板中右击并选择"2D Object→Sprite"，创建2D精灵对象，将其命名为"Box"，并为其Sprite Renderer组件添加Sprite类型图片。

（2）选中Box对象，单击Inspector面板中的"Add Component"，搜索并添加Rigidbody 2D组件和Box Collider 2D组件。

（3）在Hierarchy面板中右击并选择"2D Object→Sprite"，创建2D精灵对象，并将其命名为"Wall"，为其Sprite Renderer组件添加Sprite类型图片。

（4）选中Wall对象，单击Inspector面板中的"Add Component"，搜索并添加Box Collider 2D组件。

（5）调整对象至合适的大小及位置，选中摄像机，按Ctrl+Shift+F组合键聚焦当前视角。

（6）运行项目，可以看到Box对象竖直下落至Wall对象上，如图4-12所示。

图4-12　Box Collider 2D组件

4.2.3 网格碰撞体

网格碰撞体Mesh Collider是自定义网格碰撞体。网格碰撞体比内置的简单碰撞体更加精确，但会占用更多的系统资源。

1. 添加网格碰撞体组件

在Hierarchy面板中，单击"Component→Physics→Mesh Collider"，添加碰撞体组件；或者选中需要添加的对象，单击Inspector面板中的"Add Component"按钮，搜索"Mesh Collider"，添加网格碰撞体组件；此外，也可以通过新建Plane对象或者导入模型的方式创建自带网格碰撞体组件的对象。

2. 属性说明

网格碰撞体组件的属性说明如表4-14所示。

表4-14　　　　　　　　网格碰撞体组件的属性说明

属性	说明	属性	说明
Convex	保证网格个数小于255	Material	引用物理材质效果
Is Trigger	启用触发事件而忽略碰撞	Mesh	引用碰撞的网格
Cooking Options	烹制网格以加快模拟速度	—	—

3. 注意事项

添加网格碰撞体的注意事项如下。

（1）网格碰撞体内部可以发生穿透，但是碰撞体本身不具有碰撞属性。

（2）如果对象同时挂载刚体组件和网格碰撞体组件将会报错，因此，需要勾选"Convex"复选框，自动在原模型基础上生成一个网格个数小于255的三角形凸网格碰撞体。

（3）在模型导入时需要勾选Mesh Import Settings处的"read/write enabled"复选框。

4.2.4 地形碰撞体

地形碰撞体（Terrain Collider）实现了一个碰撞表面，其形状与其所附加到的Terrain对象相同，具体内容可以阅读5.3节的地形系统。

4.2.5 车轮碰撞体

车轮碰撞体（Wheel Collider）是Unity内置PhysX物理引擎提供的一套可以用来轻松创建地面交通工具的车轮模拟系统。每个车轮碰撞体都有质量、半径、阻尼等属性，具备转向、电动机或制动扭矩功能。

1. 添加车轮碰撞体

选中Hierarchy面板中的对象，单击"Component→Physics→ Wheel Collider"，添加

车轮碰撞体组件；或者选中需要添加的对象，单击Inspector面板中的"Add Component"按钮，搜索"Wheel Collider"并添加车轮碰撞体组件。

2. 属性说明

车轮碰撞体组件的属性说明如表4-15所示。

表4-15　　　　　　　　　　车轮碰撞体组件的属性说明

属性	说明	属性	说明
Mass	车轮的质量	Forward/Sideways Friction	车轮向前和侧向滚动时轮胎摩擦的特性
Radius	车轮的半径	Force App Point Distance	默认车轮上受力点值为0时，处于静止时车轮底部会使受力点略低于车辆质心
Center	车轮中心位置	rpm	当前轮轴转速（r/min）
Suspension Spring	悬架尝试通过增加弹簧力和阻尼力来到达目标位置	brake Torque	制动扭矩（N/m）
Target Position	悬架沿悬架最大伸展的静止距离，1和0对应于完全展开/压缩悬架，默认为0.5，与常规汽车的悬架行为匹配	motor Torque	轮轴上的电动机扭矩（N/m）
isGrounded	指示车轮当前是否与某物发生碰撞	—	

3. 注意事项

添加车轮碰撞体注意事项如下。

（1）创建车辆时需要注意其对象或父对象要添加刚体组件。

（2）多个车轮之间的相对位置关系需要保持一致，且单辆车上最多可以有20个车轮。

（3）将车辆碰撞体与车轮模型分别设置为单独的对象。

（4）如果车辆速度过快，设置Force App Point Distance值受力点略低于车辆质心。

4. 案例实践

新建一个Cube对象作为车身，添加4个空对象，并通过车轮碰撞体制作车轮的方式制作一辆可以驾驶的小车，具体操作步骤如下。

（1）在Hierarchy面板中创建一个Plane并重置Position为(0,-2,-0)，重置Scale为(5,5,5)。

（2）新建一个空对象，将其命名为"Car_Root"，在Inspector面板中添加Rigidbody组件并重置其位置，设置Mass为5000，右击"Car_Root"并创建一个Cube对象，设置其Scale为(2,1,3)。

（3）右击"Car_Root"并创建一个空对象，将其命名为"Wheels"，在Wheels子集中创建4个空对象，分别命名为"frontRight""frontLeft""backRight""backLeft"，并分别设置其Position为(1,-0.3,1)、(1,-0.3,1)、(1,-0.3,-1)、(-1,-0.3,-1)，保证它们在同一水平面上。

（4）选中Wheels下面的4个对象，单击"Add Component"，添加Wheel Collider组

件，如图4-13所示。

（5）创建脚本Script_Wheel，将其添加到Car_Root对象上面，并编辑如下。

```csharp
using System.Collections.Generic;
using UnityEngine;
public class Script_WheelCollider : MonoBehaviour{
    public List<AxleInfo> axleInfos;
    public float maxMotorTorque;          // 预设车轮驱动力
    public float breakMotorTorque;        // 预设车轮刹车力
    public float maxSteeringAngle;        // 预设车轮旋转角度
    public void Update(){
        float motor = maxMotorTorque * Input.GetAxis(Vertical);
        float steering = maxSteeringAngle * Input.GetAxis(Horizontal);
        foreach (AxleInfo axleInfo in axleInfos){
            axleInfo.leftWheel.brakeTorque = Input.GetKey(KeyCode.Space) ? breakMotorTorque : 0;//C#三元运算符?:,按下 Space 键,设置刹车力为预设值,否则为 0
            axleInfo.leftWheel.brakeTorque = Input.GetKey(KeyCode.Space) ? breakMotorTorque : 0;
        }
        foreach (AxleInfo axleInfo in axleInfos) {// 遍历所有车轮组件
            if (axleInfo.steering) {// 如果启用旋转，则设置车轮组件旋转值为预设值
                axleInfo.leftWheel.steerAngle = steering;
                axleInfo.rightWheel.steerAngle = steering;
            }
            if (axleInfo.motor) {// 如果启用驱动力，则设置车轮组件驱动力为预设值
                axleInfo.leftWheel.motorTorque = motor;
                axleInfo.rightWheel.motorTorque = motor;
            }
        }
    }
}
[System.Serializable]// 序列化
public class AxleInfo {// 一组车轮
    public WheelCollider leftWheel;// 左车轮
    public WheelCollider rightWheel;// 右车轮
    public bool motor;  // 是否作为驱动力
    public bool steering;  // 是否可以旋转
}
```

（6）设置Car_Root对象的Script_WheelCollider脚本组件中Axle Infos的Size值为2。

（7）拖曳frontRight、frontLeft对象到Car_Root对象Script_WheelCollider组件中Element0的Left Wheel、Right Wheel处，并勾选"Motor"和"Steering"两个复选框。

（8）将backRight、backLeft对象拖曳至Car_Root对象Script_WheelCollider组件中Element1的Left Wheel、Right Wheel处。

（9）设置Max Motor Torque为1500和Max Steering Angle为15。

（10）运行游戏，按W/A/S/D键控制小车移动，效果如图4-14所示。

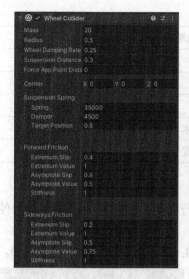

图4-13　Wheel Collider组件

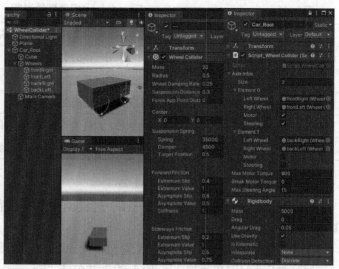

图4-14　Wheel Collider组件运行效果

4.3　物理关节组件解析

物理系统提供了多种类型关节组件来模仿真实世界中的连接现象。这些组件有固定关节组件Fixed Joint、铰链关节组件Hinge Joint、弹簧关节组件Spring Joint、角色关节组件Character Joint和可配置关节组件Configurable Joint。

4.3.1　固定关节组件Fixed Joint

固定关节组件Fixed Joint的作用是基于一个物体来限制另一个物体运动，关节之间类似于父子关系。但是固定关节不是通过层级变换实现的，而是通过物理系统实现的。当有一些想要轻易分开的物体或想让两个没有父子关系的物体一起运动时可以使用该组件进行绑定，例如，应用于射箭击中目标后被固定到靶子上面、炸弹固定及安放等情况。

固定关节

关节组件可以添加至多个游戏对象中，而添加关节的游戏对象将通过关节连接在一起并且实现连带的物理效果。需要注意的是，关节必须依赖于刚体组件。

1. 添加 Fixed Joint 组件

选中Hierarchy面板中的对象，单击"Component→Physics→Fixed Joint"，添加Fixed Joint组件；或者选中需要添加的对象，单击Inspector面板中的"Add Component"按钮，搜索"Fixed Joint"并添加Fixed Joint组件。

2. 属性说明

Fixed Joint组件属性说明如表4-16所示。

表4-16　　　　　　　　　　　　Fixed Joint组件属性说明

属性	说明
Connected Body	对关节所依赖的刚体的引用
Break Force	为破坏此关节而需要施加的力
Break Torque	为破坏此关节而需要施加的扭矩
Enable Collision	勾选复选框后，允许关节连接的连接体之间发生碰撞
Enable Preprocessing	禁用预处理有助于稳定无法满足的配置

3. 案例实践

利用Fixed Joint组件（见图4-15）连接两个对象进行移动，并在某一时刻施加力使其被破坏，具体操作步骤如下。

（1）创建Plane、Cube1、Cube2对象，Position分别为(0,-0.5,0)、(2.5,0,0)、(4.5,0,0)。

（2）为Cube1对象添加Rigidbody组件并勾选"Freeze Rotation"复选框，添加Constant Force组件并设置Force值为(-15,0,0)，添加Fixed Joint组件并设置Break Force值为200。

（3）为Cube2添加刚体组件并拖曳该对象至Cube1对象Fixed Joint的Connected Body处。

图4-15　Fixed Joint组件

（4）创建脚本Script_FixedJoint.cs，将其添加到Cube2对象上，并编辑如下。

```
using UnityEngine;
public class Script_FixedJoint : MonoBehaviour{
    void Update(){
        if (Input.GetKeyDown(KeyCode.A)){
            this.GetComponent<Rigidbody>().AddForce(new Vector3(10,0,0), ForceMode.Impulse);
        }
    }
}
```

（5）运行游戏，Cube2对象被拉动，按A键，固定关节被打破，效果如图4-16所示。

图4-16　Fixed Joint组件案例效果

4.3.2 铰链关节组件Hinge Joint

铰链关节组件Hinge Joint将两个刚体组合在一起，对刚体进行约束，让它们就像通过铰链连接一样移动。Hinge Joint非常适用于门，但也可用于模拟链条、钟摆等对象。

铰链关节

1. 添加HingeJoint组件

在Hierarchy面板中，单击"Component→Physics→ Hinge Joint"，添加Hinge Joint组件；或者选中需要添加的对象，单击Inspector面板中的"Add Component"按钮，搜索"Hinge Joint"并添加Hinge Joint组件。

2. 属性说明

Hinge Joint组件属性说明如表4-17所示。

表4-17　　　　　　　　　　Hinge Joint组件属性说明

属性	说明
Connected Body	对关节所依赖的刚体的引用（可选）。如果未设置，则关节连接到世界坐标系
Anchor	连接体围绕摆动的轴位置。该属性在局部空间中定义
Axis	连接体围绕摆动的轴方向。该属性在局部空间中定义
Auto Configure Connected Anchor	如果启用此属性，则会自动计算连接锚点（Connected Anchor）位置以便与锚点属性的全局位置匹配
Connected Anchor	手动配置连接锚点位置
Use Spring	弹簧使刚体相对于其连接体呈现特定角度
Spring	在启用Use Spring的情况下使用的弹簧属性，其中参数Spring表示对象声称移动到位时施加的力；参数Damper的值越高，对象减速越快；参数Target Position表示弹簧的目标角度。弹簧朝着该角度拉伸（以度为单位）
Use Motor	使用电动机让对象旋转
Motor	在启用Use Motor的情况下使用的电动机属性，其中参数Target Velocity表示对象试图获得的速度；参数Force表示为获得该速度而施加的力；参数Free Spin表示如果启用此属性，则绝不会使用电动机来制动旋转，只会进行加速
Use Limits	如果启用此属性，则铰链的角度将被限制在Min～Max范围内
Limits	在启用Use Limits的情况下使用的限制属性，其中参数Min表示旋转可以达到的最小角度；参数Max表示旋转可以达到的最大角度；参数Bounciness表示当对象达到最小或最大停止限制时对象的反弹力大小；参数Contact Distance表示在距离限制内，接触将持续存在以免发生抖动
Break Force	为破坏此关节而需要施加的力
Break Torque	为破坏此关节而需要施加的扭矩
Enable Collision	勾选该复选框后，允许关节连接的连接体之间发生碰撞
Enable Preprocessing	禁用预处理有助于稳定无法满足的配置

3. 案例实践

利用Hinge Joint组件（见图4-17）制作一扇门并设置其开合范围，使用小球进行撞击查看门运动效果。具体操作步骤如下。

（1）创建Plane对象，设置Position为(0,-0.2,0)、Cylinder位置值为(-1,1,0)。

（2）创建Sphere对象，设置Position为(0,0.5,-3)并添加Constant Force组件，Force值为(0,0,15)。

（3）创建一个Cube对象，设置Position为(0,1,0)、Scale值为(2,2,0.5)，并添加Rigidbody组件。

（4）选中Cylinder对象，添加Rigidbody组件并勾选Constraints中所有栏。

（5）添加Hinge Joint组件，在Connected Body栏添加Cube对象，单击"Edit Angular Limits"按钮并设置Axis值为(0,1,0)，勾选"Use Limits"并设置Max值为180。

（6）运行游戏，效果如图4-18所示。

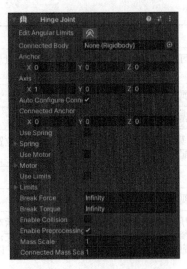

图4-17　Hinge Joint组件

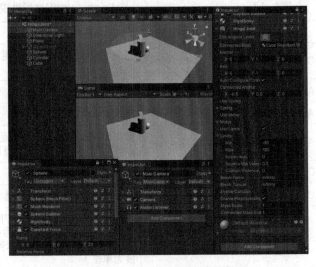

图4-18　Hinge Joint组件案例效果

4.3.3　弹簧关节组件Spring Joint

弹簧关节组件Spring Joint将两个刚体连接在一起，但允许两者之间的距离改变，就好像它们通过弹簧连接一样，可以模拟弹簧的效果。

弹簧关节

1. 添加 Spring Joint 组件

在Hierarchy面板中，单击"Component→Physics→Spring Joint"，添加Spring Joint组件；或者选中需要添加的对象，单击Inspector面板中的"Add Component"按钮，搜索"Spring Joint"并添加Spring Joint组件，如图4-19（a）所示。

2. 属性说明

Spring Joint组件属性说明如表4-18所示。

表4-18　Spring Joint组件属性说明

属性	说明
Spring	弹簧的强度
Damper	弹簧为活性状态时的压缩程度
Min Distance	弹簧不施加任何力的距离范围的下限
Max Distance	弹簧不施加任何力的距离范围的上限
Tolerance	弹性范围，允许弹簧具有不同的静止长度

3. 案例实践

使用Spring Joint连接两个Cube对象并使其从高处下落，查看效果。具体操作步骤如下。

（1）在Hierarchy面板中创建Plane、Cube1对象并设置Position分别为(0,0,0)、(0,5,0)。

（2）创建Cube2对象，设置Position为(0,2,0)，并添加Rigidbody组件与Spring Joint组件，设置其Connected Body组件为Cube1，并勾选Enable Collision复选框。

（3）运行游戏，查看Spring Joint组件案例效果，如图4-19（b）所示。

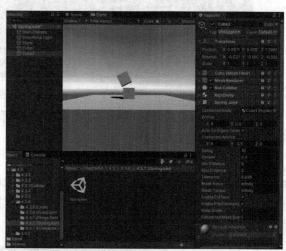

（a）Spring Joint组件　　　　　　　　（b）Spring Joint组件案例效果

图4-19　Spring Joint组件及其案例效果

4.3.4　角色关节组件Character Joint

角色关节组件Character Joint模拟人体骨头关节的连接，就是两个物体能根据一个关节点自由地朝一个方向旋转，但固定在一个相对的距离，主要用于实现布娃娃效果。角色关节是延长的球窝关节，允许在每个轴上限制该关节运动。Character Joint组件提供了很多约束运动的可能性，就像使用万向节一样。

Unity物理引擎中的Ragdoll（布娃娃）系统是基于Character Joint组件的综合应用系统，利用Ragdoll系统可以轻松模拟游戏角色死亡的肢体动作。

1. 添加 CharacterJoint 组件

单击"GameObject→3D Object→Ragdoll",打开Ragdoll系统,将Hierarchy面板中的对象按要求拖曳至Create Ragdoll面板相应栏中。

2. 案例实践

在Hierarchy面板中创建T字形Cube对象以模拟人的身体部位,最后利用Ragdoll系统自动为关节对象匹配Character Joint组件以实现布娃娃效果。实现布娃娃效果的具体操作步骤如下。

(1)在Hierarchy面板中创建一个空对象,将其命名为"Person"。

(2)在Person对象下面按图4-20所示创建T字形Cube对象层级,保证对象位置对称合理,并重新命名。

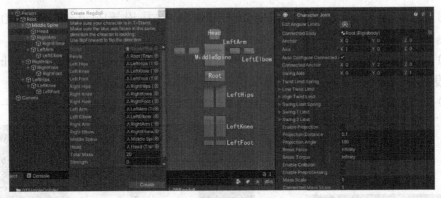

图4-20 Character Joint组件案例制作

(3)打开Create Ragdoll窗口,将Hierarchy面板中的对象拖动至Create Ragdoll栏中相应位置,并单击"Create"。

(4)可以看到Hierarchy面板中Root对象添加了Rigidbody组件,其他所有Cube对象的Inspector面板中自动添加了Rigidbody和Character Joint组件。

(5)利用Plane对象搭建斜坡场景,将Person对象移动至Plane上方,运行游戏并查看效果如图4-21所示。

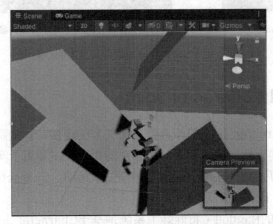

图4-21 Character Joint组件案例运行效果

4.3.5 可配置关节组件Configurable Joint

可配置关节组件Configurable Joint（见图4-22）的可定制性极高，因为此类关节包含其他关节类型的所有功能。使用Configurable Joint组件可以创建任何关节，它是一个非常灵活的关节组件，功能十分完善。

Configurable Joint组件是可定制的。Configurable Joint组件将PhysX引擎中所有与关节相关的属性都设置为可配置的，因此可以用此组件创造出与其他关节类型行为相似的关节。其较高的灵活性，也意味着其具有较高的复杂度，可以根据具体需要实现各种关节效果。感兴趣的读者可以对该组件进行深入学习。

图4-22　Configurable Joint组件

4.3.6　2D物理关节组件

2D物理关节组件作用于带有刚体组件的2D精灵对象，2D物理关节组件有几种关节可以使用，主要用于实现类似绳索、弹簧、车轴等效果。

1. 添加 Distance Joint 2D 组件

在Hierarchy面板中，单击"Component→Physics 2D"，选择2D物理关节组件进行添加；或者选中需要添加的对象，单击Inspector面板中的"Add Component"按钮，搜索并添加Distance Joint 2D等2D物理关节组件。2D物理关节组件如表4-19所示。

表4-19　2D物理关节组件

名称	说明	名称	说明
Distance Joint 2D	2D 距离关节	Fixed Joint 2D	2D 固定关节
Friction Joint 2D	2D 摩擦关节	Hinge Joint 2D	2D 铰链关节
Relative Joint 2D	2D 相对关节	Slider Joint 2D	2D 滑动关节
Spring Joint 2D	2D 弹簧关节	Target Joint 2D	2D 目标关节
Wheel Joint 2D	2D 车轮关节	—	—

2．属性说明

2D物理关节组件的属性说明如表4-20所示。

表4-20　2D物理关节组件的属性说明

属性	说明
Enable Collision	是否允许两个连接对象之间发生碰撞
Connected Rigidbody	指定某对象2D物理关节所连接的一个刚体对象
Auto Configure Connected Anchor	自动配置2D物理关节所连接到另一对象锚点的位置
Anchor	所连接的2D对象关节端点到此对象的距离
Break Force/Break Torque	破坏关节连接所需要的作用力/扭矩
Distance/Frequency/Max Torque	关节距离/振荡频率/最大扭矩
Motor Speed/Maximum Motor Force	目标电动机速度/电动机最大扭矩转速
Use Limits/Angle Limits/Upper Angle	启用限制旋转速度/角度限制/旋转弧上限

3．案例实践

利用Distance Joint 2D组件对两个2D精灵对象进行连接，具体操作步骤如下。

（1）在Hierarchy面板中右击并选择"2D Object→Sprite"，创建分别命名为"Box1""Box2""Wall"的Sprite对象。

（2）为Box1、Box2、Wall对象添加Box Collider 2D组件。

（3）为Box1、Box2对象添加Rigidbody 2D组件，并设置Box2对象Rigidbody 2D组件的Linear Drag为1。

（4）为Box1对象添加Distance Joint 2D组件，并将Box2对象拖曳至Distance Joint 2D组件的Connected Rigidbody处。

（5）Box1、Box2、Wall对象布局如图4-23所示，运行项目查看效果。

图4-23　2D物理关节组件

4.4 碰撞触发事件检测

4.4.1 Collision类

4.2节介绍了各类碰撞体组件的属性，这些组件都继承自Collider类，Collider类定义了一个游戏对象碰撞体的形状，而Collision类用于处理游戏对象碰撞事件的检测信息。有关Collision类的属性说明如表4-21所示。

表4-21　　　　　　　　　　　　Collision类属性说明

属性	说明
Collider	撞击的 Collider（只读）
Contacts	物理引擎生成的接触点，请改用 Get Contact 或 Get Contacts
Game Object	正在碰撞其碰撞体的 Game Object（只读）
Impulse	为解析碰撞而施加于碰撞对象的总冲量
Relative Velocity	这两个碰撞对象的相对线性速度（只读）
Rigidbody	碰撞到的 Rigidbody（只读），如果对象未附加刚体，则为 null
Transform	撞击对象的 Transform（只读）

如果想在Unity里面实现两个游戏对象的碰撞，需要满足两个条件：一是两个游戏对象都具有碰撞体组件；二是运动的游戏对象必须拥有刚体。

发生碰撞的条件是主动方必须有Rigidbody，发生碰撞的两个游戏对象必须有Collider，被动方的Rigidbody可有可无。

发生触发的条件是发生碰撞的游戏对象两者之一有Rigidbody即可，发生碰撞的两个游戏对象必须有Collider，其中一方勾选"Is Trigger"复选框即可。

4.4.2 碰撞检测事件

在Unity 3D中，检测碰撞发生的方式有两种：一种是利用碰撞体；另一种则是利用触发器（Trigger）。触发器用来触发事件。很多游戏引擎或工具都有触发器。例如，在角色扮演游戏里，玩家走到一个地方出现"Boss"的事件，就可以用触发器来实现。当绑定了碰撞体的游戏对象进入触发器区域时，会运行触发器对象上的OnTriggerEnter函数，同时需要在Inspector面板的碰撞体组件中勾选"Is Trigger"复选框。

1. 函数说明

碰撞检测函数说明如表4-22所示。

表4-22　　　　　　　　　　　　碰撞检测函数说明

函数	说明
Collider.OnCollisionEnter(Collision)	当该碰撞体/刚体已开始接触另一个刚体/碰撞体时，调用 OnCollisionEnter

函数	说明
Collider.OnCollisionStay(Collision)	对应正在接触刚体/碰撞体的每一个碰撞体/刚体，每帧调用一次 OnCollisionStay
Collider.OnCollisionExit(Collision)	当该碰撞体/刚体已停止接触另一个刚体/碰撞体时，调用 OnCollisionExit

发生碰撞检测事件后发送消息情况如表4-23所示。

表4-23　　　　　　　　发生碰撞检测事件后发送消息情况

施动者	受动者		
	静态碰撞体	刚体碰撞体	运动刚体碰撞体
静态碰撞体	否	是	否
刚体碰撞体	是	是	是
运动刚体碰撞体	否	是	否

2. 案例实践

创建一个小球和斜坡，当小球下落与斜坡发生碰撞时调用碰撞检测事件并修改对象材质球上的颜色，具体操作步骤如下。

（1）创建一个Plane对象，调节其Position为(0,0,0)、Scale为(0.2,1,0.4)、Rotation为(-20,0,0)。

（2）创建一个Sphere对象，调节其Position为(0,3,1)，并添加Rigidbody组件。

（3）创建Script_CollisionEvent.cs脚本，将其添加到Sphere对象上，并编辑如下。

```
using UnityEngine;
public class Script_CollisionEvent : MonoBehaviour{
    private void OnCollisionEnter(Collision collision){
        Debug.Log("与 "+collision.gameObject.name+" 发生碰撞");
        this.GetComponent<MeshRenderer>().material.color = Color.red;
    }
    private void OnCollisionStay(Collision collision){
        Debug.Log("与 " + collision.gameObject.name + " 处于碰撞中");
        collision.gameObject.GetComponent<MeshRenderer>().material.color = Color.green;
    }
    private void OnCollisionExit(Collision collision){
        Debug.Log("与 " + collision.gameObject.name + " 碰撞解除");
        this.GetComponent<MeshRenderer>().material.color = Color.white;
    }
}
```

（4）运行游戏，可以看到小球下落碰到平面后变成红色，平面变成绿色，如图4-24所示。

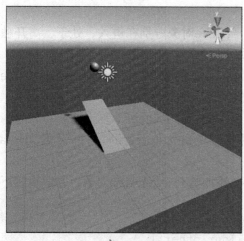

（a）碰撞检测对象布局　　　　　　　　（b）碰撞检测对象运行

图4-24　碰撞检测对象布局及运行

4.4.3　触发检测事件

触发检测事件指的是当对象进入某个区域时会被调用的事件，例如，在游戏当中角色进入传送区域便会切换场景。

1．函数说明

触发检测函数说明如表4-24所示。

表4-24　　　　　　　　　　　触发检测函数说明

函数	说明
Collider.OnTriggerEnter(Collider)	当 Collider 进入该触发器时调用 OnTriggerEnter
Collider.OnTriggerStay(Collider)	对于正在接触该触发器的每个 Collider，几乎所有帧都调用 OnTriggerStay
Collider.OnTriggerExit(Collider)	当 Collider 已停止接触该触发器时调用 OnTriggerExit

发生触发检测事件后发送消息情况如表4-25所示。

表4-25　　　　　　　　发生触发检测事件后发送消息情况

施动者	受动者					
	静态碰撞体	刚体碰撞体	运动刚体碰撞体	静态触发碰撞体	刚体触发碰撞体	运动刚体触发碰撞体
静态碰撞体	否	否	否	否	是	是
刚体碰撞体	否	否	否	是	是	是
运动刚体碰撞体	否	否	否	是	是	是
静态触发碰撞体	否	是	是	否	是	是
刚体触发碰撞体	是	是	是	是	是	是
运动刚体触发碰撞体	是	是	是	是	是	是

2. 案例实践

创建一个Cube对象与一块触发检测区域,当Cube对象分别在进入、处于、离开触发检测区域时调用触发事件函数,具体操作步骤如下。

(1)创建一个Plane和一个Cube对象,将其分别命名为TriggerArea、Cube,CubeMove分别设置Position值为(0,-0.5,0)、(0,0,0)、(-3,0,0)。

(2)勾选TriggerArea对象Box Collider组件中的"Is Trigger"复选框。

(3)为CubeMove对象添加Rigidbody组件和Constant Force组件,并设置Constant Force组件的Force值为(15,0,0)。

(4)创建脚本Script_TriggerEvent.cs,将其添加给TriggerArea对象,并编辑如下。

```
using UnityEngine;
public class Script_TriggerEvent : MonoBehaviour{
    private void OnTriggerEnter(Collider other){
        Debug.Log(other.gameObject.name + "进入触发检测区域");
    }
    private void OnTriggerStay(Collider other){
        Debug.Log(other.gameObject.name + "处于触发检测区域");
    }
    private void OnTriggerExit(Collider other){
        Debug.Log(other.gameObject.name + "离开触发检测区域");
    }
}
```

(5)单击Console面板中的"Collapse"按钮,并运行游戏,查看运行效果与输出内容,如图4-25所示。

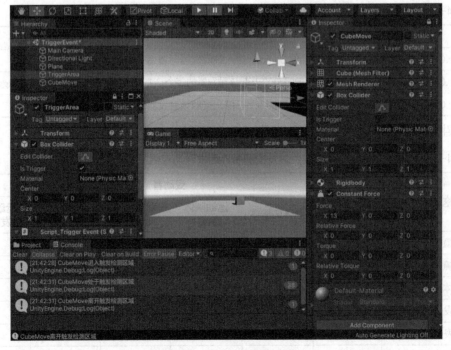

图4-25 触发检测对象布局

4.4.4 射线碰撞检测与绘制

碰撞检测还可以通过绘制射线来进行。在虚拟世界环境中绘制一条从一个点向一个方向发射的一条没有终点的线，检测这条射线所碰撞到的含有碰撞体的对象。

1. 使用 Debug 类绘制线

Debug类可在指定的起始点与结束点之间绘制直线。当游戏正在运行且启用辅助图标绘图时，其可在Editor的游戏视图中绘制直线、应用于子弹发射轨迹的绘制、函数曲线的表达等。Debug类只能在Scene面板中绘制直线，并不能在游戏中发出一条线。后面的射线碰撞案例中会多次使用到Debug类在Scene面板中绘制射线，我们先了解一下相关的函数与参数说明，如表4-26～表4-28所示。

表4-26　　　　　　　　　　　　Debug类相关函数说明

函数	说明
DrawLine	在指定的起始点与结束点之间绘制一条直线
DrawRay	在世界坐标系中绘制一条从起始点出发的射线

```
public static void DrawLine (
Vector3 start, Vector3 end, Color color = Color.white,
float duration = 0.0f, bool depthTest = true);
```

表4-27　　　　　　　　　　　　DrawLine参数说明

参数	说明	参数	说明
start	直线起始点	end	直线结束点
color	直线颜色	duration	直线可见时长（单位为s）
depthTest	是否都被对象遮挡	—	—

```
public static void DrawRay (
Vector3 start, Vector3 dir, Color color = Color.white,
float duration = 0.0f, bool depthTest = true);
```

表4-28　　　　　　　　　　　　DrawRay参数说明

参数	说明	参数	说明
start	射线起始点	dir	射线方向和长度
color	射线颜色	duration	射线可见时长（单位为s）
depthTest	是否都被对象遮挡	—	—

下面将介绍如何使用Debug类中的DrawLine和DrawRay绘制两条相交的直线。

（1）在Hierarchy面板中创建空对象Game Object，以及Cube、Sphere、Capsule对象。

（2）新建脚本DebugDrawLine.cs并将其挂载到空对象上，脚本代码如下。

```
using UnityEngine;
public class DebugDrawLine : MonoBehaviour{
    public Color color; public float duration;
    public Transform cube; public Transform sphere;
    public Transform capsule;
```

```
    void Awake(){
        color=Color.red; duration =1.0f;
    }
    void Start(){// 绘制一条从原点 (0,0,0) 到 (1,1,1) 的射线并持续显示 5s
        Debug.DrawLine(Vector3.zero,Vector3.one,Color.red,5);
    }
    void Update(){
        Vector3 start = cube.position; Vector3 end = sphere.position;
        Vector3 dir = capsule.position - cube.position;
        Color colorD = color; float durationD = duration;
        Debug.DrawLine(start,end,colorD,durationD);
        Debug.DrawRay(start,dir,colorD,durationD);
    }
}
```

（3）将Hierarchy面板中的Cube、Sphere、Capsule对象拖曳至DebugDrawLine组件的Cube、Sphere、Capsule栏中。

（4）运行游戏，此时可以在Scene面板中看到3条红色射线，拖曳以更改对象位置，查看效果，如图4-26所示。

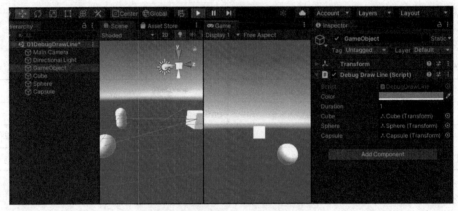

图4-26　使用Debug类绘制射线

2. 使用 Physics 类绘制物理射线

Debug类只能在Scene面板中绘制射线，不能够进行射线碰撞检测。Unity引擎的Physics类中提供的射线碰撞检测函数可以在游戏中真实地产生一条射线，可以应用于判断子弹是否打中物体、发出的光线是否能照射到物体、检测人物跳跃时距离地面的高度等。Physics类相关函数说明如表4-29所示。

表4-29　　　　　　　　　　　　Physics类相关函数说明

函数	说明
Raycast	向场景中所有碰撞体投射一条射线
RaycastAll	向场景中投射射线，并返回所有命中对象，不保证顺序
RaycastNonAlloc	向场景中投射射线，并将命中对象存储到缓冲区中

常用的射线检测函数Physics.Raycast可以向场景中的所有碰撞体投射一条射线，

该射线起点为origin，朝向为direction，长度为maxDistance，并且我们可以选择一个LayerMask，以过滤掉不想与其碰撞的碰撞体，也可以通过指定queryTriggerInteraction来控制是触发碰撞体生成命中效果，还是使用全局Physics.queriesHitTriggers设置。下面是Raycast的多种重载函数。其参数说明如表4-30所示。

```
public static bool Raycast (
Vector3 origin, Vector3 direction, float maxDistance = Mathf.Infinity,
int layerMask = DefaultRaycastLayers,
QueryTriggerInteraction queryTriggerInteraction = QueryTriggerInteraction.UseGlobal);
public static bool Raycast (
Vector3 origin, Vector3 direction, out RaycastHit hitInfo,
float maxDistance, int layerMask, QueryTriggerInteraction queryTriggerInteraction);
public static bool Raycast (
Ray ray, float maxDistance = Mathf.Infinity,
int layerMask = DefaultRaycastLayers,
QueryTriggerInteraction queryTriggerInteraction = QueryTriggerInteraction.UseGlobal);
public static bool Raycast (
Ray ray, out RaycastHit hitInfo, float maxDistance = Mathf.Infinity,
int layerMask = DefaultRaycastLayers,
QueryTriggerInteraction queryTriggerInteraction = QueryTriggerInteraction.UseGlobal);
```

表4-30　　　　　　　　　Raycast重载函数参数说明

参数	说明	参数	说明
origin	射线起点	direction	射线方向
maxDistance	射线检测最大距离	layerMask	层遮罩
queryTriggerInteraction	是否检测触发器	hitInfo	返回射线检测碰撞信息
ray	光线起点和方向	—	—

下面将介绍Raycast函数的使用方法。

（1）在Main Camera对象下创建一个Cylinder对象，将其Position值设置为(0,-1,1)，Rotation值设置为(90,0,0)，选中其Capsule Collider组件右击并选择"Remove Component"。

（2）在Hierarchy面板中创建一个有BoxCollider组件的Cube对象，单击其Inspector面板中的Transform组件的"Reset"按钮。

（3）新建脚本RaycastDemo.cs，并将该脚本挂载在Cylinder对象上。

```
using UnityEngine;
public class RaycastDemo : MonoBehaviour{
    public float maxDistance;
    void Awake(){
        maxDistance = 2.0f;
    }
    void FixedUpdate(){
        Vector3 origin = this.transform.position;
        Vector3 direction = this.transform.up;
```

```
            float maxDistanceR = maxDistance;
            if(Physics.Raycast(origin,direction,maxDistanceR)){
                print(" 射线检测到碰撞对象 ");
            }
            Vector3 dir = direction * maxDistanceR;
            Debug.DrawRay(origin,dir,Color.red,1);
        }
    }
```

（4）运行游戏，可以看到Scene面板中有一条长度为2的射线。

（5）调节Cylinder对象Inspector面板中Raycast Demo(Script)的Max Distance属性为10，可以看到Console面板中输出射线检测到碰撞对象，Scene面板中的红色射线触碰到Cube对象。

（6）在Scene面板中沿着x轴移动Cylinder对象，可以看到当射线移出Cube对象时Console面板中停止输出文本内容，如图4-27所示。

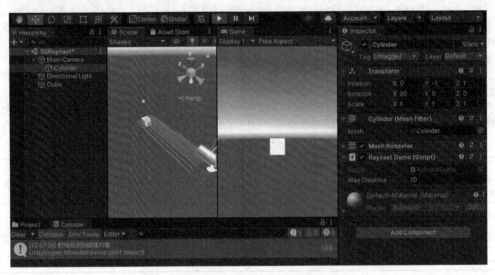

图4-27　使用Raycast进行射线碰撞检测

3. 使用 RaycastHit 类获取射线碰撞信息

Raycast只能进行碰撞检测并不能获取碰撞对象的信息，我们在Raycast的第2个和第4个重载函数中需要传入RaycastHit，而RaycastHit类可以用于获取投射射线碰撞到对象的信息结构。RaycastHit可获取的碰撞对象信息及说明如表4-31所示。

表4-31　　　　　　　　RaycastHit可获取的碰撞对象信息及说明

信息	说明	信息	说明
collider	命中的 Collider	distance	到射线原点的距离
normal	射线命中表面法线	point	碰撞点世界坐标
rigidbody	碰撞对象刚体组件	transform	碰撞对象的 Transform 组件

下面将介绍利用RaycastHit类获取碰撞对象的名称、到射线原点的距离，并更改其颜色的方法。

（1）场景中创建的对象和相关组件设置同上一个案例。

（2）新建脚本RaycastHitDemo.cs并将其挂载到Hierarchy面板的Cylinder对象上，编辑如下。

```
using UnityEngine;
public class RaycastHitDemo : MonoBehaviour{
    public float maxDistance;
    public GameObject hitObj;
    void Awake(){
        maxDistance = 2.0f;
    }
    void FixedUpdate(){
        RaycastHit hit;
        Vector3 origin = this.transform.position;
        Vector3 direction = this.transform.up;
        float maxDistanceR = maxDistance;
        if(Physics.Raycast(origin,direction,out hit,maxDistanceR)){
            print(hit.collider.gameObject.name);
            print(hit.distance);
            hitObj = hit.transform.gameObject;
            hitObj.GetComponent<MeshRenderer>().material.color = Color.red;
        }else{
            if(hitObj != null)
            hitObj.transform.GetComponent<MeshRenderer>().material.color = Color.white;
        }
        Vector3 dir = direction * maxDistanceR;
        Debug.DrawRay(origin,dir,Color.red,1);
    }
}
```

（3）运行游戏，测试操作步骤同上一个案例。可以看到Console面板中输出射线碰撞对象的相关信息，并将射线碰撞到的对象颜色更改为红色，如图4-28所示。

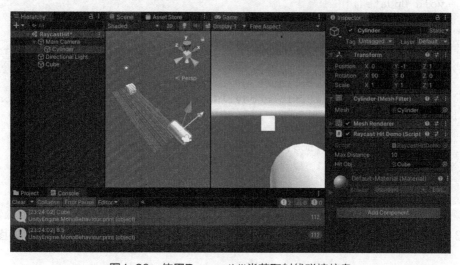

图4-28　使用RaycastHit类获取射线碰撞信息

4. 摄像机射线

虽然Physics中提供了多种射线碰撞检测方法，但都用于游戏内对象发出射线，无法实现用户通过屏幕发出射线。Camera类中提供摄像机发出射线以及镜头坐标与游戏空间位置进行转换的相关函数，如表4-32所示，可以应用于虚拟环境下物体的拾取、碰撞检测等。

表4-32 　　　　　　　　　　　Camera类射线相关函数

函数	说明
ScreenPointToRay	返回从摄像机通过屏幕点的射线
ScreenToViewportPoint	将位置从屏幕空间变换为视口空间
ScreenToWorldPoint	将位置从屏幕空间变换为世界空间
ViewportPointToRay	返回从摄像机通过视口点的射线
ViewportToScreenPoint	将位置从视口空间变换为屏幕空间
ViewportToWorldPoint	将位置从视口空间变换为世界空间

常用ScreenPointToRay返回从摄像机通过屏幕点的射线。产生的射线位于世界空间中，从摄像机的近平面开始，并通过屏幕上位置的(x,y)像素坐标（忽略position.z）。屏幕空间以像素定义。屏幕的左下角为(0,0)，右上角为(pixelWidth −1, pixelHeight −1)。

```
public Ray ScreenPointToRay(Vector3 pos);
```

通过使用Camera类中的ScreenPointToRay函数实现屏幕交互点发出射线，并且与游戏内对象实现交互功能，具体操作步骤如下。

（1）新建Plane和Cube对象，为Cube对象添加Rigidbody组件。

（2）新建脚本ScreenPointToRayDemo.cs并将其挂载到Hierarchy面板的Camera对象上。

```
using UnityEngine;
public class ScreenPointToRayDemo : MonoBehaviour{
    void Update(){
        if (Input.GetMouseButtonDown(0)){
            RaycastHit hit;
            var ray = Camera.main.ScreenPointToRay(Input.mousePosition);
            if (Physics.Raycast(ray, out hit)){
                if (hit.rigidbody != null){
                    hit.rigidbody.AddForceAtPosition(ray.direction * 200.0f, hit.point);
                }
                Debug.Log(hit.transform.position);
            }
        }
    }
}
```

（3）运行游戏，单击Cube对象，可以看到Cube对象受到了一个力的推动，如图4-29所示。

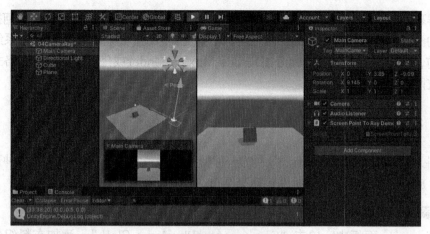

图4-29　屏幕射线交互转换

4.5　物理引擎高级系统设置

4.5.1　Skinned Mesh Renderer组件

Skinned Mesh Renderer（蒙皮网格渲染器）组件可以模拟出非常柔软的网格体，它不但在布料中充当非常重要的角色，还支撑了人形角色的蒙皮功能。通过运用该组件，可以模拟出许多与皮肤类似的效果。

Skinned Mesh Renderer组件用来渲染骨骼动画；此类动画中的网格形状由预定义的动画骨骼进行变形。这种技术对于关节弯曲的角色和其他对象（与关节更像铰链的机器相反）非常有用。Skinned Mesh Renderer组件会在导入时自动添加到需要它的网格。

Skinned Mesh Renderer组件的属性说明如表4-33所示。

表4-33　　　　　　　Skinned Mesh Renderer组件的属性说明

属性	说明
Cast Shadows	网格是否接受光源的投射阴影
Receive Shadows	网格是否显示其他物体投射到自身上的阴影
Motion Vectors	是否将运动矢量渲染到摄像机运动矢量纹理中
Materials	网格渲染时使用的材质的列表
Light Probes	基于探针的光照插值模式
Quality	定义蒙皮时每个顶点用的最大骨骼数。骨骼数越多，渲染器质量越高
Mesh	定义该渲染器使用的网格
Bounds	用于判定网格是否超出屏幕外的包围体
Reflection Probes	如果有反射探针，是否将对象反射纹理设为内置着色器 uniform 变量

在屏幕外时更新（Update When Offscreen）的默认情况下，不会更新任何摄像机都看不到的蒙皮网格。在网格返回屏幕之前，不会更新蒙皮。这样做是为了节省系统资源。

目前，可以从Maya、Cinema 4D、3ds Max、Blender或任何支持FBX格式的工具导入蒙皮网格。

4.5.2 布料组件

布料（Cloth）组件是Unity 3D中的一种特殊组件，它可以随意变换成各种形状，例如桌布、旗帜、窗帘等。布料组件包括交互布料与蒙皮布料两种形式。

1. 添加布料组件

在Hierarchy面板中，单击"Component→Physics→Cloth"，添加布料组件；或者选中需要添加的对象，单击Inspector面板中的"Add Component"按钮，搜索"Cloth"并添加布料组件。

2. 属性说明

布料组件常用属性说明如表4-34所示。

表4-34 布料组件常用属性说明

属性	说明	属性	说明
Stretching Stiffness	布料的拉伸刚度	Friction	布料与角色碰撞时的摩擦力
Bending Stiffness	布料的弯曲刚度	Use Gravity	是否施加重力
Use Tethers	施加约束防止过度拉伸	Damping	运动阻尼系数
External Acceleration	施加在布料上的恒定外部加速度	Collision Mass Scale	碰撞粒子的质量增加量
Random Acceleration	施加在布料上的随机外部加速度	Sleep Threshold	布料的睡眠阈值
World Velocity Scale	世界空间移动会影响布料顶点的程度	Capsule Colliders	与Cloth实例碰撞的Capsule Collider的数组
World Acceleration Scale	世界空间加速度会影响布料顶点的程度	Sphere Colliders	与Cloth实例碰撞的Sphere Collider的数组

3. 案例实践

利用布料组件制作一面旗子，通过约束的方式绘制固定点，并更改Acceleration数值尝试风吹动旗帜效果，具体操作步骤如下。

（1）新建Cylinder与Plane对象，设置其大小和位置，如图4-30所示，制作成一面旗帜。

（2）为Plane对象添加布料组件，默认添加Skinned Mesh Renderer组件。

（3）单击布料组件的"Edit cloth constraints"红色按钮，绘制布料固定点。

（4）单击"Scene→Cloth Constraints→Paint→Max Distance"，设置其值为0。

（5）绘制Plane对象上左侧顶部与底部的两个灰色小球，使其变成红色，起到绝对固定作用。

（6）单击"Scene→Cloth Constraints→Paint→Max Distance"，设置其值为0.2。

（7）绘制Plane对象上左侧顶部与底部第二个灰色小球，使其变成绿色，起到部分固定作用。

（8）设置布料组件External Acceleration与Random Acceleration值分别为(10,0,-5)，(10,0,5)。

（9）设置布料组件的Capsule Colliders的Size为1，并将Cylinder拖曳至Element0中，如图4-30所示。

（10）单击布料组件的"Edit cloth self/inter-collidion"绿色按钮并绘制布料自碰撞区域，检测并设置碰撞球大小。

（11）运行游戏，查看风吹动旗帜效果，如图4-31所示。

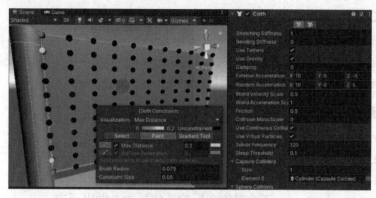

图4-30　布料组件固定点设置

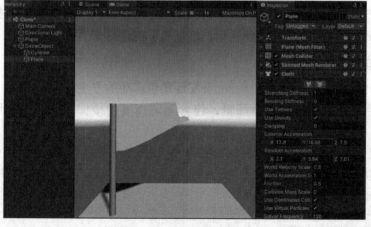

图4-31　风吹动旗帜效果

4.5.3　角色控制器

角色控制器（Character Controller）主要用于第三人称或第一人称游戏主角的控制。角色在使用Character Controller后，其物理模拟计算将不再使用刚体组件，挂载的刚体组件将失去效果。Character Controller不会受到力的影响，只可以通过Move和

SimpleMove函数来控制运动,但能够受到碰撞的制约。

在Unity集成开发环境中,Character Controller以组件的形式被应用在程序中,即在需要使用的游戏对象上挂载Character Controller组件,但是Unity引擎也为开发者提供了组件中各个参数的接口,使得开发者能够在脚本中动态修改Character Controller的参数并调用其函数。

在Unity 3D中,游戏开发者可以通过Character Controller来控制角色的移动,Character Controller允许游戏开发者在受制于碰撞的情况下发生移动,而不用处理刚体。Character Controller不会受到力的影响,在游戏制作过程中游戏开发者通常在任务模型上添加Character Controller进行模型的模拟运动。Character Controller主要用于第三人称或第一人称视角的游戏,且不使用刚体的物理特性来控制角色。

1. 添加Character Controller

在Hierarchy面板中,单击"Component→Physics→Character Controller",添加Character Controller;或者选中需要添加的对象,单击Inspector面板中的"Add Component"按钮,搜索"Character Controller"并添加Character Controller。

2. 注意事项

添加Character Controller注意事项如下。

(1)如果角色偶尔卡住,试着调整皮肤厚度。

(2)添加自定义脚本可以让角色对其他物体造成物理上的影响。

(3)Character Controller不会对物理影响(如外力)做出反应。

(4)修改Character Controller的参数时,引擎会在场景中重新生成控制器。所以在此之前产生的碰撞信息会丢失,而且在调整参数的时候所发生的碰撞并不会产生OnTriggerEntered事件。但在角色再一次移动时就能正常碰撞了。

3. 案例实践

下面将介绍利用Character Controller实现角色移动的方法。

(1)利用Cube简单搭建一个场景,包含不同高度的楼梯、斜坡等地形,如图4-32所示。

(2)创建一个Capsule对象,将其命名为"Player",并添加Character Controller。

(3)创建脚本Script_CharacterController.cs,将其挂载到Player对象上并编辑如下。

```
using UnityEngine;
public class Script_CharacterController : MonoBehaviour{
    public float speed = 3.0f;
    public float jumpSpeed = 10.0f;
    public float gravity = 20.0f;
    private Vector3 moveDirection = Vector3.zero;
    private CharacterController player;
    void Start(){
        player = GetComponent<CharacterController>();
    }
    void Update(){
        if(player.isGrounded){
```

```
            float x = Input.GetAxis("Horizontal");
            float z = Input.GetAxis("Vertical");
            moveDirection = new Vector3(x,0.0f,z);
            moveDirection = transform.TransformDirection(moveDirection);
            if(Input.GetButton("Jump"))
                moveDirection.y = jumpSpeed;
        }
        moveDirection.y = moveDirection.y - (gravity * Time.deltaTime);
        player.Move(moveDirection * Time.deltaTime * speed);
    }
}
```

（4）运行游戏，调节Character Controller相关参数以实现Player对象可通过各种方式到达建筑物顶层。

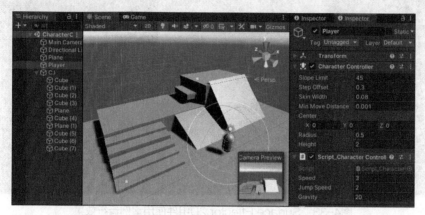

图4-32　Character Controller使用案例运行效果

4.5.4　2D效应器

2D效应器配合2D碰撞体组件可以为2D精灵对象带来更丰富的物理效果，其中Area Effector 2D组件可以随机改变力和角度的大小，Buoyancy Effector 2D组件可以使对象漂浮，Point Effector 2D组件可以吸引或排斥指定源点，Platform Effector 2D组件可以创建单向碰撞行为，Surface Effector 2D组件可以实现传送带等效果。

1. 添加 2D 效应器

在Hierarchy面板中，单击"Component→Physics 2D→2D效应器"；或者选中需要添加的对象，单击Inspector面板中的"Add Component"按钮，搜索对应2D效应器名称进行添加。2D效应器组件名称及其说明如表4-35所示。

表4-35　　　　　　　　　　2D效应器组件名称及其说明

名称	说明	名称	说明
Area Effector 2D	2D 区域效应器	Buoyancy Effector 2D	2D 浮力效应器
Point Effector 2D	2D 点效应器	Platform Effector 2D	2D 平台效应器
Surface Effector 2D	2D 表面效应器	—	—

2. 案例实践

选取其中Surface Effector 2D组件制作传送带效果，具体操作步骤如下。

（1）在Hierarchy面板中右击，选择"2D Object→Sprite"创建Sprite对象，重命名该对象为"Box"，在Box对象的Sprite Renderer组件Sprite处添加Sprite类型图片，并为其添加Box Collider 2D组件和Rigidbody 2D组件。

（2）同理，创建Sprite对象赋Sprite类型图片，重命名为"Conveyors"并为其添加需要勾选"Used By Effector"复选框的Box Collider 2D组件和Surface Effector 2D组件。

（3）将Box对象放置在Conveyors对象上方，运行项目，查看效果，如图4-33所示。

图4-33 Surface Effector 2D组件使用案例运行效果

4.5.5 物理管理器面板

Unity中提供了一套物理设置系统，使用Physics可应用3D物理全局设置。

1. 打开物理管理器

可以通过单击"Edit→Project Settings→Physics"来打开物理管理器的Physics设置面板并对其中的参数进行修改。

2. 属性说明

Physics设置面板常见属性说明如表4-36所示。

表4-36　　　　　　　　　　Physics设置面板常见属性说明

属性	说明
Gravity	使用x、y和z轴设置应用于所有刚体组件的重力。对于真实的重力设置，应将负数应用于y轴。重力以米每平方秒的世界单位定义
Default Material	设置在没有为单独碰撞体分配材质的情况下需要使用的默认物理材质
Bounce Threshold	设置速度值。如果两个碰撞对象的相对速度低于此值，则它们在碰撞后不会相互反弹。此值还可以减少抖动，因此不建议将其设置为非常低的值

续表

属性	说明
Sleep Threshold	设置一个全局能量阈值；当低于该阈值时，非运动刚体（即不受物理系统控制的刚体）可进入睡眠状态。刚体处于睡眠状态时不会每帧更新，因此可减少资源消耗。如果刚体的动能除以其质量低于此阈值，则该刚体将作为睡眠候选者
Default Contact Offset	设置碰撞检测系统用于产生碰撞接触的距离。该值必须为正，如果设置得太接近于 0，可能导致抖动。默认情况下，该值设置为 0.01。仅当碰撞体的距离小于其接触偏移值的总和时，碰撞体才产生碰撞接触
Friction Type	选择用于模拟的摩擦力算法
Patch Friction Type	用于指定一种基本的强大摩擦力算法，通常可以在较低的解算器迭代次数下产生最稳定的结果。此方法为每对接触对象仅使用最多 4 个标量解算器约束
One Directional Friction Type	用于指定库仑摩擦力模型的简化版，其中将给定接触点的摩擦力施加在接触法线的交替切线方向上。它可减少收敛所需的迭代次数，但不如双向模型精确
Two Directional Friction Type	与单向模型一样，但同时在两个切线方向上施加摩擦力。这样需要更多的解算器迭代次数，但结果更精确。对于具有许多接触点的情况，这样比面片摩擦的成本更高，因为会应用于每个接触点
Enable Enhanced Determinism	定义无论角色是否存在，场景中的模型都是一致的（前提是游戏以确定的顺序插入角色）。此模式牺牲了一些性能来确保这种额外的确定性
Layer Collision Matrix	定义基于层的碰撞检测系统的行为方式。选择碰撞矩阵中的哪些层与其他层交互（勾选相应层即可）
Cloth Inter-Collision	用于定义布料碰撞的信息
Distance	定义每个互碰撞的布料粒子包裹球体的直径。Unity 确保这些球体在模拟过程中不会重叠。Distance 属性的值应小于配置中的两个粒子之间的最短距离。如果距离较大，则布料碰撞可能违反某些距离约束并导致抖动
Stiffness	定义互碰撞的布料粒子之间分离冲力的强度。此值由布料解算器进行计算，应足以保持粒子分离

3. 案例实践

下面将介绍利用物理管理器的Physics设置面板来调整Rigidbody属性的方法。

（1）在场景中创建一个Sphere对象并为其添加Rigidbody组件，修改Physics设置面板中的Gravity值为(0,-9.8,0)，如图4-34所示，运行程序后可以看到小球向上运动。

（2）修改Bounce Threshold为15，在场景中创建刚体小球并设置物理材质球反弹系数为0.8后，小球下落速度不快将不会产生反弹效果。

（3）展开菜单栏下方工具栏右侧的Layers，单击"Edit Layers"，展开"Layers"并在User Layer 8、User Layer 9处添加Sphere、Plane两个新层级，如图4-35所示。

（4）在场景中创建一个Plane对象并设置其Inspector面板中的Layer为Plane。

（5）在层级中创建一个Sphere对象，设置其Inspector面板中的Layer为Sphere，并添加Rigidbody组件。

（6）打开Physics设置面板，取消Layer Collision Matrix处的Plane与Sphere栏。运行游戏，可以看到小球自由下落后并不与Plane对象发生碰撞。

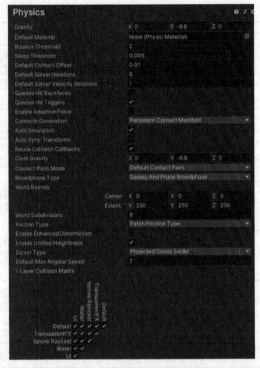

图4-34　Physics设置面板

图4-35　Sphere-Plane设置组

4.5.6　物理调试可视化工具

物理调试可视化（Physics Debug Visualiser）可用于快速检查场景中的碰撞几何体。该工具提供了游戏对象之间是否应该发生碰撞的可视化。当场景中有许多碰撞体时，或者在渲染和碰撞网格不同步的情况下，该工具会很有用。

1. 打开窗口

要在Unity Editor中打开Physics Debug窗口，此时选择"Window→Analysis→Physics Debugger"。

2. 面板说明

通过Physics Debug 窗口可以自定义视觉设置，并指定要在可视化工具中显示或隐藏的游戏对象类型。打开Physics Debug窗口，会在Unity的Scene面板右下部分出现物理调试覆盖面板。此面板有两个选项，即Collision Geometry和Mouse Select，如表4-37所示。

表4-37　　　　　　　　　　　物理调试覆盖面板选项

选项	说明
Collision Geometry	启用碰撞几何体可视化
Mouse Select	启用鼠标指针悬停突出显示和鼠标选择功能

在默认情况下，Physics Debug窗口中所有选项都处于勾选状态，这意味着每个选项都出现在可视化工具中。如果需要可视化工具中不显示任何选项，可以在窗口中单击"Show None"按钮，此时，所有选项都不会出现在可视化工具中。反之，单击"Show All"按钮，则每个选项都出现在可视化工具中。

3. 性能分析

使用物理调试可以分析和解决游戏中的物理活动问题。可以自定义在可视化工具中可见的碰撞体或刚体组件类型，从而有助于找到活动源，如图4-36所示。最有助于找到活动源的两个做法如下。

仅查看激活的刚体组件：要仅查看处于激活状态并因此使用CPU/GPU资源的刚体组件，请取消勾选"Show Static Colliders"和"Show Sleeping Bodies"复选框。

仅查看非凸面网格碰撞体：非凸面（基于三角形）网格碰撞体附加的刚体组件与另一个刚体或碰撞体发生碰撞时，往往会产生最多的接触。要仅可视化非凸面网格碰撞体，请单击"Show None"按钮，然后勾选"Show Mesh Colliders (concave)"复选框。

图4-36　物理调试可视化工具设置窗口

习 题

一、选择题

1. 关于Prefab，下列说法错误的有哪些?（　　）
   A. Prefab是一种Asset（资源）类型
   B. Prefab可以多次在场景进行实例化
   C. Prefab是一种特殊的游戏对象GameObject
   D. Prefab将游戏对象GameObject写入外存

2. 同一个Prefab可以在不同的场景使用吗?（　　）
   A. 可以在一个场景下多次使用，但不可以在多个场景中使用
   B. 可以在一个场景下多次使用，也可以在多个场景中使用
   C. 不可以在一个场景下多次使用，也不可以在多个场景中使用
   D. 不可以在一个场景下多次使用，但可以在多个场景中使用

3. 关于刚体，下列说法不正确的有哪些?（　　）
   A. 不可以同时操纵同一个游戏对象的刚体和变换，一次只能操纵刚体和变换的其中一个
   B. 游戏对象只有添加了刚体才可以接受作用力
   C. 如果把刚体标记为isKinematic，将会受到碰撞、力或物理系统任何其他部分的影响
   D. 如果两个刚体相互碰撞，只有当两个对象都附加了碰撞体时，物理引擎才会计算碰撞

4. 下面哪些是Unity碰撞体?（　　）
   A. 盒型碰撞体　　　　　　　　　B. 胶囊碰撞体
   C. 地形碰撞体　　　　　　　　　D. 车轮碰撞体

5. 下面哪些碰撞体支持连续碰撞检测?（　　）
   A. 盒型碰撞体　　　　　　　　　B. 球形碰撞体
   C. 胶囊碰撞体　　　　　　　　　D. 地形碰撞体

6. Unity中包含下面哪些关节?（　　）
   A. 铰链关节　　　　　　　　　　B. 弹簧关节
   C. 角色关节　　　　　　　　　　D. 可配置关节

7. 下面说法不正确的有哪些?（　　）
   A. Unity使用带蒙皮的网格渲染器组件来渲染骨骼动画
   B. 带蒙皮网格渲染器渲染的骨骼动画中的网格形状由动画骨骼进行变形
   C. 骨骼是蒙皮网格内的可见对象，会影响网格在动画过程中的变形方式
   D. 蒙皮网格只可以用于动画，不可以将刚体组件附加到骨架中的每个骨骼，使其置于物理引擎的控制之下

8. 下面说法正确的有哪些?（　　）
   A. Character Controller是Unity提供的可实现移动的组件
   B. 调用Character Controller下的Move方法通过Speed实现最简单的移动
   C. Character Controller下的isGrounded属性可以检测对象是否在地面上
   D. Character Controller 可以进行受碰撞约束的移动，同时不必处理刚体
9. Unity默认情况下提供了哪几种射线投射器？（　　）
   A. Graphic Raycaster用于UI元素
   B. Physics 2D Raycaster用于2D物理材质
   C. Physics Raycaster用于3D物理材质
   D. Particle Raycaster用于粒子材质
10. 下面哪种操作可以进入物理调试可视化工具设置窗口？（　　）
    A. Edit→Project Settings→Physics
    B. Window→Analysis → Physics Debugger
    C. Edit→Project Settings
    D. Window→ Effects → Projectors

二、问答题

1. Untiy物理引擎包括哪些部分？
2. 为什么要使用Prefab，有什么好处？
3. 使Rigidbody组件运动的方法有几种？
4. Unity提供了几种物理碰撞体？
5. 简单几何碰撞体和网格碰撞体的区别有哪些？
6. Unity提供了几种物理关节组件？
7. Collision类属性有哪些？
8. 如何利用Physics进行射线碰撞检测？
9. Character Controller和Rigidbody有什么区别？

第 5 章

光照、材质、地形系统

5.1 光照系统

5.1.1 光照系统概述

Unity 3D游戏开发引擎中内置了4种形式的光源,分别为点光源、定向光源、聚光灯和面光源。Unity支持对场景物体进行实时光照,也可以对静态对象烘焙光照。

在游戏中,模型和贴图定义了场景的骨架和外表,灯光则定义了场景的色调和情感。布光所产生的光影效果能够增加场景的真实性与美感,同时烘托环境氛围,营造良好的游戏体验,甚至可以给玩家带来视觉震撼。

本节主要介绍Unity 3D游戏引擎中光照系统的使用,其中包括各种形式的光源、法线贴图以及光照烘焙等技术,这些能够实现真实的游戏环境效果。

5.1.2 全局光照设置面板

可以通过单击"Window→Rendering→Lighting"的方式打开全局光照设置面板Lighting,其分为Scene、Environment、Real time Lightmaps、Baked Lightmaps这4个面板。接下来将主要对Scene面板和Environment面板进行介绍。

1. 天空盒

在实时渲染中,如果要绘制非常远的物体,如远处的天空、山等景物,其物体大小基本不随观察者的移动发生变化,这时采用天空盒技术。在Unity中,通过单击"Window→ Rendering→ Lighting",打开Environment面板,将其中Skybox Material属性栏赋Shader类型为Skybox的材质,可以改变Scene面板中的天空效果。

天空盒1

天空盒主要有两种实现方式:一种是通过6面贴图的方式实现;另一种是通过Cubemap贴图技术实现。全局光照设置属性说明如表5-1所示。

表5-1　　　　　　　　　　全局光照设置属性说明

属性	说明	属性	说明
Skybox/6Side	6面贴图天空盒	Skybox/Cubemap	盒型天空盒
Exposure	曝光度	Rotation	旋转角度

通过以下步骤可以实现更改Scene面板中的天空效果。

(1) 导入SkyBox资源，资源中提供了两个文件夹：一个是6Side；另一个是Cubemap。

(2) 创建材质球，将其命名为"SkyBox1"，设置材质球Inspector面板Shader为Skybox/6 Sided。

(3) 将6Side文件夹中图片按名称移动到SkyBox1材质球的Inspector面板对应栏内，分别为Front、Back、Left、Right、Up、Down。

(4) 通过单击"Window→Rendering→Lighting"，打开全局光照设置面板，并展开Environment面板。

(5) 将创建的SkyBox1材质球移动至Skybox Material右侧的属性栏中，天空盒改变，如图5-1(a)所示。

(6) 进入Cubemap文件夹中，选中提供的HDR图片，设置其Inspector面板中的Texture Shape为Cube，Unity自动生成一个Materials文件夹以对应天空盒材质球。

(7) 将该材质球拖曳至Scene面板中的天空中，天空更改为HDR图片中的内容，如图5-1(b)所示。

(a) 六面体天空盒效果

(b) Cubemap天空盒效果

图5-1　两种天空盒效果

2. 环境光全局设置

环境光全局部分包含天空盒、漫射光照和反射的设置，具体属性及说明如表5-2所示。

表5-2　　　　　　　　　　　　环境光全局设置属性说明

属性	说明	属性	说明
Skybox Material	天空盒材质	Sun Source	方向光太阳源
Source	场景环境光	Color/Gradient/Skybox	单色／双色／天空盒
Intensity Multiplier（上方）	漫反射强度	Environment Reflections	反射探针全局设置
Skybox	反射天空盒	Custom	自定义反射内容
Resolution	反射分辨率	Compression	反射纹理压缩
Bounces	反射反弹次数	Intensity Multiplier（下方）	反射源可见程度

（1）在Scene场景中创建Plane、Cube对象。

（2）打开Environment面板设置相关属性。

（3）更改Skybox Material、Environment Lighting等属性，场景中的对象受到全局光影响。

（4）创建材质球，将其Metallic和Smoothness属性设置为1并赋Cube对象。

（5）调整Lighting面板中的Environment Reflections相关参数，查看Cube对象效果，如图5-2所示。

天空盒2

（a）Lighting面板设置

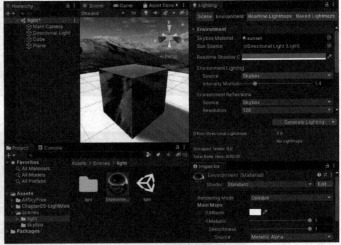
（b）环境光反射效果

图5-2　Lighting面板设置与环境光反射效果

3. 光照烘焙

在Lighting面板的Scene栏中可设置Realtime Light、Mixed Lighting和Lightmapping Setting光照烘焙贴图。Unity通过CPU、GPU、Enlighten的方式生成光照贴图为场景提供全局光照。光照烘焙可以逼真地模拟灯光在墙壁间的反射效果、阳光照到沙滩的漫射效果、霓虹灯招牌的放射效果等。但烘焙光照需要预先进行渲染，且需要进行长时间、大量的光学运算。

Unity引擎中将需要进行光照烘焙的对象设置为静态属性，光源较多和复杂场景光照烘焙所需要的时间会较长。光照烘焙属性说明如表5-3所示。

表5-3　　　　　　　　　　　　　光照烘焙属性说明

属性	说明
Realtime Global Illumination	Unity 实时计算和更新光照
Lighting Mode	场景中用于所有混合光源的光照模式
Lightmapper	烘焙光照计算软件，默认 CPU 渲染，选择 GPU 可加速
Indirect Resolution	间接光照计算的每个单位的纹理像素数
Lightmap Resolution	光照贴图每个单位的纹理像素数，即光照贴图质量
Lightmap Size	完整光照贴图纹理的大小，以像素为单位
Compress Lightmaps	压缩光照贴图，以减小其所需要的存储空间
Ambient Occlusion	控制环境光遮挡中表面的相对亮度
Final Gather	使用与烘焙光照贴图相同的分辨率来计算 GI 最终光反射
Directional Mode	光照贴图存储对象表面每个点的入射信息模式
Indirect Intensity	实时和烘焙光照贴图中存储的间接光量
Albedo Boost	通过材质反照率来控制 Unity 在表面之间反弹的光量
Generate Lighting	开始全局光照烘焙，简称 GI

下面将介绍实现环境光反射的方法。

（1）在场景中创建Plane、Cube对象，并勾选其Inspector面板的"Static"复选框。

（2）单击"Window→Rendering→Lighting"，打开全局光照设置面板，选择"Scene"栏。

（3）单击"New Lighting Settings"按钮，可以看到Project面板中生成的Light资源。

（4）调节Lighting面板Scene栏或者Light资源Inspector面板中的相关参数。

（5）单击"Generate Lighting"按钮，等待烘焙，Project面板中生成贴图集合文件夹，如图5-3所示。

图5-3　环境光反射

4. 雾效果

Unity在Lighting-Environment面板中的Other栏中提供雾选项，能够模拟高山森林在梅雨季节出现的浓雾效果，添加潮湿隧道，添加远景层次效果，还可以体现大火中浓烟阻挡视线的效果。雾效果属性说明如表5-4所示。

表5-4　　　　　　　　　　　　雾效果属性说明

属性	说明	属性	说明
Fog Color	雾的颜色	Linear Fog Start	线性雾效开始距离
Fog Mode	雾效模式	Linear Fog End	线性雾效结束距离
Fog Density	雾效浓度	Linear	线性雾模式
Exponential	指数雾模式	Exponential Squared	指数平方雾模式

可以通过以下操作步骤实现雾效果。

（1）新建Plane、Cube对象并分别设置其Position为(0,0,0)、(0,0.5,0)。

（2）单击"Window→Rendering→Lighting"，打开全局光照设置面板。

（3）展开Other Settings列表，并勾选"Fog"复选框。

（4）将鼠标指针移动至Density属性处，并按住鼠标左键拖动，逐渐增大Density属性值。

（5）可以看到Scene面板中Plane、Cube对象逐渐被雾笼罩，如图5-4所示。

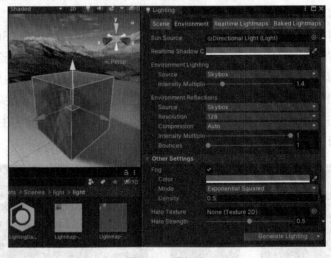

图5-4　雾效果

5.1.3　常用光源——点光源、聚光灯与方向光

在Unity光照系统中最简单，也是最常用的光照类型为点光源、聚光灯和方向光。可以通过单击"GameObject→Light"来创建灯光对象，也可以通过选中场景内的对象并单击"Component→Rendering→Light"来添加灯光组件。更改灯光对象Inspector面板下Light组件的Type值切换光照模式，可以选择的光照类型有平行光、聚光灯、点光源和面光源。光照组件常见属性说明如表5-5所示。

表5-5　　　　　　　　　　　　　光照组件常见属性说明

属性	说明	属性	说明
Type	光源类型（Directional/Spot/Point/Area，分别代表平行光/聚光灯/点光源/面光源）	Range	光照范围
Color	灯光颜色	Spot Angle	聚光灯光照区域角度
Intensity	光照强度	Mode	光照模式
Indirect Multiplier	间接光照强度	—	—

1．平行光

在新建的场景中默认添加了一个平行光对象。平行光对象在Scene面板中的图标为太阳图案。平行光的光照射线假定为从无限远处照射而来，因此平行光对象可以放置在任何位置且不会随着位置的变化而影响光照效果。

平行光可以用来模拟室外的太阳光、月光等从远处照射过来的光线。通过修改平行光对象的方向、颜色、强度等属性可以影响整个场景中所有对象的表面光照效果。

平行光

利用平行光模拟太阳升起和下落的效果，具体操作步骤如下。

（1）新建场景Directional Light，通过单击"GameObject→3D Object"来创建Plane对象。

（2）设置Main Camera、Directional Light、Plane对象的Position值分别为(0,0.2,0)、(0,0,0)、(0,0,0)。

（3）创建脚本SunRiseSet.cs，将其挂载到平行光对象上并编辑如下。

```
using UnityEngine;
public class SunRiseSet : MonoBehaviour{
    public float speed=30.0f;
    void Update(){
        this.transform.Rotate(new Vector3(-speed*Time.deltaTime,0,0),Space.Self);
    }
}
```

（4）运行游戏，调节Sun Rise Set组件的speed参数以查看太阳升起和下落的效果，如图5-5所示。

图5-5　平行光组件及效果

2. 点光源

点光源对象在Scene面板中的图标为灯泡图案。点光源的光照射线是从中心向四周发射的，因此点光源对象的旋转角度不会随着旋转值的变化而影响光照效果。

点光源可以用来模拟灯泡、烛光等中心光源向四周发射的光线。通过调节点光源对象的位置与Light组件的光照范围、颜色、强度等属性可以影响到光照区域内对象的光影效果。点光源的强度随着远离光源而衰减，在到达指定距离时变为0。光照强度与距光源距离的平方成反比。通过以下步骤可以实现对点光源的使用和调整。

（1）在Hierarchy面板中创建Plane、Sphere对象，并设置Position分别为(0,0,0)、(0,1,0)。

（2）选中Sphere对象，单击其Inspector面板下方的"Add Component"按钮，搜索"Light"并添加Light组件。

（3）设置Light组件的Indirect Multiplier属性值为0，调节Light组件的Range、Color、Intensity等属性参数，查看Plane对象受到的光照影响，如图5-6所示。

3. 聚光灯

聚光灯的光照射线是从中心向某一个方向发射的，因此光照效果会随着聚光灯对象的位置和旋转角度的变化而变化。

像点光源一样，聚光灯具有指定的位置和光线衰减范围。不同的是聚光灯有一个角度约束，形成锥体的光照区域。锥体的中心指向光源对象的发光方向（z）。聚光灯锥体边缘的光线也会减弱。加宽该约束角度会增加锥体的宽度，并随之增加这种淡化的区域大小，称该淡化区域为半影。

聚光灯可以用来模拟手电筒、汽车照明灯等由中心光源向某一方向区域发射的光线。

通过以下步骤可以实现对聚光灯的使用和调整。

（1）在Hierarchy面板中创建Plane、Cylinder对象，并分别设置其Position值为(0,0,0)、(0,3,0)。

（2）选中Cylinder对象，右击并选择"Light→Spot Light"，创建聚光灯作为Cylinder的子对象，并设置其Rotation值为(90,0,0)。

（3）调节聚光灯组件的Range、Spot Angle、Color等参数，查看Plane受光照影响效果，如图5-7所示。

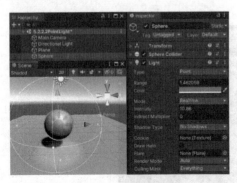

图5-6 点光源组件及效果

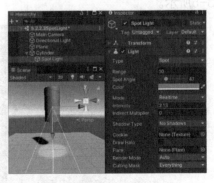

图5-7 聚光灯组件及效果

4. 面光源

面光源是通过空间中的矩形来定义的。光线在表面区域上均匀地向所有方向发射，但仅从矩形所在的面发射，无法手动控制面光源的范围，而当远离光源时，强度将按照距离的平方呈反比衰减。由于光照计算对处理器性能消耗较大，因此面光源不可实时处理，只能烘焙到光照贴图中。

由于面光源同时从几个不同的方向照亮对象，因此阴影趋向于比其他光源类型更柔和、细腻。可以使用这种光源来创建路灯或靠近玩家的一排灯光。小的面光源可以模拟较小的光源（例如室内灯），但效果比点光源更逼真。

通过以下步骤可以实现对面光源的使用和调整。

（1）新建场景并将其命名为"Area Light"，删除Hierarchy面板中的Directional Light对象。

（2）创建Plane、Sphere对象，分别设置其Position值为(0,0,0)、(0,0.5,0)。

（3）在Hierarchy面板中右击并选择"Light→Area Light"创建面光源，设置其Position值为(0,0.5,-1)，更改其Light组件的Color为蓝色，增大Intensity为2。

（4）选中Sphere对象，并勾选Sphere对象Inspector面板名称右侧的"Static"属性。

（5）单击"Window→Rendering→Lighting"，打开烘焙面板，如图5-8所示，单击下方的"Generate Lighting"按钮进行烘焙。

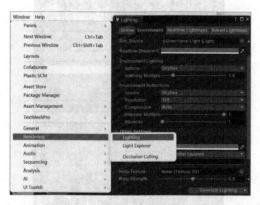

图5-8 光照烘焙

（6）等待片刻，可以看到Sphere对象表面受到面光源的影响，呈现出柔和的蓝色光影效果，如图5-9所示。

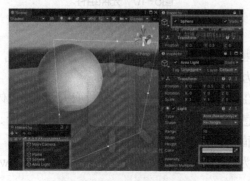

图5-9 面光源组件及效果

5.1.4 光照组件特性——阴影、遮罩与光晕

光照组件除了可以调节常见的光照强度、颜色外，还可以控制对象受到光照所产生的阴影类型，如图5-10所示。在部分光照类型灯光上添加遮罩层可以用来控制灯光的照射区域，以及设置灯光照射时所产生的耀斑效果。光照组件特性属性说明如表5-6所示。

表5-6 光照组件特性属性说明

属性	说明	属性	说明
ShadowType	阴影类型（No Shadows 代表无阴影；Hard Shadows 代表硬边缘阴影；Soft Shadows 代表软边缘阴影）	Resolution	渲染分辨率
Strength	阴影的强度	Cookie	光照剪影遮罩
Bias	阴影偏移量	Draw Halo	是否开启光晕
Cookie Size	剪影遮罩大小	Render Mode	灯光渲染模式（Auto 代表自动设置渲染模式；Important 代表逐像素渲染，效果好；Not Important 代表顶点对象光，速度快）
Flare	光晕效果	Culling Mask	剔除遮蔽图层

图5-10 光照组件

1. 阴影

Unity中有各种类型的灯光，在合适的地方使用合适的灯光，再配合阴影效果，可以极大地提升游戏的表现力。

阴影可以反映物体在三维空间中的位置关系，可以反映接受体的形状，可以表现出当前视线内盲区对象的信息，还可以反映出照射到对象的光源数量。阴影也可以通过上下位置和形状的改变让2D平面表现出3D纵深感的效果。

阴影的类型可以分为No Shadows（无阴影）、Hard Shadows（硬边缘阴影）和Soft Shadows（软边缘阴影）。

Strength（强度）决定了阴影的明暗程度，Resolution（分辨率）是用来设置阴影边缘的。如果想要比较清晰的边缘，需要设置较高的分辨率。

通过以下步骤可以在Unity中创建阴影并更改阴影模式。

（1）新建场景Shadow，创建Plane、Cube对象，并分别设置Position为(0,0,0)、(0,0.5,0)。

（2）选中Hierarchy面板中的Directional Light对象，设置其Inspector面板Light组件中的Shadow Type为No Shadows。可以看到Scene面板中Cube在Plane对象上的阴影消失，如图5-11（a）所示。

（3）设置Shadow Type为Hard Shadows，仔细查看Cube在Plane对象上的阴影，可以很明显地看到锯齿状的阴影，如图5-11（b）所示。

（4）设置Shadow Type为Soft Shadows，仔细查看Cube在Plane对象上的阴影，可以看到阴影边缘比较柔和，如图5-11（c）所示。

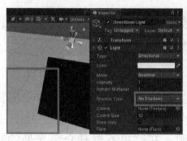 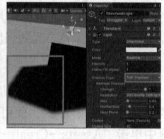

（a）无阴影　　　　　　　　（b）硬边缘阴影　　　　　　　　（c）软边缘阴影

图5-11　有无阴影前后对比效果

（5）选中Cube对象，展开其Inspector面板的Mesh Renderer组件下Lighting栏，设置Cast Shadows为Off，可以看到Scene面板上的阴影再次消失。

（6）恢复Cube对象Cast Shadows为On。选中Plane对象，取消其Mesh Renderer组件的Receive Shadows，可以看到Cube在Plane对象上的阴影再次消失。

2. 剪影

在戏剧和电影中，长期以来一直使用光照效果来表现场景中并不真实存在的物体。丛林探险家看起来像处于虚构树冠的阴影中。虽然看起来很有气氛，但其实创建阴影的过程非常简单，只需在光源和舞台之间放置一个某种形状的遮罩。这种遮罩被称为剪影，即Cookie。Unity光照允许以纹理的形式添加剪影，使用这些特性可以高效地为场景增添氛围。

请注意，剪影不一定是完全黑白的，也可以包含任何灰度级别。这对于模拟光路中的灰尘或污垢非常有用。如果游戏场景为长期废弃的房屋，可通过在窗户和其他光源上使用带有噪点的脏剪影来增添气氛。同样，汽车前照灯玻璃通常有凹凸感，因此光束将产生明暗交替的焦散图案，这便是剪影的另一种很好的用途。

通过以下步骤，在Unity中利用Light组件的Cookie属性实现剪影效果。

（1）创建Plane、Plane(1)、Spot Light、Directional Light对象并布置位置，如图5-12所示。

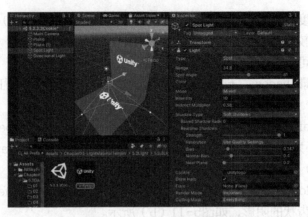

图5-12 Cookie灯光遮罩

（2）导入黑白剪影遮罩图片，并设置其Inspector面板的Texture Type为Cookie，Alpha Source模式为From Gray Scale。

（3）将设置好的剪影图片拖曳至Light组件的Cookie处，调节对象位置、旋转角度，以及Light组件颜色、光照强度、Cookie Size等属性修改剪影效果。

3. 光晕

光晕（Flare）可以模拟太阳的光晕、汽车灯等效果。单击"图形→图形参考→视觉效果参考→镜头光晕"，使用Unity用户手册中有关Flare的详细制作方法，通过在Unity引擎中单击"Assets→Create→Lens Flare"，创建光晕资源。在这里不展开介绍光晕的制作方法，可以通过Unity Asset Store获取各种免费光晕资源。

利用提供的光晕资源制作太阳光晕效果和汽车灯效果，具体操作步骤如下。

（1）导入Light Flares包，可以看到提供了Sun、Small Flare等光晕资源。

（2）选择Directional Light对象，将Sun拖曳至Light组件的Flare处，可以看到太阳具有强烈的光晕效果。

（3）将第4章的车轮碰撞体组件案例中的小车预制体加载到场景中，在Car_Root的子对象下创建两个聚光灯。

（4）移动两个聚光灯至合适位置，在它们的Light组件的Flare栏处添加Small Flare光晕资源，并将其Intensity提升至15。小车前面的聚光灯发出耀眼的光芒，如图5-13所示。

图5-13 光晕

5.1.5 高级光照功能——反射探针与光照探针

1. 反射探针

反射探针（Reflection Probe）用来制作镜面反射效果，模拟镜子、光滑的车身、光滑的地面等，如图5-14（a）所示。反射探针属性说明如表5-7所示。

表5-7　　　　　　　　　　　　反射探针属性说明

属性	说明	属性	说明
Type	反射探针（Baked/Custom/Realtime，分别表示烘焙/自定义/实时）	On Awake	探针首次激活时
Refresh Mode	实时模式（Every frame 表示每帧更新探针）	Via Scripting	依据脚本刷新探针
Time Slicing	探针随时间更新	Intensity	探针着色器纹理强度
Cubemap	立方体贴图	Box Projection	反射UV贴图启用投影
Box Size	反射盒大小	HDR	是否启用高动态范围
Box Offset	反射盒偏移	Shadow Distance	绘制阴影距离
Resolution	反射图形分辨率	Clipping Planes	探针相机的近/远裁剪面

以下案例展示反射探针组件的使用方法。

（1）创建两个Plane对象，一个水平放置命名为Plane1，另一个垂直放置以创建多个小球对象。

（2）创建Reflection Probe对象，单击组件下的"Edit"按钮，包围Plane1对象。

（3）创建材质球，将其Metalic和Smoothness属性调整为1，并赋Plane1对象。

（4）设置Reflection Probe组件的Type为Realtime，Refresh Mode为Every frame。

（5）运行游戏，调整Reflection Probe对象的位置使得小球正确反射在Plane1对象中，如图5-14（b）所示。

（a）反射探针组件

（b）反射探针组件效果

图5-14　反射探针组件及效果

2. 光照探针

光照贴图可以极大提升场景的真实程度，但由于场景中非静态物体缺少真实的渲染，因此看上去好像和场景格格不入。为移动物体计算光照贴图是不可能的，但是通过使用光照探针（Light Probe）可以达到类似的效果。

光照探针实现原理是在场景中标记为探针的静态点位置采样光照，然后对相邻的几个光照探针位置所采样的灯光照明进行插值运算。

可以通过单击"GameObject→Light→Light Probe Group"的方式创建光照探针，光照探针属性说明如表5-8所示，并通过以下步骤理解光照探针的实用效果。

表5-8 光照探针属性说明

属性	说明	属性	说明
Show Wire frame	显示线框	Edit Light Probes	编辑光照探针
Remove Ringine	消除光照探针振铃	Add Probe	添加光照探针
Selected Probe Position	光照探针 (x,y,z) 坐标	Select All	选择所有光照探针
Delete Selected	删除所选光照探针	Duplicate Selected	复制所选光照探针

（1）创建红色材质球和蓝色材质球，并勾选"Emission"属性，设置Color为对应颜色。

（2）搭建场景赋相应的材质球并创建光照探针布局，如图5-15所示。

（3）为场景中除了小立方体对象外的对象勾选Inspector面板中的"Static"属性。

（4）打开Lighting面板，单击"Generate Lighting"按钮进行烘焙。

（5）在运行状态下回到Scene面板中，移动小立方体，查看其所受光照效果变化。

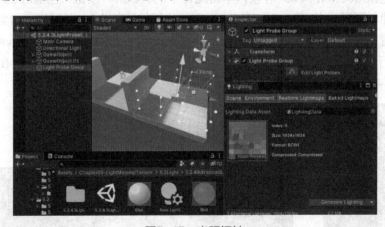

图5-15 光照探针

5.2 材质纹理

5.2.1 材质纹理概述

材质和着色器、纹理的关系为材质=着色器+纹理。材质可以使用特定的着色器，着色器决定了材质中可用的选项或者参数，着色器还定义了所要使用的纹理。

必须使用材质将纹理应用于对象。材质使用称为着色器的专用图形程序在网格表面上渲染纹理。着色器可实现光照和着色效果，从而模拟许多其他事物的闪亮或凹凸表面。纹理的尺寸应是2的幂次方（例如32×32、64×64、128×128、256×256等）。只需将纹理放在项目的Assets文件夹中就足够了，它们将出现在Project视图中。

导入纹理后，应将其分配给材质。随后，可将材质应用到网格、粒子系统或GUI纹理。通过使用导入设置（Import Settings）还可将其转换为立方体贴图（Cube Map）或法线贴图（Normal Map）等，以方便游戏中应用不同类型的材质。常见的贴图类型如表5-9所示。

表5-9　　　　　　　　　　　　　常见的贴图类型

贴图类型	说明	贴图类型	说明
Diffuse	固有色贴图	Alpha	透明贴图
Ambient	AO环境光吸收贴图	Height Map	高度贴图
Normal Map	法线贴图	Specular	高光贴图
Glow	自发光贴图	Reflection	反射贴图
Ramp	渐变贴图	Noise	噪声贴图
Material Capture	材质捕获贴图	—	—

5.2.2　材质编辑器

1. Rendering Mode

标准着色器中的第一个材质属性为Rendering Mode（渲染模式）。此属性允许选择对象是否使用透明度，以及使用哪种类型的混合模式，如表5-10所示。

材质编辑器

表5-10　　　　　　　　　　　Rendering Mode参数说明

参数	适用对象举例	说明
Opaque	石头	适用于所有不透明的物体
Cutout	破布	透明度是0%或100%，不存在半透明的区域
Fade	物体隐去	与Transparent的区别为高光反射会随着透明度而消失
Transparent	玻璃	适用于像彩色玻璃一样的半透明物体，高光反射不会随透明度而消失

下面将对不同渲染模式进行介绍。

（1）在Hierarchy面板中创建3个Cube对象和1个Plane对象并创建4个材质球。

（2）分别设置4个材质球Inspector面板的Rendering Mode为Opaque、Cutout、Fade、Transparent，并赋对应的Cube对象。

（3）调节Albedo颜色面板中的Alpha值后，Rendering Mode为Fade、Cutout、Transparent的对象逐渐变透明。

（4）为这几个材质球添加贴图并调节相关参数后可以看到不同渲染模式的差别，如图5-16所示。

图5-16 材质4种渲染模式效果

2. Albedo

Albedo（反照率）属性控制着表面的基色。将Albedo设定为单一颜色有时很有用，但将Albedo属性设定为纹理贴图的做法更为常见。纹理贴图应表示对象表面的颜色。必须注意的是，纹理不应包含任何光照，因为光照将根据看到对象的上下文添加到纹理中。

Albedo颜色的Alpha值控制着材质的透明度级别。仅当材质的Rendering Mode设置为Transparent时，此设置才有效。如上所述，选择正确的透明度模式非常重要，因为此模式可确定是否仍然会看到处于全值状态的反射和镜面高光，或它们是否会根据透明度值淡出。

使用为Albedo属性指定的纹理时，可通过确保纹理图像具有Alpha通道来控制材质的透明度。Alpha通道值映射到透明度级别，其中以白色表示完全不透明，黑色表示完全透明。下面通过案例展示Albedo运用效果。

（1）导入Logo包，可以看到资源包内有图标及一系列处理图片。

（2）在Project面板中右击并选择"Create→Material"，创建一个材质球，将其命名为"M_Logo1"，并且在其Inspector面板的Albedo处赋unitylogo1贴图。

（3）在Hierarchy面板中创建Plane、Sphere、Cylinder、Cube对象，调节好其大小与位置，并且在其Inspector面板中的Mesh Renderer组件的Materials处赋M_Logo1材质球。

（4）在Photoshop中对unitylogo1进行黑白与反向处理后得到unitylogo2，设置其Inspector面板的Alpha Source为From Gray Scale。

（5）选中M_Logo1材质球，按Ctrl+D组合键创建副本并将副本命名为"M_Logo2"，更改其Inspector面板的Rendering Mode为Fade或者Transparent，并将贴图unitylogo2拖曳至Albedo左侧，修改右侧颜色为蓝色。

（6）复制Scene中的4个对象，并赋材质球M_Logo2，效果如图5-17所示。

图5-17 材质贴图Albedo效果

3. Metallic

使用此工作流程时仍会生成镜面反射，但它们是自然产生的，具体取决于为Metallic（金属度）和Smoothness（平滑度）提供的设置，而不是进行显式定义。

Metallic不只适用于看起来具有金属度的材质。此属性之所以称为金属度，是因为可以控制表面的金属度或非金属度。

材质的Metallic属性决定了其表面有多么像金属。当表面具有较高的金属度时，它会在更大程度上反射环境，并且反照率颜色将变得不那么明显。在最高金属度级别下，表面颜色完全由来自环境的反射驱动。当表面的金属度较低时，其反照率颜色会更清晰，并且所有表面反射均在表面颜色的基础之上可见，而不是遮挡住表面颜色。

可以通过相应操作感受金属度参数不同所带来的材质效果，具体操作步骤如下。

（1）在Hierarchy面板中创建3个Sphere对象并一字排开。

（2）在Project面板中创建3个材质球，分别调节其Inspector面板的Metallic值为0、0.5、1。

（3）分别将3个材质球赋Sphere对象，查看其所呈现出来的金属度，如图5-18所示。

图5-18 材质球金属度

4. Smoothness

Smoothness（平滑度）的概念同时适用于Specular（镜面反射）工作流程和Metallic（金属度）工作流程，并且在两者中的工作方式非常相似。默认情况下，如果未分配Metallic或Specular纹理映射，则材质的平滑度由滑动条控制。此滑动条可用于控制表面上的微表面细节或平滑度。不同数值对应的渐变效果如图5-19所示，平滑度属性值的说明如表5-11所示。

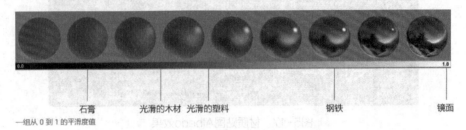

图5-19　材质球平滑度数值渐变效果

表5-11　　　　　　　　　　　　　平滑度属性值的说明

属性值	说明
Metallic Alpha	由于表面上每个像素点的平滑度以单个数值来表示，因此数据只需要用图像纹理的单个通道来存储。通常认为平滑度数据存储在 Metallic 或 Specular 对应的纹理贴图的 Alpha 通道中（取决于选择的是 Metallic 模式，还是 Specular 模式）
Albedo Alpha	可减少纹理总数，或者对 Smoothness 和 Metallic 使用不同分辨率的纹理

使用平滑度纹理贴图与许多其他参数类似，可以分配纹理贴图，而不使用单个滑动条值，这样可以更好地控制材质表面上镜面光反射的强度和颜色。使用贴图而不使用滑动条意味着，可创建包含表面上各种平滑度级别的材质（通常设计为与反照率纹理中显示的值匹配）。越光滑的表面越具有反光性，并具有更小、更紧密聚焦的镜面高光。不太光滑表面的反射率不太高，因此镜面高光不太明显，并会在表面上扩散得更广。通过将镜面反射和平滑度贴图与反照率贴图中的内容进行匹配，即可开始创建非常逼真的纹理。

可以在上一个案例的基础上操作感受光滑度不同所带来的材质效果，如图5-20所示，具体操作步骤如下。

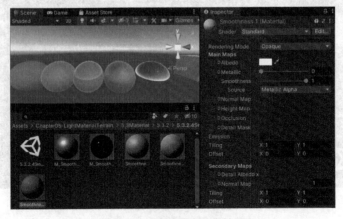

图5-20　材质球平滑度效果

(1)将Project面板创建的3个材质球对象在Inspector面板中的Smoothness属性设置为0、0.5、1。

(2)查看Scene面板中的小球反射效果变化,可以看到当Metallic和Smoothness值为1的时候,Sphere对象变成完全反射状态。

(3)打开Lighting面板切换天空盒材质球,查看小球反射效果。

(4)单击Lighting面板中的"Generate Lighting"按钮,对场景进行烘焙。

5.2.3 纹理编辑器

1. 法线贴图

法线贴图(Normal Map)是一种凹凸贴图(Bump Map)。它们是一种特殊的纹理,可以将表面细节(如凹凸、凹槽和划痕)添加到模型,从而捕捉光线,就像由真实几何体表示一样。当实现有凹槽、螺钉和铆钉的表面时,例如实现飞机机身,其中一种方法是将这些细节建模为几何体。但是根据具体情况,将这些微小的细节建模并非一种好的思路。

在具有大量精细表面细节的大型模型上,这种方案需要绘制极大数量的多边形。为了避免这种情况,应使用法线贴图来表示精细的表面细节,而使用分辨率较低的多边形表面来表示模型的较大形状。

可以通过相关操作感受为Plane对象添加法线贴图后所带来的凹凸效果,具体操作步骤如下。

(1)选中原有图片,按Ctrl+D组合键创建副本,并将副本命名为"Normal Map"。

(2)勾选Normal Map图片的Inspector面板中的"sRGB(Color Texture)"属性,设置Alpha Source模式为Input Texture Alpha。

(3)设置图片的Inspector面板中的Texture Type为Normal map。

(4)将该图片拖曳至Plane对象材质球Inspector面板的Normal Map属性栏左侧,可以看到Scene面板中的Plane对象图片在模型未修改的情况下呈现凹凸效果,如图5-21所示。

图5-21 材质球法线贴图

2. 高度贴图

高度贴图（Height Map，也称为视差贴图）是与法线贴图类似的概念，但是这种技术更复杂，因此性能成本也更高。如果高度太高，法线贴图就无效了，这时可以使用高度贴图进行视觉欺骗。虽然三维几何体的表面凸起看起来会突出和相互遮挡，但模型的轮廓绝不会被修改，因为最终贴图效果将绘制到模型的表面上，不会修改实际的几何体。

高度贴图应为灰度图像，其中白色区域表示纹理的高区域，黑色区域表示纹理的低区域。高度贴图的灰度图像也适用于遮挡贴图。

可以接着上一个案例操作感受高度贴图的凹凸效果，具体操作步骤如下。

（1）将图片在Photoshop中处理成黑白高度贴图导入Unity。

（2）将该图片拖曳至Plane对象材质球Inspector面板的Height Map属性栏左侧。

（3）调节Height Map右侧的滑动条，查看Scene面板中白色区域突出显示的效果，如图5-22所示。

图5-22 材质球高度贴图

3. 遮挡贴图

遮挡贴图（Occlusion Map）用于提供关于模型哪些区域应接受高或低间接光照的信息。间接光照来自环境光照和反射，因此模型的深度凹陷部分（例如裂缝或折叠位置）实际上不会接收太多的间接光照。

遮挡贴图是灰度图像，其中以白色表示应接受完全间接光照的区域，以黑色表示没有间接光照的区域。对于简单的表面，它就像灰度高度贴图一样简单（如前面高度贴图示例中显示的凸起石墙纹理）。遮挡贴图通常由美术师制作，使用3D应用程序基于模型自动生成遮挡贴图。

可以接着上一个案例操作感受遮挡贴图所带来的材质效果，具体操作步骤如下。

（1）将图片在Photoshop中处理成黑白图片灰度成像后导入Unity。

（2）将该图片拖曳至Plane对象材质球Inspector面板的Occlusion属性栏左侧。

（3）调节Occlusion属性的值，查看Plane对象遮罩区域反射光强度变化。

4. 自发光

发光材质通常用于某个部位应该看起来从内部照亮的游戏对象，例如显示器的屏幕、高速制动汽车的盘式制动器、控制面板上的发光按钮或在黑暗中可见的怪兽眼睛。

除了发光颜色和亮度，自发光（Emission）参数还具有Global Illumination设置，允许指定从此材质发出的亮光如何影响附近其他游戏对象的背景光照，有以下两个选项。

Realtime：Unity将此材质的自发光添加到场景的Realtime Global Illumination计算中。这意味着，这种自发光会影响附近游戏对象（包括正在移动的游戏对象）的光照。

Baked：此材质的自发光被烘焙到场景的静态光照贴图中，因此其他附近的静态游戏对象看起来被此材质照亮，但动态游戏对象受到影响。

我们可以接着上一个案例操作感受光线影响方式不同所带来的材质效果，具体操作步骤如下。

（1）在Hierarchy面板中创建Plane对象，在Project面板中创建材质球。

（2）勾选材质球Inspector面板中的"Emission"属性并设置HDR发光颜色。

（3）将该材质球赋Plane对象，Scene面板中的Plane对象出现发光现象。

（4）在Plane对象旁边创建一个Cube对象，并勾选"Static"属性。

（5）打开Lighting面板进行烘焙，可以看到Cube对象受到Plane对象发光的影响，如图5-23所示。

图5-23　材质球自发光效果

5. 细节贴图和细节遮罩

细节贴图（Detail Map，又称辅助贴图）允许在主纹理上覆盖第二组纹理，包括第二个反照率颜色贴图和第二个法线贴图。通常，与主要的反照率贴图和细节贴图相比，这些辅助贴图将映射到对象表面上重复多次，且映射范围小得多，允许材质在近距离观察时具有清晰的细节，同时在从更远处观察时具有正常的细节级别，而不必使用单个具有极清晰细节的纹理贴图来实现这两个目标。

细节纹理的典型用途包括：为角色的皮肤添加皮肤细节（如毛孔和毛发），在砖墙上添加微小的裂缝和实现地衣生长效果，为大型金属容器添加小划痕和实现磨损效果。

细节遮罩（Detail Mask）纹理允许在模型的某些区域禁止应用细节纹理。这意味着可在某些区域显示细节纹理，而在其他区域隐藏细节纹理。例如，在上面的皮肤毛孔示例中，可创建遮罩，使毛孔不会显示在嘴唇和眉毛上。

可以接着上一个案例操作感受细节贴图所带来的材质效果，具体操作步骤如下。

（1）导入细节纹理贴图，其中一张为细节黑白灰纹理贴图，另一张为细节高度贴图。

（2）分别将细节纹理贴图和高度贴图拖曳至材质球Inspector面板的Detail Albedo x和Normal Map栏处。

（3）近距离观察材质变化，可以看到Plane对象有了更多的细节，如图5-24所示。

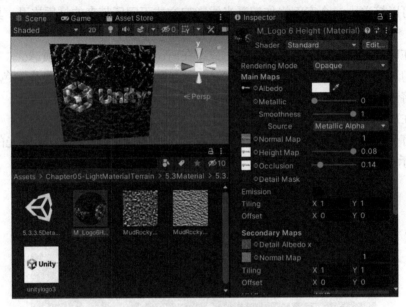

图5-24 材质球纹理贴图

5.3 地形系统

5.3.1 地形系统概述

Unity游戏引擎中内置了强大的地形引擎系统，可以帮助开发者快速、轻松地创建地形。

可以通过单击"GameObject → 3D Object → Terrain"，创建地形。最初对象是一个带有碰撞体的平面，可以使用Terrain组件中的工具实现细节优化效果。Terrain组件提供了雕刻和绘制地形、添加树和细节（如草、鲜花和岩石），以及更改所选地形常规设置的选项等功能。

5.3.2 地形组件解析

接下来将列举地形组件有关功能、面板、属性、设置等内容，以让读者对地形组件有一个全面的认识。

1. 地形组件功能及按钮介绍

地形组件有创建地形、绘制地形、添加花草树木等功能，具体功能如表5-12所示，具体图标按钮如图5-25所示。

表5-12　　　　　　　　　　　地形组件功能

地形组件	功能	地形组件	功能
Create Neighbor Terrains	创建周围地形	Paint Details	绘制地形
Paint Terrain	绘制地形	Terrain Settings	设置地形
Paint Trees	绘制树木	—	—

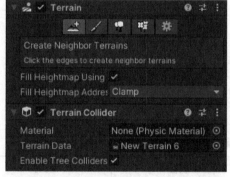

（a）地形组件　　　　　　　　　　　（b）地形绘制方式

图5-25　地形组件及其绘制方式

2. 地形绘制工具

在绘制地形功能面板中，地形引擎提供了多种地形绘制工具，有升高或降低地面、平滑地面高度、绘制地形贴图等工具，如表5-13所示。

表5-13　　　　　　　　　　　地形绘制工具

绘制工具	说明	绘制工具	说明
Raiseor Lower Terrain	升高或降低地面	Set Height	设置地面高度
Paint Holes	绘制透明的洞	Smooth Height	平滑地面高度
Paint Texture	绘制地形贴图	StampTerrain	绘制地面邮戳

3. 地形绘制笔刷属性

在选择好绘制方式后，需要对笔刷进行调节。具体笔刷属性说明如表5-14所示，笔刷形状设置如图5-26所示。

表5-14　　　　　　　　　　　　　　笔刷属性说明

属性	说明	属性	说明
Brushes	笔刷形状	New Brush…	新建笔刷形状
Brush Size	笔刷尺寸	Opacity	笔刷强度
Tree Density	树的密度	Tree Height Random	树的高度是否随机
Target Strength	细节强度	Lock Width to Height	是否锁定树木长宽比

4．地形全局设置介绍

地形设置是地形系统很重要的一部分，可以对地形进行整体调节。可以在Mesh Resolution地形网格设置中调节地形网格大小、在Texture Resolutions中导入高度贴图生成地形等。具体地形全局设置属性说明如表5-15所示，设置位置如图5-27所示。

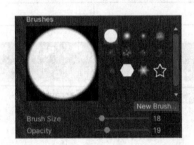
图5-26　地形绘制笔刷形状设置

图5-27　地形设置位置

表5-15　　　　　　　　　　　　地形全局设置属性说明

属性	说明	属性	说明
Basic Terrain	地形基本设置	Tree & Detail Objects	树与细节对象设置
Wind Settings for Grass	风对草的效果设置	Mesh Resolution	地形网格设置
Holes Settings	洞穿透设置	Texture Resolutions	高度贴图设置
Lighting	地形灯光设置	Lightmapping	地形烘焙贴图设置

5．地形绘制技巧

地形绘制的技巧有以下3种。

（1）掌握地形绘制快捷键，如表5-16所示。

（2）在Photoshop等绘图软件绘制地面贴图、花草等图片。

（3）利用Tree Editor创建树木。读者如果感兴趣，可以通过Unity手册的图形图像概述中的Tree Editor进行学习和了解，在这里不展开介绍。

表5-16　　　　　　　　　　　　　地形绘制快捷键

快捷键	说明	快捷键	说明
F1	Paint Terrain（绘制地势）	F4	Terrain Settings（地势设置）
F2	Paint Trees（绘制树）	逗号（,）和句点（.）	循环切换可用画笔
F3	Paint Details（绘制细节）	Shift+（<）和Shift+（>）	循环切换树、纹理和细节

5.3.3 地形系统使用

1. 地形的创建

可以通过以下步骤实现地形的创建。

（1）单击"GameObject→3D Object→Terrain"，创建地形对象。

（2）单击地形对象Terrain组件中的"Create Neighbor Terrains"按钮，可以看到Scene面板中地形对象旁边出现4个绿色边框，单击即可创建新的地形对象。

（3）勾选"Fill Heightmap Using Neighbors"和设置地形模式为Fill Heightmap Address Mode。

（4）单击Terrain组件的"设置"按钮，在其下方的Mesh Resolution中可以设置Terrain Width（地形宽度）、Terrain Length（地形长度）、Terrain Height（地形高度）等参数。

2. 地形的绘制

可以通过以下步骤实现地形的绘制。

（1）单击地形对象Terrain组件中的"Paint Terrain"按钮，进入绘制模式。

（2）选择笔刷下方绘制功能栏为"Raise or Lower Terrain"进入升高或降低地面绘制模式。Brushes选择绘制的笔刷，Brush Size设置笔刷大小与Opacity设置笔刷强度。按鼠标左键绘制升高地面；按Shift键与鼠标左键，降低地面。可以在地形上随意绘制，调节地形高度与形状。

（3）选择笔刷下方绘制功能栏为"Paint Holes"进入绘制地形穿透的洞模式。绘制方法同（2），按鼠标左键绘制洞穴，按Shift键与鼠标左键补全洞穴。可以看到地形绘制区域具有穿透洞穴的效果。

（4）选择笔刷下方绘制功能栏为"Set Height"进入设置固定高度模式。设置提升高度值Height为15，并选择"Space"相对模式为世界模式或当前对象模式。绘制方法同（2），按鼠标左键绘制升高地面；按Shift键与鼠标左键，降低地面。可以看到地形地面绘制区域被统一提升到了一个固定值。

（5）选择笔刷下方绘制功能栏为"Smooth Height"进入平滑地面高度模式，设置Blur Direction值为1（升高）或-1（降低）。在Scene场景中单击并绘制平滑地面高度区域。可以看到场景中尖锐的山峰变得平滑了很多。

（6）选择笔刷下方绘制功能栏为"Stamp Terrain"进入绘制地形邮戳模式。设置Stamp Height每次升高值为15，取消"Subtract"反转为降低模式，Max<-Add值为0.5。合理调节笔刷大小与强度，在Scene面板中的地形上单击并绘制，可以看到场景中的地形不断被提升。

3. 贴图的绘制

可以通过以下步骤实现贴图的绘制。

（1）导入Surface Texture包到Unity引擎，可以看到5张地形贴图图片。

（2）选择笔刷下方绘制功能栏为"Paint Texture"进入绘制贴图模式，如图5-28所示。单击模式栏下方的"Edit Terrain Layers→Create Layer",在打开的贴图面板中搜索"Grass Hill Albedo"并双击将其作为地形基本贴图。

(3)可以看到地形完全被"刷上"了草坪,再次单击"Edit Terrain Layers→Create Layer",在打开的面板中搜索"Sand Albedo"并双击将其添加到Terrrain Layers中。

(4)选中Terrain Layers中的Sand Albedo贴图,调节笔刷大小和强度后,在Scene面板中的地形上绘制沙地贴图。

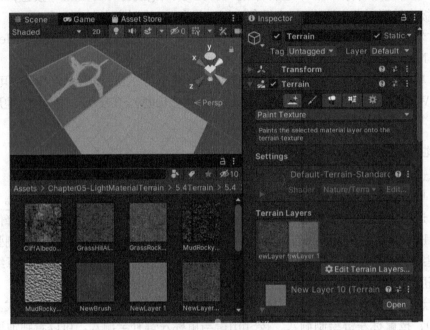

图5-28 地形贴图绘制效果

5.3.4 地形系统高级功能

1. 树木的绘制

地形系统可以通过树木绘制面板为地形布置树木对象。另外,也可以通过Tree Editor创建个性化树木,具体树木的制作就不展开介绍了。读者如果感兴趣,可以通过Unity用户手册进行了解和学习。下面主要介绍树木绘制的步骤。

(1)导入Speed Tree包到Unity引擎,可以看到3种树类型。

(2)单击地形对象Terrain组件中的"Paint Tree"按钮,单击"Edit Trees→Add Tree",在打开的Add Tree面板中的Tree Prefab栏中搜索"Conifer_Desktop"并单击下方的"Add"将其添加到Trees栏中。

(3)调节Trees栏下方Settings中的Brush Size改变画刷大小,调节Tree Density参数改变密度,调节Random参数改变是否随机在Scene面板中的Terrain对象上绘制树木。

2. 花草的绘制

地形系统中花草的绘制利用了布告牌技术,即花草贴图面片会随着摄像机的旋转而旋转,保持正前方与玩家视线相向。具体使用步骤如下,效果如图5-29所示。

(1)导入Billboard Textures包,可以看到有两张草的贴图。

(2)单击地形对象Terrain组件中的"Paint Details"按钮,单击"Edit Details→Add Grass Texture",将资源包中的GrassFront01贴图拖曳至打开的Add Grass Texture面板中的Detail Texture栏中,并单击"Add"按钮将草的贴图添加到Details栏中。

(3)调节Details栏下方Settings中Brush Size参数,改变画刷大小;调节Opacity参数,改变密度;调节Target Strength参数改变对象强度参数后,在Scene面板中的地形上面绘制草坪。

3. 风场组件

风场组件可以让绘制在地形上的树木或花草像现实中被风吹过一样摇摆,组件与效果如图5-29所示,属性说明如表5-17所示。

表5-17　　　　　　　　　　　风场组件属性

属性	说明	属性	说明
Mode-Directional	方向风,所有树木受到影响	Mode-Spherical	区域风,球体范围内的对象受到影响
Main	主风力	Turbulence	湍流风,设置风吹间隔
Pulse Magnitude	波动幅度,风力改变	Pulse Frequency	波动频率,方向改变

风场组件的使用步骤如下。

(1)在Hierarchy面板中创建一个空对象,将其命名为"Wind Zone",并单击其Inspector面板下方的"Add Component"添加Wind Zone组件。

(2)如果Wind Zone组件模式为Mode-Directional,则只需要设置方向和风力等参数;如果模式设置为Spherical,则需要将其移动到需要受到风力作用的树木和草旁边。

(3)将相机移动到树木和花草前面,运行游戏,可以看到树木和草有被吹动的效果。

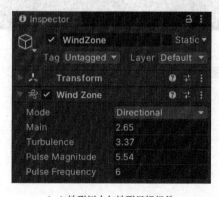

(a)地形树木与地形风场组件　　　　　　　　(b)运行效果

图5-29　地形树木与地形风场组件及运行效果

4. 高度贴图

地形系统除了通过使用编辑器绘制的方式改变地形高度外,还可以通过导入一张绘制好的RAW格式的灰度图像来快速生成地形。灰度图像是一种使用二维图形来表示三维高度变化的图像。接近黑色的、较暗的颜色表示较低的点，接近白色的、较亮的颜色表示较高的点。可以通过Photoshop或其他绘图软件绘制高度图并以RAW格式输出，再导入Unity当中自动生成地形高度，通常用作初步绘制地形高度范围。Photoshop绘制图如图5-30（a）所示，效果如图5-30（b）所示，具体操作步骤如下。

（1）打开Photoshop，创建512像素×512像素大小的画布并取消右下角画布的锁定功能。

（2）选择"图像→模式→灰度/16位通道"，并确认丢弃颜色值。

（3）利用画笔工具与黑白灰色彩在画布上绘制。

（4）按Ctrl+Shift+S组合键，保存类型设置为PhotoshopRaw(*.RAW)，命名为"Terrain Height"并单击"确认"按钮。

（5）回到Unity引擎中，创建一个Terrain对象。单击"Terrain"组件的"Setting Terrain"按钮。

（6）单击Texture Resolutions中的"Import Raw"按钮，选择Photoshop中生成的TerrainHeight.raw文件，在打开的Import Heightmap页面中设置Terrain Size的值为(1000,100,1000)后单击"Import"，可以看到绘制的地形被自动生成了。

（a）地形高度贴图

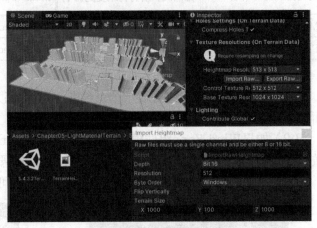
（b）使用效果

图5-30 地形高度贴图及使用效果

习 题

一、选择题

1. 在Unity中模拟太阳的光源是哪一个？（　　）
   A. 聚光灯　　　　B. 点光源　　　　C. 平行光　　　　D. 区域光
2. 存储光照信息的贴图是哪个？（　　）
   A. LightMap　　　　　　　　　　B. MipMap
   C. CubeMap　　　　　　　　　　D. TileMap

3. 关于Unity材质系统中标准着色器（Stander Shader）的说法，下列正确的是哪些？（　　）

  A. 标准着色器包含一种称为基于物理着色（Physically Based Shading）的高级光照模型

  B. Unity标准着色器是一个包含一整套功能的内置着色器。此着色器可用于渲染"真实世界"的对象，如石头、木头、玻璃、塑料和金属等，并支持各种着色器类型和组合

  C. 通过标准着色器，可以将大量着色器类型（如漫射、镜面反射、凹凸镜面反射、反射）组合到同一个可处理所有材质类型的着色器中

  D. 标准着色器有两个工作流，即金属工作流和镜面工作流

4. Light组件中，哪些属性是可以直接调整光照强度的？（　　）

  A. Range   B. Intensity

  C. Indirect Multiplier   D. Color

5. 烘焙全局光照系统包括哪些？（　　）

  A. 光照贴图   B. 光照探针

  C. 反射探针   D. 反射贴图

6. 关于材质，下面说法正确的是哪些？（　　）

  A. 要在Unity中绘制某物，必须提供描述其形状的信息及描述其表面外观的信息

  B. 使用网格可描述形状

  C. 使用材质可描述表面的外观

  D. 材质资源是扩展名为.mat的文件，表示Unity项目中的材质

7. 关于地形，下面说法正确的是哪些？（　　）

  A. 单击"GameObject → 3D Object → Terrain"可以添加地形游戏对象

  B. 使用3D建模应用程序（如Houdini和World Machine）可以生成地形，然后将地形作为高度贴图导入Unity

  C. 使用Paint Texture工具可将纹理（如草、雪或沙）添加到地形

  D. Terrain Collider中，选中Enable Tree Colliders则允许启用树碰撞体

8. 在Unity的渲染工作流程中，GI的全称是（　　）。

  A. Global Illumination   B. God Illusion

  C. Global Interface   D. Global Illusion Light

9. GI全局光照为了捕捉计算复杂的间接光照环境，会用到以下哪种技术？（　　）

  A. Ray Tracing   B. Nav Mesh

  C. Occlusion Culling   D. Light Reflection

10. 在Unity的预计算实时全局光照模式下，光源需调整成什么模式？（　　）

  A. Realtime   B. Baked

  C. Mixed   D. Power

二、问答题

1. 什么是全局光照系统？

2. Unity提供了几种光源?
3. 如何利用剪影构建阴影效果?
4. 材质和着色器、纹理的关系是什么?
5. 如何构建自发光物体?
6. Skinned Mesh Renderer、Line Renderer和Trail Renderer分别有什么作用?
7. 如何利用Tilemap构建大型地图?

第 6 章

音视频动画特效系统

6.1 音视频播放器

6.1.1 音频侦听装置

麦克风

1. Audio Listener

Audio Listener（音频监听器）负责接收游戏场景中所发出的音频源，模拟人类实际中人耳朵对声音接收的过程。可以通过单击"Audio→Audio Listener"的方式为对象添加Audio Listener组件，但需要注意的是，每个游戏场景中有且只能有一个Audio Listener组件。该组件通常挂载在Main Camera对象上，一般搭配Audio Sound组件一同使用，Audio Sound（声音播放）组件负责播放声音片段，而Audio Listener负责监听场景中的声源。Audio Listener静态属性说明如表6-1所示。

表6-1　　　　　　　　　　Audio Listener静态属性说明

静态属性	说明	静态属性	说明
pause	音频系统暂停状态	volume	控制游戏音量

可以通过相应操作理解Audio Listener组件的作用，以及Audio Listener类的静态属性使用方法，具体操作步骤如下。

（1）可以看到Main Camera对象Inspector面板上自带了Audio Listener组件，再为其添加Audio Source组件，并将提供的MP3音乐片段赋值到AudioClip栏中。

（2）创建AudioListenerDemo.cs脚本，打开并编写如下。

```
using UnityEngine;
public class AudioListenerDemo : MonoBehaviour{
    void Update(){
        if(Input.GetKeyDown(KeyCode.P))
            AudioListener.pause=true;
    }
}
```

（3）将该脚本挂载到Main Camera对象上，运行游戏，可以听到游戏中播放着背景音乐，按P键后听不到游戏场景中发出的声音。

2. Microphone 类

Microphone类（麦克风类）用于捕获计算机或移动设备上内置（物理）麦克风的输入。使用此类，可以启动和关闭内置麦克风，获取可用音频输入设备列表，获取每个输入设备状态。没有组件用于Microphone类，该类可通过脚本直接访问。

使用Microphone类可通过连接的麦克风来录制会话。可以通过devices属性获取所连接麦克风的列表，然后使用Start函数开始或用End函数结束（使用一个可用设备）录制会话。Microphone属性说明及函数说明分别如表6-2和表6-3所示。

表6-2　　　　　　　　　　　　　Microphone属性说明

属性	说明
devices	可用麦克风设备（用名称标识）的列表

表6-3　　　　　　　　　　　　　Microphone函数说明

函数	说明	函数	说明
End	停止录制	GetDeviceCaps	获取设备的频率功能
GetPosition	获取在录制样本中的位置	IsRecording	查询设备当前是否正在录制
Start	开始使用设备进行录制	—	—

可以通过相应操作理解Microphone相关属性和函数的使用并实现获取外接麦克风设备，依据传入音量大小实现小球的弹跳，具体操作步骤如下。

（1）在场景中新建Plane、Sphere对象，并为Sphere添加Rigidbody组件。

（2）创建一个C#脚本文件并将其命名为"MicrophoneDemo.cs"，通过此脚本来获取音量大小。

```csharp
using UnityEngine;
public class MicrophoneDemo : MonoBehaviour{
    public float force = 0.1f;
    public static float volume;
    AudioClip micRecord;
    void Start(){
        string device = Microphone.devices[0];
        micRecord = Microphone.Start(device, true, 999, 44100);
        Debug.Log(device);
    }
    void Update(){
        volume = GetMaxVolume();
        Vector3 fx = new Vector3(0,volume*force,0);
        this.gameObject.GetComponent<Rigidbody>().AddForce(fx,ForceMode.Impulse);
    }
    float GetMaxVolume(){
        float maxVolume = 0f;
        float[] volumeData = new float[128];
        int offset = Microphone.GetPosition(device) - 128 + 1;
        if (offset < 0) return 0;
        micRecord.GetData(volumeData, offset);
        for (int i = 0; i < 128; i++){
            float tempMax = volumeData[i];
```

```
                if (maxVolume < tempMax) maxVolume = tempMax;
            }
            return maxVolume;
        }
    }
```

（3）计算机需要连接上麦克风设备，然后将该脚本挂载到Sphere对象上。运行游戏并向麦克风说话，可以看到Console面板中输出麦克风名称及场景中的小球弹跳起来。

6.1.2 音频播放

1. 音频管理器

音频管理器是Unity中提供音频全局设置的面板，利用它可以对游戏中的全局音量、声音衰减因子等属性进行设置。可以通过单击"Edit→Project Settings→Audio"打开设置，具体属性说明如表6-4所示。

表6-4　　　　　　　　　　　音频管理器属性说明

属性	说明
Global Volume	所有声音的播放音量
Volume Rolloff Scale	全局的衰减系数，该数值越大，音量衰减速度越快
Doppler Factor	多普勒效应影响，1表示快速移动也能听到声音
System Sample Rate	设置输出采样率，0表示Unity的采样率
DSP Buffer Size	设置DSP缓冲区的大小来减少延迟或优化性能

2. Audio Source

Audio Source（音频播放器）组件是用来播放声音的组件，可模拟现实世界中声音的播放过程。可以通过单击"Component→Audio→Audio Source"添加Audio Source组件。关于该组件的属性和函数说明分别如表6-5和表6-6所示。

表6-5　　　　　　　　　　　Audio Source组件属性说明

属性	说明	属性	说明
AudioClip	播放的声音文件	Output	声音输出模式
Mute	静音	Play On Awake	运行时自动播放
Loop	循环播放	Bypass Effects	启用滤波器效果
Priority	音频源优先级 0 最高	Bypass Listener Effects	启用监听器
Volume	声音的大小	Bypass Reverb Zones	启用混响区
Pitch	音频变速时音高变化	3D Sound Settings	声音变化详细设置

表6-6　　　　　　　　　　　Audio Source组件常用的函数说明

函数	说明	函数	说明
clip	指定音频剪辑	isPlaying	判断是否在播放中
Play	播放	Pause	暂停
Stop	停止播放	—	—

可以通过相应操作了解Audio Source组件相关属性并掌握在脚本中控制该组件的方法，具体操作步骤如下。

（1）在Hierarchy面板中创建空对象，将其命名为"Audio Source"，单击其Inspector面板的"Add Component"搜索并添加Audio Source组件。

（2）在Audio Source组件中的AudioClip属性右侧栏中添加音乐片段。

（3）勾选Audio Source组件下的"Play On Awake"和"Loop"属性。

（4）设置3D Sound Settings属性下的Min Distance和Max Distance值。

（5）运行游戏，可以听到播放的音乐。回到Scene场景中将带有Audio Listener组件的Main Camera对象移至离Audio Source对象500m以外的地方，可以发现声音消失了。

（6）创建脚本AudioSourceDemo.cs，打开并编写如下。

```
using UnityEngine;
public class AudioSourceDemo : MonoBehaviour{
    privateAudioSource audioSource;
    public AudioClip[] audioClips;
    private int i = 0;
    public int clips;
    void Start(){
        audioSource = this.GetComponent<AudioSource>();
    }
    void Update(){
        if(Input.GetKeyDown(KeyCode.Q)){
            i++;
            audioSource.clip = audioClips[i % clips];
        }
        if(Input.GetKeyDown(KeyCode.P)) audioSource.Play();
        if(Input.GetKeyDown(KeyCode.S)) audioSource.Stop();
    }
}
```

（7）将该脚本挂载至Audio Source对象的Inspector面板上，向AudioClips栏中添加多个音乐片段，并设置Clips数字为添加的音乐片段数量。

（8）运行游戏，按Q键可以切换音乐播放片段，按S键音乐停止播放，按P键音乐片段继续播放，如图6-1所示。

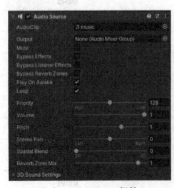  

（a）Audio Source组件　　　　（b）Audio Source 3D音效设置　　　　（c）AudioSourceDemo参数设置

图6-1　Audio Source组件及其3D音效设置

6.1.3 音频混合装置

1. Audio Mixer

Audio Mixer（混音器）允许混合各种音频源、对音频源应用效果，以及执行母带制作（mastering），其属性说明如表6-7所示。

Audio Mixer组本质上是音频的混合，即一个应用音量衰减和音高校正的信号链。Audio Mixer是一种资源。可以创建一个或多个混音器，并可在任何时间激活多个混音器。Audio Mixer始终包含一个母带组，随后可以添加其他组来定义Audio Mixer的结构。我们需要将音频源的输出路由到Audio Mixer中的组，然后将效果应用于该信号。可以将Audio Mixer的输出路由到场景中任何其他Audio Mixer中的任何组，从而链接场景中的多个Audio Mixer，实现复杂路由、效果处理和快照应用。

表6-7　　　　　　　　　　Audio Mixer属性说明

属性	说明	属性	说明
S 按钮	使该组独奏	M 按钮	使该组静音
B 按钮	绕过组中所有效果	Mixers	混音器完整列表
Snapshots	混音快照模式	Groups	混音器音频组
Views	可见音频组视图	Distortion	失真效果
Echo	回音效果	Chorus	交响效果

2. Audio Filters

可以通过应用音频效果来修改Audio Source（音频源）和Audio Listener（音频监听器）组件的输出。这些音效可以过滤声音的频率范围或应用混响和其他效果，如表6-8所示。而这些效果的实现，需要添加效果组件到带有音频源或音频监听器的对象上。组件的排序很重要，因为它代表应用于音频源的顺序。

表6-8　　　　　　　　　　Audio Filters类型

类型	说明
Audio Low Pass Filter	音频低通过滤器，抑制高频音，通行低频音，如滚滚雷鸣
Audio High Pass Filter	音频高通过滤器，抑制低频音，通行高频音，如尖锐刺耳声音片段
Audio Chorus Fiter	音频合音过滤器，合成多个略有不同的音频，如大合唱效果
Audio Distortion Fiter	音频失真过滤器，对音频失真处理，如破收音机、对讲机的声音
Audio Echo Fiter	音频回声过滤器，延迟和重复一个声音，如模拟在峡谷中的回声、雷声
Audio Reverb Fiter	音频混响过滤器，对音频剪辑并失真处理，创建个性化的混响效果

利用Audio Mixer组件和Audio Filters组件对音频的输出进行处理，具体操作步骤如下。

（1）在Project面板中右击Assets文件夹并选择"Create→Audio Mixer"，创建声音混合器。

（2）双击Audio Mixer资源文件，打开Audio Mixer面板，单击Master下的"Add"按钮，添加回音混响音效。

（3）新建空对象，将其命名为"Audio Source"并为其添加Audio Source组件，在AudioClip栏处添加音乐片段，在Output属性栏处添加文件中Audio Master的Master资源。

（4）运行游戏，可以听到游戏音乐出现回音。

（5）选中Audio Source对象，单击其Inspector面板的"Add Component"按钮，搜索并添加Audio Distortion Filter，如图6-2所示。运行游戏，可以听到音乐出现失真现象。

（a）Audio Mixer组件设置

（b）Audio Filters组件设置

图6-2　Audio Mixer组件设置及Audio Filters组件设置

6.1.4　视频播放器

Video Player（视频播放器）可以将视频片段内容在场景中播放，支持视频播放硬件加速解码和软件解码、透明通道、多个音频轨道及网络流媒体等多种功能。通过单击"Component→Video→Video Player"可以为含有Texture的对象添加Video Player组件。Video Player属性说明如表6-9所示，Video Player类常用属性及函数说明如表6-10和表6-11所示。

表6-9　　　　　　　　　　　　Video Player属性说明

属性	说明	属性	说明
Source	视频源	Video Clip	视频剪辑片段
URL	视频地址	Render Mode	渲染模式
Play On Awake	启动时播放视频	Wait For First Frame	提前加载好视频
Loop	循环播放视频	Playback Speed	回放速度
Skip On Drop	跳过帧以赶上当前时间	Audio Output Mode	输出源的音频轨道

表6-10　Video Player类常用属性说明

属性	说明
isPlaying	是否在播放中
url	视频地址
clip	视频剪辑

表6-11　Video Player类函数说明

函数	说明
Play	播放
Pause	暂停
Stop	停止播放

可以通过相应操作了解Video Player组件相关属性，并掌握在脚本中对视频片段的播放进行控制的方法，具体操作步骤如下。

（1）在Hierarchy面板中创建Plane对象，单击其Inspector面板中的"Add Component"按钮，搜索并添加Video Player组件。

（2）单击Video Player组件的Video Clip栏右侧◉按钮搜索资源文件夹中合适视频片段进行赋值。

（3）创建脚本VideoPlayerDemo.cs，打开并编写如下。

```
using UnityEngine;
using UnityEngine.Video;
public class VideoPlayerDemo : MonoBehaviour{
    public VideoPlayer videoPlayer;
    void Start(){
        videoPlayer=this.GetComponent<VideoPlayer>();
        videoPlayer.frame = 100;// 跳过前 100 帧
        videoPlayer.isLooping = true;
        videoPlayer.playbackSpeed = videoPlayer.playbackSpeed/2.0f;
    }
    void Update(){
        if(Input.GetKeyDown(KeyCode.S)) videoPlayer.Stop();
        if(Input.GetKeyDown(KeyCode.P)) videoPlayer.Play();
    }
}
```

（4）运行游戏，可以看到Plane对象上面渲染出视频片段，如图6-3所示。

图6-3　Video Player组件

（5）再次尝试播放1.4.4节中视频部分的视频片段，并使用代码加以控制。

6.2 模型动画系统

6.2.1 动画系统概述

1. 动画概述

动画是快速循环播放一系列图像（其中每幅图像与下一幅图像略微不同）给人造成的一种幻觉——大脑感觉这一系列图像是一个变化的场景。在电影中，摄像机每秒拍摄许多照片（帧），便可使人形成这种幻觉。用投影仪播放这些帧时，观众便可以看电影了。

2. 动画发展

动画已经有将近两百年的历史了。1824年，皮特·马克·罗葛特发现了视觉暂留现象；同年他发明了留影盘，能够利用一个圆盘旋转实现鸟在笼中出现；1832年，约瑟夫·普拉托通过观察摆放了一定顺序图片的旋转的圆盘机器，发现了视觉暂留现象；1908年，现代动画之父埃米尔·科尔首创用负片制作动画影片从概念上解决了影片载体的问题，为今后动画片的发展奠定了基础。

3. 动画类型

根据制作方式的不同，动画主要分为传统动画、矢量动画（2D动画）、三维动画、MG（Motion Graphic）和定格动画五大类。虽然动画的制作形式不断发展，但是都需要了解动画原理、物体结构、构图等基础知识。所以即使想选择的动画方向不同，很多基础理论知识还是共通的，只是技术表现上不同。

在Unity中也提供了多种制作动画的方式，具体动画类型如表6-12所示。

表6-12　　　　　　　　　　Unity中的动画类型

动画类型	说明
序列帧动画	一系列动画的图片，按照次序播放，最终形成的动画
骨骼动画	通过利用骨骼蒙皮调节关节点的方式制作动画
帧动画	通过控制图片元素属性的方式制作动画
蒙皮动画	3D角色所使用的动画方式，在绑骨后为顶点分配权重再制作动画
变形目标动画	通过将模型上所有顶点进行控制的方式制作高精度的表情动画

4. 模型动画相关软件

Unity中导入的资源模式通常需要在其他的模型动画软件中制作完成后才导入项目使用，常用模型动画制作软件如表6-13所示。

表6-13　　　　　　　　　常用模型动画制作软件

软件名称	说明
Blender	开源三维模型动画引擎
Maya/3ds Max	Autodesk 公司的三维建模动画软件
ZBrush	Pixologic 公司开发的数字雕刻和绘画软件
Substance Painter	Adobe 公司旗下的一款功能强大的 3D 纹理贴图软件

5. Unity 中提供的动画系统

Unity有一个丰富而复杂的动画系统Mecanim，该系统具有为Unity所有对象属性提供通过关键帧的方式进行简单的工作流程和动画设置、支持直接导入已经绑定好动画的动画剪辑片段、能够将人形动画复用到另一角色上、能够在Unity中对动画片段进行编辑和修改、提供可视化动画编程工具来控制动画片段之间的逻辑转化，以及动画分层和遮罩等功能。

6.2.2　动画面板介绍

1. Animation 面板

在Unity的Animation面板中还可以创建和编辑动画剪辑。这些剪辑可针对以下各项设置动画游戏对象的位置、旋转和缩放。组件属性，例如材质颜色、光照强度、声音音量。自定义脚本中的属性，包括浮点数、整数、枚举值、矢量和布尔值变量，自定义脚本中调用函数的时机等内容。Animation面板可用于为游戏中的独立对象（例如摆动的钟摆、滑动的门或旋转的硬币）设置动画。Animation 面板一次只能显示一个动画剪辑。

动画片段

可以通过单击"Window→Animation→Animation"或按Ctrl+6组合键打开动画面板。使用动画面板之前，需要先了解一下面板功能与快捷键，如表6-14和表6-15所示。

表6-14　　Animation面板功能　　　　表6-15　　Animation面板快捷键

功能	说明	快捷键	说明
Preview Preview	预览模式	"，"（逗号键）	上一帧
红色圆圈按钮 ◉	录制模式	"．"（句号键）	下一帧
播放箭头按钮 ◀◀ ◀ ▶ ▶▶	播放动画	Alt+"，"（逗号键）	上一关键帧
数字栏 1	跳到指定帧	Alt+"．"（句号键）	下一关键帧

Animation面板的右侧是当前剪辑的时间轴。每个动画属性的关键帧都显示在此时间轴中。时间轴视图有关键帧清单（Dopesheet）和曲线（Curves）两个模式，具体说明如表6-16所示。

表6-16　　　　　　　　　Animation关键帧时间轴视图模式

模式	说明
关键帧清单模式	关键帧清单紧凑视图模式，它允许在单个水平轨道中查看每个属性的关键帧序列、多个属性或游戏对象的关键帧时间的概况
曲线模式	曲线模式显示一个可调整大小的图形，其中包含每个动画属性的值随时间变化的视图，所有选定属性叠加显示在同一图形中。在此模式下，可以控制属性值的查看和编辑，以及插值

可以通过相应操作熟练掌握Animation面板的动画片段制作方法并为Cube对象制作两个动画片段，具体操作步骤如下。

（1）在Hierarchy面板中创建一个Cube对象，按Ctrl+6组合键，打开Animation面板。

（2）单击Animation面板中的"Create"按钮，将其命名为"Rotation"后保存。

（3）单击Animation面板中的"Add Property"按钮，展开Transform栏后单击"Ratation"右侧的"+"按钮。

（4）滑动Animation面板右侧白色时间轴至1∶00处。

（5）展开Animation面板左侧Cube的Rotation栏，在Rotation.y栏中输入"180"。

（6）单击Animation面板下的"播放"按钮，观察Cube旋转过程。

（7）展开Animation面板下的Rotation栏，单击选择"Create New Clip"，新建动画片段，如图6-4所示，将其命名为"Translate"。

（8）单击Animation面板下的红点，打开动画录制模式并将右侧白色时间轴移至1∶00处。

（9）选中Cube对象，按W键并将Scene面板中的Cube对象向上移动，完成动画录制。

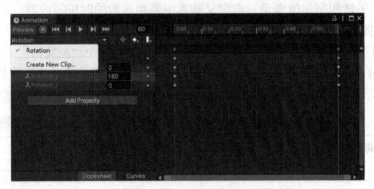

图6-4　Animation面板

2. Animator 面板

Animator面板中支持创建、查看和修改Animator Controller资源。面板主要分为两个部分：一个是左侧的Layers和Parameters层；另一个是Base Layer网格面板。带有深灰色网格的主要部分是布局区域，使用此区域可在Animator Controller中创建、排列和连接状态；右击该网格可以创建新的状态节点。使用鼠标滚轮或按住Alt/Option键拖曳可平移视图。通过单击可选择状态节点以进行编辑，而通过单击并拖动状态节点可重新排列状态机的布局。

动画控制器

可以通过相应熟练掌握Animator面板的动画控制器制作方法并添加Cube对象的两个动画片段，具体操作步骤如下。

（1）在Project面板中右击新建动画控制器，将其命名为CubeAnimator并双击打开进入。

（2）将上一个案例中创建的Rotation和Translate动画片段移至Animator面板中。

（3）单击Animator面板左侧Parameters栏下的"+"按钮新建对象，选择"bool"类型并将对象重新命名为"IsTranslate"。

（4）右击Rotation动画片段的Make Transition并选中Translate，再次右击Translate动画片段的Make Transition并选中Rotation，形成如图6-5所示的动画路径。

（5）选中从Rotation动画片段到Translate动画片段的蓝色箭头，单击其右侧Inspector面板中Conditions栏下方的"+"按钮，设置条件值为isTranslate、true，如图6-5所示。

（6）选中从Translate动画片段到Rotation动画片段的白色箭头，单击其右侧Inspector面板中Conditions栏下方的"+"按钮，设置条件值为isTranslate、false。

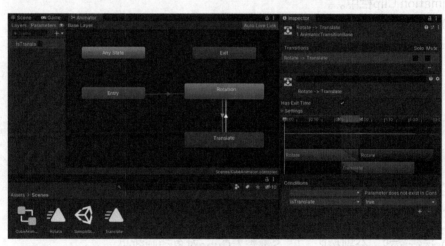

图6-5　动画控制器

6.2.3　动画组件介绍

1. Animation 组件

Animation是旧版动画组件，常用属性及说明如表6-17所示。在引入Unity的当前动画系统之前，此组件在游戏对象上用于动画制作。此组件保留在Unity中仅为了确保向后兼容。对于新项目，请使用Animator组件。

Animation组件

表6-17　　　　　　　　　　Animation组件常用属性及说明

属性	说明
Animation	动画剪辑片段
Animations	可从脚本访问的动画列表

续表

属性	说明
Play Automatically	启用此选项可在游戏开始时自动播放动画
Animate Physics	启用此选项可使动画与物理系统交互
Culling Type	确定何时不播放动画

可以通过Animation组件的相关方法，利用脚本实施对象的动画控制，具体操作步骤如下。

（1）利用Maya等三维建模软件制作一个Cube对象导入Unity中，需要设置模型对象的Inspector面板中Rig的Animation Type模式为Legacy。

（2）将该Cube对象移动至游戏场景中，并为其添加Animation组件。

（3）将制作的Rotation动画片段拖曳至Animation组件的Animation栏中。

（4）展开Animation组件下的Animations栏，并设置Animation Clip数量为2。

（5）分别将Project面板中的Rotation动画片段和Translate动画片段移至Animation组件的Animation Clip栏中。

（6）新建脚本AnimationController.cs，打开并编辑如下。

```
using UnityEngine;
public class AnimationController : MonoBehaviour{
    private Animation anim;
    void Awake(){
        anim = this.GetComponent<Animation>();
    }
    void Update(){
        if(Input.GetKeyDown(KeyCode.R)) anim.Play("Rotation");
        if(Input.GetKeyDown(KeyCode.T)) anim.Play("Translate");
        if(Input.GetKeyDown(KeyCode.S)) anim.Stop();
    }
}
```

（7）运行游戏，分别按R、T、S键查看Cube对象动画效果。

2. Animator组件

Animator组件用于将动画分配给场景中的游戏对象，常用属性及说明如表6-18所示。Animator组件需要引用Animator Controller，以定义要使用哪些动画剪辑，并控制何时，以及如何在动画剪辑之间进行混合和过渡。

Animator组件

表6-18　　　　　　　　　　　Animator组件常用属性及说明

属性	说明
Controller	附加到角色的动画控制器
Avatar	对人形角色进行动画化
Apply Root Motion	确认是从动画本身，还是从脚本控制角色的位置和旋转
Update Mode	选择"Animator"何时更新，以及应使用哪个时间标度
Culling Mode	动画选择的剔除模式

可以通过相应操作熟练掌握Animator组件的使用方法，并用脚本对对象进行动画控制，具体操作步骤如下。

（1）在新建的Animator场景中创建Cube对象，并为Cube对象添加Animator组件。

（2）将Project面板中已经创建的动画控制器拖曳至Animator组件的Controller栏中。

（3）新建脚本AnimatorControllerDemo.cs，打开并编辑如下。

```
using UnityEngine;
public class AnimatorControllerDemo : MonoBehaviour{
    private Animator animator;
    void Awake(){
        animator = this.GetComponent<Animator>();
    }
    void Update(){
        if (Input.GetKeyDown(KeyCode.T)) animator.SetBool("isTranslate", true);
        if (Input.GetKeyDown(KeyCode.R)) animator.SetBool("isTranslate", false);
    }
}
```

（4）将该脚本挂载至Cube对象上，运行游戏，按相应键可以看到Cube对象运动。

6.3 特效粒子系统

粒子系统

6.3.1 粒子系统概述

Unity 3D提供了一套内置的粒子系统（Particle System），一个粒子系统由3个独立的部分组成：粒子发射器、粒子动画器和粒子渲染器。粒子系统是由大量简单的图像或网格呈现出运动状态而实现的，每一个粒子代表一个流体或无定形实体，而众多粒子将共同营造出完整的实物感。粒子系统可以用来创建游戏场景中的火焰、气流、烟雾和大气等环境效果，模拟刀光、光波、爆炸等技能特效，以及没有明确形状实体的液体对象。

可以通过单击"GameObject→Effects→Particle System"的方式创建粒子对象，也可以通过为对象添加Particle System组件的方式添加粒子特效功能。每个粒子都有预设的生命周期、变化效果、发射器类型等属性参数可以调节，同时也可以实现受到力的作用及碰撞等物理效果。

通常多种粒子进行动态混合运用，可以将多种流体效果模拟得栩栩如生。例如，利用稀薄的发射形状使水粒子单纯受重力下落并逐渐加速，即可模拟瀑布；火堆冒出的烟雾往往会上升、扩散并最终消逝，所以系统应为烟雾粒子设置升力，并随时间的推移增大其体积和透明度。

1. 粒子效果控制面板

选中Hierarchy面板中带有粒子系统组件的对象时，Scene面板右下角会显示Particle

Effect控制面板，利用它可以对选中的粒子对象进行控制。粒子效果控制面板属性说明如表6-19所示。

表6-19   粒子效果控制面板属性说明

属性	说明
Playback Speed	用于加快或减慢粒子模拟速度，可以直观地查看在高级状态下的效果
Playback Time	粒子系统播放时间，可能比实时更快或更慢，取决于播放速度
Particle Count	表示系统中当前有多少粒子
Speed Range	粒子运动速度范围

可以通过相应操作了解Scene面板中Particle Effect控制面板的粒子播放状态控制属性，具体操作步骤如下。

（1）单击"GameObject→Effect→Particle System"，创建粒子系统对象。

（2）选中Hierarchy面板的"Particle System"，单击Scene面板中Particle Effect控制面板中的"Pause"按钮，查看粒子播放效果变化。

（3）依此单击"Play""Restart""Stop"按钮，查看粒子播放效果变化。

（4）调节Playback Speed、Playback Time参数，查看粒子效果变化。

2. 粒子系统组件功能模块

粒子系统组件中有众多模块参数，除了默认的粒子属性外，还提供了多种粒子属性控制模块，以在粒子生命周期各个阶段实现效果控制。表6-20中列举了常用到的粒子系统组件功能模块。

表6-20   常用粒子系统组件功能模块说明

功能模块	说明	功能模块	说明
Particle Effect	粒子默认主功能模块	Renderer	粒子图像渲染功能
Emission	粒子发射功能模式	Lights	粒子光照模块
Shape	粒子发射器形状	Collision	粒子碰撞事件功能
Color Over Lifetime	粒子颜色随时间变化而变化	External Forces	粒子受力变化
Color By Speed	粒子颜色随速度变化而变化	Particle System Force Field	粒子所受力场变化
Velocity Over Lifetime	粒子速度随时间变化而变化	Trail Renderer	粒子轨迹渲染器

可以通过以下案例了解粒子系统组件中各功能模块的作用及启用方法，如图6-6、图6-7所示，具体操作步骤如下。

（1）在Hierarchy面板中新建一个对象Particle System并在其Inspector面板上单击"Add Component"按钮，搜索并添加粒子系统组件。

（2）单击Particle System组件中各功能模块，并勾选模块前的复选框进行启用。

（3）单击Particle System组件下的"Open Editor"按钮，打开粒子系统编辑器进行参数调节。

（4）单击"Particle System"右侧的"+"进行展开，并取消勾选Show All Modules复选框，再根据需要添加粒子功能模块。

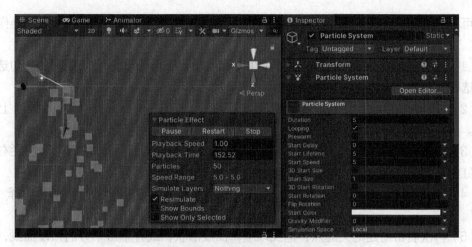

图6-6　粒子系统Scene面板

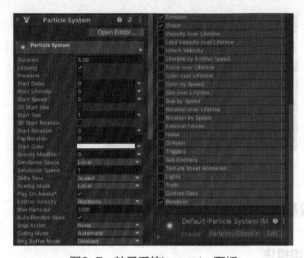

图6-7　粒子系统Inspector面板

3．粒子系统曲线编辑器

粒子系统曲线编辑器（Particle System Curves Editor）可以自定义部分模块中粒子在周期内的效果变化。其参数说明如表6-21所示，用户可以在Open Editor面板右侧或Inspector面板下方进行调节。

表6-21　　　　　　　　　　粒子系统曲线编辑器参数说明

参数	说明	参数	说明
Optimize	曲线多项式计算器	Remove	删除曲线
Loop	循环播放	Ping Pong	连续振荡播放
Clamp	曲线极值限制	Color	关键点的颜色
Gradient	粒子颜色渐变	Random Color	粒子颜色随机
Mode	混合粒子模式	Presets	保存渐变预设
Location	关键点在渐变上的距离	—	—

可以接着上一个案例继续操作了解粒子系统曲线编辑器的使用方法，具体操作步骤如下。

（1）单击展开Particle System组件的Lifetime by Emitter Speed功能模块并勾选前面的复选框。

（2）将Inspector面板下方处于隐藏状态的Particle System Curves面板向上拖曳展开。

（3）单击Lifetime by Emitter Speed功能模块下的Multiplier属性后，属性栏右侧线条变红，且可以在Particle System Curves面板中进行调节。

（4）右击Particle System Curves面板上的线条后，在弹出的菜单中选择"Add Key"。

（5）再次右击新建的关键点，拖曳以编辑曲线形状，或者单击下方的预设曲线，重置粒子变化效果，如图6-8所示。

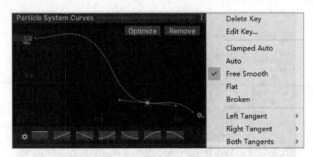

图6-8　粒子系统曲线编辑器面板

6.3.2　粒子特效基础功能

1. 粒子系统通用模块

粒子系统通用模块为固有模块，不可删除或者禁用。该模块定义了粒子初始化时的持续时间、循环方式、发射速度和大小等一系列基本的参数。其属性说明如表6-22所示。

表6-22　粒子系统通用模块属性说明

属性	说明	属性	说明
Duration	持续时间	Looping	是否循环播放
Prewarm	预热时间	Start Delay	延迟发射时间
Start Lifetime	粒子初始生命周期	Start Speed	粒子初始速度
Start Size	粒子初始大小	Start Color	初始颜色
Gravity Modifier	粒子所受重力值	Playon Awake	粒子创建时自动启动
Max Particles	粒子最大数	Simulation Space	粒子运动相对位置

可以通过相应操作了解创建粒子对象的方法，以及默认粒子属性参数效果，具体操作步骤如下。

（1）单击"GameObjec→Effects→Particle System"，创建粒子特效对象。

（2）在Scene面板中按F键对焦，单击右下角Particle Effect面板中的"Play"按钮。

（3）选中Particle System对象，按Ctrl+D组合键进行复制，将副本命名为"Particle System_Once"。

（4）取消Particle System_Once对象Inspector面板下Particle System组件中的"Looping"属性，运行游戏，查看粒子发射效果。

（5）创建多个Particle System对象，分别调节粒子特效组件的相关属性值并运行查看粒子效果，如图6-9所示。

图6-9　粒子系统组件通用属性效果

2. 粒子发射模块

粒子发射（Emission）模块可以控制粒子系统发射粒子的速率和时间。其属性说明如表6-23所示。

表6-23　　　　　　　　　　粒子发射模块属性说明

属性	说明	属性	说明
Rate over Time	单位时间发射粒子数	Rate over Distance	单位距离发射粒子数
Bursts	爆发粒子事件	Time	爆发粒子发射时间
Count	爆发粒子发射数量	Cycles	爆发粒子发射次数
Interval	爆发粒子间隔时间	Probability	爆发粒子事件可能性

可以通过相应操作了解粒子系统组件粒子发射模块中各属性的作用效果，具体操作步骤如下。

（1）新建Particle System粒子对象，展开并启用粒子系统组件的Emission模块。

（2）调节粒子发射时间速率值，观察Scene面板中的粒子发射效果变化。

（3）单击Rate over Time属性栏右侧的下三角按钮，切换曲线编辑模式，再次调节粒子发射速率变化过程。

（4）单击Bursts属性栏下"+"按钮，添加爆发事件，设置Rate over Time值为2，Time值为3.0。

（5）单击Scene面板下Particle Effect控制面板中的"Restart"按钮，如图6-10所示，查看粒子发射效果。

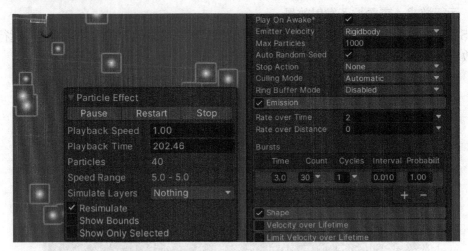

图6-10　粒子系统组件发射属性设置效果

3．粒子发射器形状模块

粒子发射器形状模块用于定义发射粒子的体积区域或表面，以及起始速度的方向。表6-24列举了各种发射器类型，而表6-25列举了可以对发射器形状（Shape）进行设置的各种属性。

表6-24　发射器类型

类型	说明	类型	说明
HemiSphere	半球体发射器	Sphere	球体发射器
Box	盒型发射器	Cone	圆锥体发射器
Circle	圆形发射器	Mesh	自定义网格发射器
Donut	圆环发射器	Edge	线形发射器
Rectangle	矩形发射器	—	—

表6-25　发射器形状属性说明

属性	说明	属性	说明
Radius	发射器半径	Texture	粒子着色纹理
Position	发射偏移位置	Rotation	发射器旋转位置
Scale	发射器尺寸	Angle	发射器角度
Mode	发射器模式（随机/循环/爆发）	Spread	发射器粒子间隙
Speed	发射器绕弧移动速度	Length	发射器长度
Emit from	发射器发射部位	Type	发射位置类型（顶点/边缘）

可以接着上一个案例继续操作，尝试使用不同粒子发射器发射粒子，具体操作步骤如下。

（1）勾选"Shape"复选框，更改Shape类型为Sphere，发现Scene面板中粒子发射器变成蓝色球体，粒子呈现散射状态。

（2）调节Radius、Radius Thickness、Arc等属性观察粒子发射效果变化，如图6-11所示。

（3）尝试更换更多类型的发射器，以及调节相关属性，以实现不同发射效果并了解具体属性的作用。

图6-11　粒子发射器类型效果

4. 粒子颜色变化模块

粒子颜色变化模块（Color over Lifetime/Color by Speed）可以依据粒子生命周期阶段或速度改变其颜色。其属性说明如表6-26所示。例如，强火花、烟花和烟雾等粒子在达到其生命周期终点时燃尽、褪色或消散是很常见的现象；化学反应试剂冷却时，粒子速度变慢、颜色变浅，魔法粒子在速度较快可能会变成彩虹色。

表6-26　　　　　　　　　　粒子颜色变化模块属性说明

属性	说明
Lifetime Color	粒子生命周期的颜色渐变，渐变条表示粒子从开始至结束的颜色变化
Speed Color	在速度范围内定义粒子的颜色渐变
Speed Range	颜色渐变映射到的速度范围的下限和上限

可以通过相应操作掌握粒子颜色效果随着时间或速度变化而变化的功能模块，具体操作步骤如下。

（1）在Hierarchy面板中新建Particle System粒子对象。

（2）勾选粒子对象Particle System组件的"Color over Lifetime"复选框。

（3）单击Color属性右侧颜色栏，弹出Gradient Editor对话框。

（4）单击颜色带，添加颜色卡位，并在Color属性栏中设置颜色，如图6-12所示。

（5）运行游戏，可以看到随着粒子发射出来的时间变化，颜色也随之改变。

（6）同理，勾选"Color by Speed"复选框启用粒子速度相关功能模块，以改变粒子发射速度变化后观察粒子颜色变化。

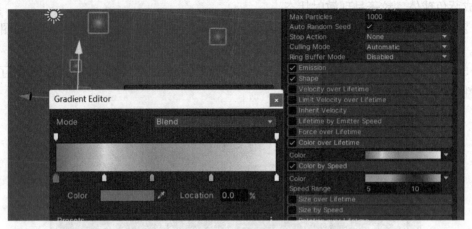

图6-12　粒子系统组件发射粒子颜色设置

5. 粒子渲染器模块

粒子渲染器（Renderer）模块可以更改粒子渲染的图像，即所有粒子可以替换成其他图片或对象实现更加真实的模拟云、火球和液体的体积感，以及创造出多样性的特效。粒子渲染器模块属性说明如表6-27所示。

表6-27　　　　　　　　　　粒子渲染器模块属性说明

属性	说明	属性	说明
Render Mode	渲染模式	Masking	粒子遮罩行为
Material	渲染粒子材质	Receive Shadows	粒子是否接收阴影
Sort Mode/Fudge	粒子渲染顺序/偏差	Cast Shadows	粒子是否产生阴影
Render Alignment	粒子渲染朝向模式		

其中，Render Mode有多种渲染模式，如表6-28所示，允许在多个2D公告牌（2D Billboard）图形模式和网格（Mesh）模式之间进行选择。

表6-28　　　　　　　　　　Render Mode渲染模式说明

渲染模式	说明
Billboard	从各个方向看都是体积大致相同的粒子，且粒子始终朝向摄像机
Horizontal Billboard	在实现粒子覆盖地面或平行地面飞行特效时使用，如地面特效
Vertical Billboard	粒子大小保持一致且每个粒子直立并垂直于 xOz 平面
Stretched Billboard	通过拉伸或挤压技术的方式表现粒子速度感
Normal Direction	创建粒子球形阴影以实现3D粒子视觉效果
Mesh	将粒子替换成3D物体对象，消耗性能较大，例如陨石等物体

可以通过相应操作了解Renderer模块相关功能，具体操作步骤如下。

（1）在Hierarchy面板中新建Particle System粒子对象。
（2）勾选粒子对象Particle System组件的"Renderer"复选框。
（3）更改Renderer模块中的Material属性，为资源提供利用贴图制作的特效材质球，观察Scene面板中粒子图像的变化。
（4）更改Renderer模块下Render Mode为Mesh，设置Mesh为Sphere并设置Material为默认白色小球材质，观察Scene面板中粒子发射对象变化，如图6-13所示。
（5）尝试Renderer模块下的其他属性参数值，了解其功能即可。

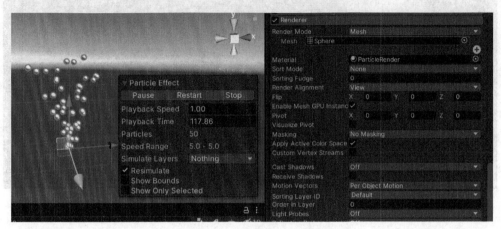

图6-13　Renderer模块效果

6.3.3　粒子特效高级功能

1. 粒子光照模块

粒子光照（Lights）模块可为粒子添加实时光照，其属性说明如表6-29所示。此模块可用于使系统将光照投射到周围环境，例如可用于火、烟花或闪电。此外，还可通过该模块让光照从所附着的粒子继承各种属性，这样可以使粒子效果本身的发光更加逼真。例如，为了实现此目的，可使光照随其粒子淡出并使它们共享相同的颜色。

表6-29　粒子光照模块属性说明

属性	说明	属性	说明
Light	添加光照预制体	Ratio	接受光照的粒子比例
Size Affects Range	范围受粒子大小影响	Alpha Affect Intensity	强度受粒子透明度影响
Maximum Lights	设置可创建最大光照	Use Particle Color	光照颜色受粒子影响

可以通过相应操作实现粒子发出灯光效果，具体操作步骤如下。
（1）将Hierarchy面板上的Directional Light对象删除，并添加两个Plane对象。
（2）在Hierarchy面板上新建Point Light对象并将其拖曳至Project面板中形成灯光预制体对象。
（3）在Hierarchy面板上新建Particle System对象，勾选其Particle System组件中的"Lights"复选框以启用该模块。

（4）将灯光预置体拖曳至Particle System组件Lights模块的Light属性右侧空栏中，设置Lights模块Ratio属性值为0.5，可以看到Scene面板中的粒子对象发出粒子所属颜色光芒，如图6-14所示。

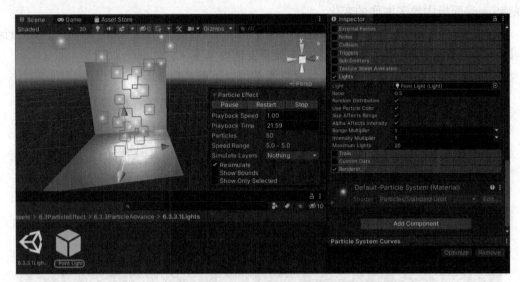

图6-14　粒子光照模块效果

2. 粒子碰撞模块

粒子碰撞（Collision）模块可以实现对粒子与游戏对象的碰撞检测，其属性说明如表6-30所示。例如，模拟火焰与草堆发生碰撞导致草堆被点燃的情况、雨水击打玻璃发出碰撞水声情况等。

表6-30　　　　　　　　　　　　Collision模块属性说明

属性	说明	属性	说明
Type	类型（Planes/World）	Planes	粒子碰撞平面对象
Visualization	碰撞平面是否可视	Scale Plane	可视化平面大小
Dampen	粒子碰撞后损失速度	Bounce	粒子碰撞弹性比例
Lifetime Loss	碰撞后粒子生命损失	Kill Speed	碰撞后粒子速度损失
Collision Quality	粒子碰撞检测精度	Radius Scale	粒子碰撞球体半径
Collider Force	粒子碰撞施加力	Colliders With	粒子碰撞层
Send Collision Messages	运行脚本通过OnParticleCollision函数检测粒子碰撞	—	—

可以通过相应操作实现粒子与场景中的其他对象发生碰撞检测，具体操作步骤如下。

（1）在Hierarchy面板中新建Plane、Cube对象。

（2）在Hierarchy面板中新建Particle System对象，启用Particle System组件的Collision模块，并勾选"Send Collision Messages"复选框。

（3）创建脚本Script_ParticleCollisionDemo.cs，将其挂载至粒子对象上，打开并编辑如下。

```
using UnityEngine;
public class Script_ParticleCollisionDemo: MonoBehaviour{
    private void OnParticleCollision(GameObject other){
        other.gameObject.GetComponent<MeshRenderer>().material.color = Color.red;
    }
}
```

（4）运行游戏，可以看到当发射的粒子碰撞到Cube对象时Cube对象材质球颜色变红，且粒子出现碰撞反射现象；最后碰撞到Plane对象时，Plane对象也变成了红色，如图6-15所示。

图6-15　Collision模块效果

3. 粒子受力模块

粒子受力（External Forces）模块可以使粒子受到作用力的影响，与游戏对象发生力的相互作用，例如花絮随风飘动、瀑布受重力影响向下湍流。粒子受力模块属性说明如表6-31所示。

表6-31　　　　　　　　　　　粒子受力模块属性说明

属性	说明	属性	说明
Multiplier	风区外力比例值	Influence Filter	影响粒子过滤器
List	定义粒子影响列表	Influence Mask	影响粒子层遮罩

可以通过相应操作实现粒子受到风的作用力而摆动，具体操作步骤如下。

（1）在Hierarchy面板中创建Particle System对象，勾选Particle System组件的"External Forces"复选框以启用该功能模块。

（2）在Hierarchy面板中创建一个空对象，单击其Inspector面板的"Add Component"，搜索并添加Wind Zone组件，可以看到Scene面板中的粒子对象随着Wind Zone组件属性值，以及旋转角度的变化而变化，如图6-16所示。

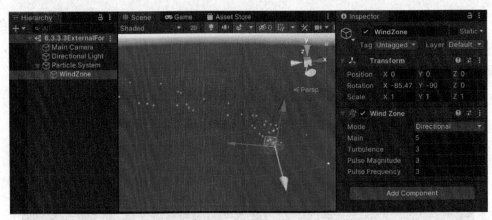

图6-16　粒子受力作用效果

4．粒子系统力场

粒子系统力场（Particle System Force Field）模块可以对粒子施加各种类型的力场作用，其属性说明如表6-32所示。受力粒子对象需要勾选"External Forces"复选框以启用该模块，并指定Layer Mask或特定的Force Field组件。

表6-32　　　　　　　　　　粒子系统力场属性说明

属性	说明	属性	说明
Shape	影响区域形状	Start/End Range	影响范围起点/终点
Direction	对应轴线性力方向	Gravity Strength	粒子对形状内部吸引力
Gravity Focus	值0~1，表示粒子吸引从中心到边缘	Rotaion Speed	粒子围绕涡旋速度，值为0~1
Attraction	粒子拖入涡旋强度从0~1	Drag Strength	粒子阻力效果强度
Field Speed	穿过矢量场粒子速度乘数	Volume Texture	矢量场纹理

可以通过相应操作实现利用Particle System Force Field组件对场景中的粒子对象施加一种特定类型的力，具体操作步骤如下。

（1）在Hierarchy面板中右击并选择"Effects→Particle System Force Field"。

（2）在Hierarchy面板中右击，创建Particle System对象，并勾选"External Forces"复选框。

（3）设置Particle System Force Field组件的Rotation下的Speed为10、Attraction为0.6，可以看到在力场区域内的粒子出现旋转发射的现象，如图6-17所示。

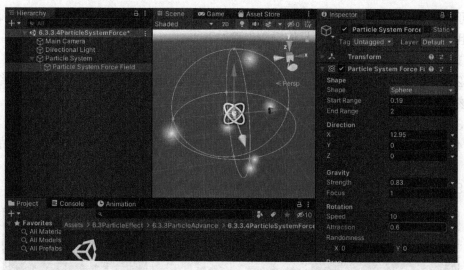

图6-17 粒子系统力场作用效果

5. 轨迹模块

轨迹渲染器（Trail Renderer）用于在场景中移动的游戏对象后面生成轨迹，其属性说明如表6-33所示。使用轨迹（Trails）模块可将轨迹附加到一部分粒子。轨迹模块与轨迹渲染器组件共享许多属性，但提供了将轨迹轻松附加到粒子，以及从粒子继承各种属性的功能。轨迹可用于实现各种效果，如子弹、烟雾和魔法视觉效果。

表6-33 Trail Renderer组件属性说明

属性	说明	属性	说明
Cast Shadows	是否投射阴影	Receive Shadows	是否接收阴影
Motion Vectors	运动矢量类型	Materials	渲染轨迹材质
Lightmap Parameters	轨迹与光照交互	Time	时间长度
Main Vertex Distance	轨迹锚点最小距离	Auto Destruct	空闲 Time 秒后销毁
Width	轨迹曲线宽度变化	Color	轨迹渐变颜色
Alignment	轨迹朝向模式	Texture Mode	轨迹纹理贴图模式

Particle System对象组件中也包含Trails功能模块，可以使粒子具有尾迹效果，其属性说明如表6-34所示。

表6-34 粒子对象Trails模块属性说明

属性	说明	属性	说明
Mode	粒子系统生成轨迹	Sizeaffect Width	轨迹受粒子大小影响
Particle	每个粒子留下轨迹	Sizeaffect Lifetime	轨迹受粒子生命周期影响
Ribbon	依据存活时间连接轨迹	Colorover Trail	通过曲线控制轨迹颜色
Ratio	分配轨迹粒子比例	World Space	轨迹顶点相较粒子运动方式
Lifetime	轨迹中每个顶点生命周期	Width over Trail	通过曲线控制轨迹宽度

可以通过相应操作实现利用Trail Renderer组件为对象添加轨迹效果，以及理解粒子对象组件中的Trails功能模块，具体操作步骤如下。

（1）在Hierarchy面板中创建一个Sphere对象并添加刚体组件。

（2）创建空对象，单击"Add Component"按钮，搜索并添加Trail Renderer组件，并将该组件移动至Sphere对象下成为其子集。

（3）设置Trail Renderer组件相关属性参数如图6-18所示。

（4）在Scene面板中拖动Sphere对象或运行游戏，可以看到小球下落具有彩色的轨迹效果。

（5）尝试为粒子对象添加Trails功能模块实现轨迹效果。

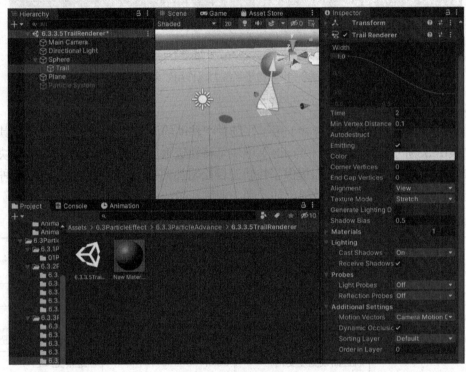

图6-18　轨迹效果

习　题

一、选择题

1. 制作一个三维角色舞蹈的视觉展示系统需要用到的主要是哪一项？（　　）
   A．动画系统　　　　　　　　　B．UI系统
   C．粒子系统　　　　　　　　　D．物理碰撞系统

2. 制作一个火焰燃烧的效果需要用到的系统是哪一项？（　　）
   A．网络系统　　　　　　　　　B．碰撞系统
   C．粒子系统　　　　　　　　　D．输入/输出系统

3. 负责光影、材质和各种视觉效果的3D引擎模块是哪一项？（　　）
   A. 资源管理模块　　　　　　　　B. 游戏系统模块
   C. 渲染模块　　　　　　　　　　D. 事件处理模块
4. Unity引擎中，以下对Mesh Renderer组件描述正确的是哪些？（　　）
   A. Mesh Renderer组件决定了场景中游戏对象的位置、旋转和缩放
   B. 从Mesh Filter组件中获取几何体网格信息并进行渲染
   C. 导入网格资源时，如果网格不带蒙皮，则会创建Mesh Filter及Mesh Renderer
   D. 通过设置，网格可以接受来自光照探针系统的光照和来自反射探针系统的反射
5. 当一个物体在视野内被其他物体遮挡，我们不希望对该物体进行渲染时，可以通过以下哪一个模块实现该功能？（　　）
   A. NavMesh　　　　　　　　　　B. Occlusion Culling
   C. Light Probes　　　　　　　　D. Animation Avatar
6. 以下哪种不属于Unity所定义的Rendering Path？（　　）
   A. Forward Rendering　　　　　　B. Deferred Lighting
   C. Pixel Lit　　　　　　　　　　D. Depth Rendering
7. Unity允许同时使用两种粒子系统，其解决方案是哪两项？（　　）
   A. 内置粒子系统　　　　　　　　B. Visual Effect Graph
   C. Sprite贴图　　　　　　　　　D. Particle Illusion
8. Unity支持的音频格式文件有哪些？（　　）
   A. AIFF　　　B. WAV　　　C. OGG　　　D. MIDI
9. Unity使用Avatar系统来识别布局中的特定动画模型是否为人形，由于不同人形角色之间骨骼结构的相似性，我们可将动画从一个人形角色映射到另一个角色，这体现了以下哪两个特性？（　　）
   A. 重定向　　　　　　　　　　　B. 反向动力学
   C. 正向动力学　　　　　　　　　D. 刚体
10. 关于Animation面板，下列说法正确的是哪些？（　　）
    A. Animation面板用于预览和编辑Unity中已动画化的游戏对象的动画剪辑
    B. 要在Unity中打开Animation面板，请选择"Window→ Animation"
    C. Animation面板显示当前所选游戏对象或动画剪辑资源的动画时间轴和关键帧
    D. Animation面板的时间轴视图有Dopesheet模式和Curves模式两个模式

二、问答题

1. 音频监听器有什么作用？
2. 游戏动画有哪几种？其原理是什么？
3. 动画控制器如何实现动画的切换？
4. 如何利用Animation实现自定义的动画？
5. 粒子系统由哪几个部分组成？

第 7 章

寻路数据库和网络开发技术

7.1 自动寻路技术

7.1.1 自动寻路技术概述

导航（Navigation）是用于实现动态物体自动寻路的一种技术，它将游戏场景中复杂的结构关系简化为带有一定信息的网格，并在这些网格的基础上通过一系列相应的计算来实现自动寻路。本章主要讲解在创建好的三维场景中烘焙导航网格、创建导航代理以实现让角色绕过重重障碍最终到达终点的功能。

以前游戏开发者必须自己打造寻路系统，特别是在基于节点的寻路系统中必须手动地在AI使用的点之间进行导航，因此基于节点系统的寻路非常烦琐。Unity不仅具有导航功能，还使用了导航网格（Navigation Mesh），这比手动放置节点更有效率且更流畅。更重要的是，Unity还可以一键重新计算整个导航网格，彻底摆脱手动修改导航节点。

导航系统允许使用从场景几何体自动创建的导航网格来创建可在游戏世界中智能移动的角色。动态障碍物可以在运行时更改角色的导航，而使用网格外链接可以构建特定动作，如打开门或从窗台跳下。

本部分将深入介绍如何为场景构建导航网格（Nav Mesh）、创建导航网格代理（Nav Mesh Agent）、导航网格障碍物（Nav Mesh Obstacle）和网格外链接（Off-Mesh Link）。

7.1.2 自动寻路技术解析

1. Navation 面板

导航系统可以创建能够在游戏世界中导航的角色，该系统让角色能够理解自身需要走楼梯才能到达二楼或跳过沟渠等。Unity导航网格系统包含导航网格、导航网格代理、导航网格障碍物和网格外链接4个部分。导航网格包含Unity自动构建的文件；导航网格代理用于添加到角色身上，控制角色朝目标移动，避免彼此的角色碰撞；导航网格障碍物用于添加到障碍物身上，角色会绕过障碍物；网格外链接用于允许角色在指定的物体上的网格跳跃。

导航网格

选择"Window→AI→Navigation"命令，可以查看Navigation面板，它有Agents、Areas、Bake和Object这4个选项卡。其中，Agents选项卡如图7-1（a）所示，在该选项卡中可以设置游戏对象在寻路过程中的属性（见表7-1）。Areas选项卡是在给导航区域分类，为不同类型的区域设置不同的消耗值，导航算法会计算出累计起来消耗最低的路径，游戏设计中通过自定义其可行走的难易程度来影响导航路径的选择。Bake选项卡如图7-1（b）所示，它是Navigation面板非常重要的选项卡之一；在该选项卡下可以设置导航代理相关属性，以及烘焙相关属性，属性说明如表7-2所示。在Object选项卡中可以设置游戏对象的属性（见表7-3）；当选取游戏对象后，可以在此选项卡中设置导航相关属性。

表7-1　　　　　　　　　　　　Agents选项卡属性说明

属性	说明	属性	说明
Radius	导航代理半径	Height	导航代理高度
Name	新建代理类型名称	Step Height	每步可越过高度

表7-2　　　　　　　　　　　　Bake选项卡属性说明

属性	说明	属性	说明
Agent Radius	对象半径	Agent Height	对象高度
Max Slope	路径斜坡最大坡度	Step Height	跨步上升最大高度
Drop Height	跨步下落最大高度	Jump Distance	跳跃最大距离
Manual Voxel Size	手动调整烘焙尺寸	Voxel Size	烘焙单元尺寸精度
Min Region Area	最小区域	Height Mesh	地形落差精度近似值

表7-3　　　　　　　　　　　　Object选项卡属性说明

属性	说明
Navigation	勾选后表示该对象参与导航的烘焙
Generate Off Mesh Links	勾选后可在导航网格中跳跃和下落
Navigation Area	导航区域

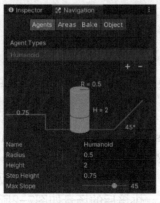
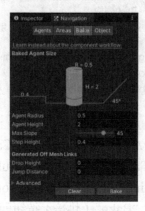

（a）Agents选项卡　　　　　　　　（b）Bake选项卡

图7-1　Navigation面板

2. 导航网格

导航网格是一种数据结构，用于描述游戏世界的可行走表面，并允许在游戏世界中寻找从一个可行走位置到另一个可行走位置的路径。该数据结构是从关卡几何体自动构建或烘焙的。

导航网格的设置方法很简单，在Hierarchy面板下选中场景中除了目标和主角以外的游戏对象，在Inspector面板中单击Static下拉列表，在其中勾选"Navigation Static"即可，其常用函数说明如表7-4所示。

表7-4　　　　　　　　　　　　导航网格常用函数说明

函数	说明	函数	说明
AddLink	添加导航网格链接	AddNavMeshData	添加导航网格数据
GetAreaCost	获取寻路成本	FindClosestEdge	寻找最近导航网格边缘
Raycast	在导航网格两点间检测	RemoveLine	删除导航网格链接
SetAreaCost	设置区域类型寻路成本	SamplePosition	指定范围内最近点

可以通过以下案例完成导航路径的烘焙场景路径设置，并介绍NavMesh类中的Raycast方法，具体操作步骤如下。

（1）在Hierarchy面板中创建多个Plane对象，创建一个红色Cube对象，以及命名为"Capsule1""Capsule2"的两个蓝色胶囊体对象，并将其移动、旋转摆放至如图7-2所示的位置。

（2）勾选所有Plane和Cube对象在Inspector面板上的"Static"属性。

（3）创建NavAllAreas.cs脚本，其代码如下。

```csharp
using UnityEngine;
using UnityEngine.AI;
public class NavAllAreas : MonoBehaviour{
    public Transform target;
    private NavMeshHit hit;
    private bool blocked = false;
    void Update(){
        blocked = NavMesh.Raycast(transform.position,target.position, out hit,NavMesh.AllAreas);
        Debug.DrawLine(transform.position, target.position, blocked ? Color.red : Color.green);
        if (blocked)Debug.DrawRay(hit.position, Vector3.up, Color.red);
    }
}
```

（4）将其NavAllAreas脚本挂载到Capsule1对象上，并在Capsule1对象的NavAllAreas脚本组件的Target栏中填入"Capsule2"。

（5）执行"Window→AI→Navigation"命令打开Navigation面板，选择Bake标签页，单击右下角的"Bake"（烘焙）按钮即可，烘焙后的场景如图7-2所示。

（6）运行游戏，回到Scene面板中，可以看到导航网格烘焙成功。

（7）通过Raycast方法检测到两个Capsule对象之间的射线检测不可通过，使用DrawLine绘制红线。

图7-2 导航网格烘焙效果

3. 导航网格代理

导航网格代理(Nav Mesh Agent)可帮助创建在朝目标移动时能够彼此避开的角色。代理使用导航网格来推断游戏世界,从而知道如何避开彼此及移动的障碍物。

导航代理(Navigation Agent)可以理解为去寻路的主体。在导航网格生成之后,给游戏对象添加了一个导航网格代理组件。只需将NavMeshAgent.destination属性设置为希望代理移动到的点,即可告诉代理开始计算路径。计算完成后,代理将自动沿路径移动,直至到达目标位置。下面的代码实现了一个简单的类,该类使用一个游戏对象来标记在Start函数中分配给destination属性的目标点。注意,该脚本假定已从Editor中添加并配置了导航网格代理组件。

导航网格代理组件可以通过单击"Componet→Navigation→Nav Mesh Agent"添加。寻路和空间推断是使用导航网格代理的脚本API进行处理的,导航网格代理组件的相关属性说明如表7-5～表7-7所示。

表7-5　　　　　　　导航网格代理组件的Steering部分属性说明

属性	说明	属性	说明
Speed	对象最大移动速度	Angular Speed	对象最大角旋转速度
Acceleration	对象最大加速度	Stopping Distance	距离目标的停止距离
Auto Braking	避免越过目标点	Base Offset	高度偏移差

表7-6　　　　　导航网格代理组件的Obstacle Avoidance部分属性说明

属性	说明
Quality	设置躲避障碍物质量,如果为0,则不躲避其他导航代理
Priority	设置自身的导航优先级,范围为0～99,值越小,优先级越高

表7-7　　　　　　　　导航网格代理组件的Path Finding部分属性说明

属性	说明
Auto Traverse Off Mesh Link	设置是否采用默认方式链接路径
Auto Repath	设置当现有路径无效时是否尝试获取一个新的路径
Area Mask	设置可以行走的区域类型

　　Unity文档脚本API中除了导航网格代理组件在Inspector面板中显示的属性外，还有许多常用属性（见表7-8），以及常用且实用的功能方法（见表7-9）。

表7-8　　　　　　　　导航网格代理其他常用属性说明

属性	说明	属性	说明
Agent Type ID	代理类型ID	Area Mask	指定可通过区域
Auto Repath	路径失效是否获取新路径	Destination	获取或设置代理目标
Path	获取或设置路径属性	Velocity	获取或设置速度

表7-9　　　　　　　　导航网格代理常用函数说明

函数	说明	函数	说明
Move	将目标移动到指定位置	Raycast	跟踪路线到达位置
SetPath	为代理分配新路径	ResetPath	重置当前路径
SetDestination	设置或更新目标位置	Warp	将代理移动到指定位置

　　下例展示导航网格代理组件的使用方法和具体属性、方法的应用。接着使用导航网格的案例场景，后续操作步骤如下。

　　（1）选择Capsule1对象，单击Inspector面板中的"Add Component"按钮，搜索并添加导航网格代理组件。设置Capsule1的Navigation下Bake选项卡中Step Height参数小于1，如0.7。因为这里Agent的高度默认为2，所以Step Height小于1，将无法逾越。单击"Bake"按钮进行导航网格烘焙。

　　（2）创建NavMeshAgentDemo.cs脚本，将其挂载到Capsule1对象上，脚本的代码内容如下。

```
using UnityEngine;
using UnityEngine.AI;
public class NavMeshAgentDemo : MonoBehaviour{
    public Transform targetPosition;
    void Update(){
        NavMeshAgent agent = this.GetComponent<NavMeshAgent>();
        agent.destination = targetPosition.position;
    }
}
```

　　（3）在Capsule1对象的Inspector面板上，将NavMeshAgentDemo.cs脚本组件的Target Position栏中的值赋为Capsule2对象。

　　（4）运行游戏，可以看到Capsule1对象移动到中间的红色Cube对象时无法逾越。

　　（5）暂停游戏，打开Navigation面板，Bake在选项卡中设置Step Height属性值大于

1,如1.9,单击"Bake"按钮进行导航网格烘焙。再次运行游戏,可以看到Capsule1对象成功越过红色Cube对象。

(6)选中Capsule1对象,然后自行设置调整导航网格代理组件的Speed属性和Stopping Distance等其他属性值。

(7)在游戏运行状态回到Scene面板中,移动Capsule2对象,查看Capsule1对象跟随移动效果变化,如图7-3所示。

图7-3　Nav Mesh Agent运行效果

4. 导航网格障碍物

导航网格障碍物(Nav Mesh Obstacle)组件用于标识导航网格代理在游戏世界中导航时应避开的移动障碍物,如物理系统控制的木桶或板条箱。当障碍物正在移动时,导航网格代理会尽力避开它;当障碍物静止时,它会在导航网格中钻一个孔。导航网格代理将改变路径以绕过障碍物,或者如果障碍物导致路径被完全阻挡,则寻找其他不同路线。导航网格障碍物的属性说明如表7-10所示。

表7-10　　　　　　　　　　　导航网格障碍物的属性说明

属性	说明	属性	说明
Shape	障碍物类型	Box/Capsule	盒型/胶囊体
Center	障碍物中心	Size	障碍物大小
Radius	胶囊体半径	Height	胶囊体高度
Carve	导航遇障碍物行为,静态障碍物可不勾选,动态障碍物勾选	—	—

下面的案例将展示导航网格障碍物组件的使用方法。接着使用导航网格代理案例场景,具体操作步骤如下。

（1）取消Inspector面板中红色Cube对象的"Static"属性，再次打开Navigation面板，单击"Bake"烘焙场景。

（2）运行游戏，可以看到Capsule1对象穿过Cube对象而到达Capsule2所在的位置。

（3）选择Cube对象，在Inspector面板中单击"Add Component"按钮，搜索并添加导航网格障碍物组件。

（4）再次运行游戏，可以看到Capsule1对象无法通过Cube对象到达目标地点。

（5）在游戏运行状态回到Scene面板中，移动Cube对象后Capsule1对象继续移动到目标地点，如图7-4所示。

图7-4 导航网格障碍物运行效果

5. 网格外链接

网格外链接（Off-Mesh Link）组件允许在无法使用可行走表面时，让游戏角色利用该组件提供的捷径通过，如跳过沟渠、围栏或在通过门之前打开门。可使用场景中的任何游戏对象来容纳网格外链接组件，如围栏预制件可包含网格外链接组件，同样也可使用任何以变换作为开始和结束标记的游戏对象。导航中如果通过网格外链接的路径短于沿导航网格行走的路径，则将使用网格外链接。网格外链接属性说明如表7-11所示。

表7-11 网格外链接属性说明

属性	说明	属性	说明
Start	网格外链接起始位置	End	网格外链接结束位置
Cost Override	网格外链接使用优先级	Bidirectional	是否单向链接
Activated	指定寻路器	Auto Update Position	自动更新链接位置
Navigation Area	导航区域类型	Not-Walkable/Jump	是否可行走/跳跃

以下案例将展示网格外链接组件的使用技巧。接着使用导航网格障碍物案例场景，具体操作步骤如下。

（1）选中"Ground"，单击其Inspector面板中的"Add Component"按钮，搜索并添加网格外链接组件。

（2）将Plane与Plane(4)对象赋值到网格外链接组件的Start和End处。

（3）运行游戏，可以看到Capsule1对象可越过中间空隙到达Capsule2对象位置，如图7-5所示。

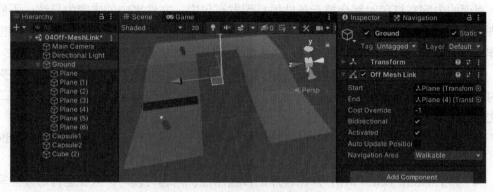

图7-5　网格外链接运行效果

6. 寻路成本与区域遮罩

导航区域Navigation组件的Areas选项卡中支持自定义穿越特定区域的难度，此处提供了29个自定义类型和3个内置类型（Walkable、Not Walkable和Jump）。Walkable是一种可行走的通用区域类型；Not Walkable是一种禁止导航的通用区域类型，如果希望将某个对象标记为障碍物，但不将导航网格置于其上，则可使用该类型；Jump是分配给所有自动生成的网格外链接的区域类型。默认情况下，Walkable成本是1，Jump成本是2。在寻路期间将优先选择成本较低的区域。

Navigation Agent通过寻路成本可以控制寻路器在寻路时优先选择的区域，例如将某个区域的成本设置为2.0，则意味着跨越该区域的行程将是其他替代路线的两倍。寻路算法从距离路径起点最近的节点开始访问连接节点，直至到达目标，Unity计算导航网格上的最短路径。

在Navigation组件的Objects选项卡中，每个导航网格代理都有一个区域遮罩，用于描述代理在导航时可使用的区域，可将区域类型分配给导航网格烘焙中包含的每个对象，而每个网格外链接都有一个属性用于指定区域类型。

区域遮罩在控制只有某些类型的角色才能穿过的某个区域时非常有用，例如在僵尸逃避游戏中，可使用Door区域类型来标记每个门下方的区域，并在僵尸角色的Area Mask中取消Door区域，这样僵尸将不能穿过这个门。

7.2　数据文件存储系统

7.2.1　数据存储概述

1. Unity 中的数据加载

Unity中的资源处理大致分为Resources、Streaming Assets、AssetBundle和Persistent

DataPath这4类。

（1）Resources：Unity的保留文件夹。如果开发人员新建的文件夹的名称为Resources，那么里面的内容在打包时都会被无条件地打到发布包中。文件夹中的内容为只读，不能动态修改；Unity会将文件夹内的资源打包到.asset文件里面，打包时资源会被压缩和加密，这样有利于减小资源包的大小；可使用Resources.Load方法进行资源的读取。

（2）Streaming Assets：同样是Unity的保留文件夹，但Streaming Assets文件夹中的内容则会原封不动地打入包中。Streaming Assets内容也是只读的，主要用来存放二进制文件且用UnityWebRequest读取。

（3）AssetBundle：AssetBundle是把prefab或者二进制文件封装成AssetBundle文件，将在8.3节中介绍。

（4）Persistent DataPath：应用程序的沙盒路径，内容可读写，只在运行时才能写入或者读取；可以从Streaming Assets中读取二进制文件或者从AssetBundle中读取文件来写入Persistent DataPath中；可使用UnityWebRequest读取。

2. XML 和 JSON 文档存储概念

XML是帮助在各种平台之间共享数据的标准语言，通过标签节点来组织数据，具有平台无关且结构好理解的特点。JSON是存储和交换文本信息的语法，通过分隔符将数据分隔开来，比XML更小、更快且更易解析。因此，在数据量不大、用户数量较少且性能要求不高的环境下，可以将XML和JSON当作数据库来使用；而在大多数产品的开发环境中，用户数量大、对数据完整性和性能要求高的场景，XML和JSON无法胜任。表7-12说明了XML和JSON的主要成员。

表7-12　　　　　　　　　　　　XML和JSON的主要成员

类型	主要成员
XML	element、attribute 和 element content
JSON	object、array、string、number、boolean（true/false）和 null

3. 数据库概念

数据库是按照数据结构来组织、存储和管理数据的仓库，是一个长期存储在计算机内、有组织、可共享和统一管理的大量数据的集合，可以通过SQL语句对用户文件中的数据进行新增、查询、更新和删除等操作。

（1）数据库管理系统（Database Management System，DBMS）是为管理数据库而设计的计算机软件系统，一般具有存储、查询、修改、安全保障和备份等基础功能。常用的数据库类型有关系数据库和非关系数据库两种，关系数据库是创建在关系模型基础上的数据库，借助于集合代数等数学概念和方法来处理数据库中的数据，如MySQL、Microsoft SQL Server、Access；非关系数据库是对不同于传统关系数据库的数据库管理系统的统称，其不使用SQL作为查询语言，如MongoDB和BigTable。

（2）结构化查询语言（Structured Query Language，SQL）是一种用于数据库查询和程序设计的语言，可用于存取数据、查询、更新和管理关系数据库系统。SQL语句是用来在数据库中进行新增、删除、更新、查询等操作的语句，专门为数据库而设计，但不同数据库的SQL语句稍有不同。常用的SQL命令及说明如表7-13所示。

表7-13 常用的SQL命令及说明

SQL命令	说明	SQL命令	说明
SELECT	提取数据	UPDATE	更新数据
DELETE	删除数据	INSERT INTO	插入新数据
CREATE DATABASE	创建新数据库	ALTER DATABASE	修改数据库
CREATE TABLE	创建新表	ALTER TABLE	修改表
DROP TABLE	删除表	CREATE INDEX	创建索引
DROP INDEX	删除索引	—	—

4. 数据持久化存储在游戏中的应用

在选择数据库时，最重要的判断因素是区分利用数据库来保存数据还是保存文档。若保存数据，需要的数据库主要是面向数据存储的关系数据库或者面向对象的数据库；若保存文档，则需要一个专门用来存储文件的内容管理系统。

7.2.2 数据加载读取方式

1. 资源加载

Resources类允许查找和访问资源等对象。在某些情况下，通过名称获取资源比在Inspector中链接到资源更为方便。

Resources文件夹是Unity 项目中许多常见问题的来源。Resources文件夹使用不当会使项目构建出现膨胀现象，导致内存占用比例过高，并显著增加应用程序启动时间。某些已加载的资源，特别是纹理，即使在场景中不存在其实例也占用相当多的内存。为了解决这个问题，可以使用Resources.UnloadUnusedAssets函数回收不再需要的资源所占用的内存。

注意，在Unity中不能直接使用I/O操作读取Unity所需要的资源，必须将资源放入名为Resources的文件夹中，Unity允许有多个Resources文件夹且它们可不在根一级目录。由于Unity中的I/O操作对性能有较大影响，建议将这类操作放到初始化或对性能要求不高的地方执行，不要在主逻辑循环中调用Resources.Load等I/O操作函数。Resources数据加载常用静态函数说明如表7-14所示。

表7-14 Resources数据加载常用静态函数说明

静态函数	说明
FindObjectsOfTypeAll	返回所有类型为 type 的对象的列表
Load	加载存储在 Resources 文件夹中的 path 路径指定的资源
LoadAll	加载 Resources 文件夹中 path 路径指定的所有资源
LoadAsync	异步加载存储在 Resources 文件夹中的 path 路径指定的资源
UnloadAsset	从内存中卸载资源
UnloadUnusedAssets	卸载未使用的资源

下面的案例使用Resources.Load读取资源，然后在游戏中使用Instantiate实例化资源。

（1）新建文件夹，并将其命名为"Resources"，Resources是Unity的保留文件夹，里面的内容在打包时都会被无条件地封装到发布包中。

（2）在Hierarchy面板中新建一个Cube对象，将其拖曳至Resources文件夹形成预制体。

（3）新建脚本ResourcesLoadDemo.cs，打开并编辑如下。

```
using UnityEngine;
using System.Collections;
public class ResourcesLoadDemo: MonoBehaviour{
    void Start(){
        // 读取Resources路径下的资源
        GameObject prefab=Resources.Load<GameObject>("Cube");
        GameObject go = Instantiate(prefab, Vector3.zero, Quaternion.identity, null);
    }
}
```

（4）新建一个空游戏对象，将ResourcesLoadDemo脚本挂载到此对象上。运行游戏，游戏自动获取了Resources文件夹中名称为Cube的预制体并在游戏中生成实例化对象，如图7-6所示。

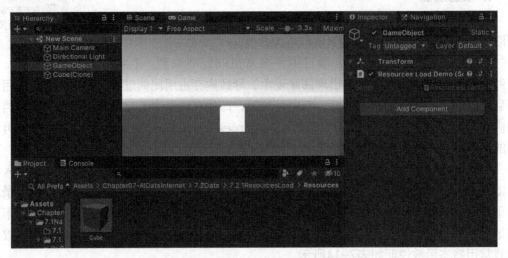

图7-6　Resources动态加载资源文件效果

2. 使用PlayerPrefs类保存与读取

Unity提供了一个用于本地持久化保存与读取的类PlayerPrefs，其函数说明如表7-15所示。Unity 3D中的数据是以键值对的形式存储的，可以看作一个字典，程序可以根据名称取出上次保存的数值。PlayerPrefs类支持浮点型、整型和字符串型3种数据类型的保存和读取，一般使用PlayerPrefs存储轻量级数据，不建议用于需要频繁存储和读取数据的情景。

PlayerPrefs.SetXXX ("key","value") 这个函数中第一个参数表示存储数据的名称，第二个参数表示具体存储的数值，这里"XXX"表示浮点型、整型和字符串型3种数据类型中的一种。value=PlayerPrefs.GetXXX ("key","defaultValue") 这个函数中第一个参数表示待读取数据的名称，第二个参数为默认值，如果通过数据名称没有找到对应的值，就返回默认值，这个值也可以不写。

表7-15　　　　　　　　　　　　　　PlayerPrefs类函数说明

函数	说明	函数	说明
SetInt	保存整型数据	GetInt	读取整型数据
SetFloat	保存浮点型数据	GetFloat	读取浮点型数据
SetString	保存字符串型数据	GetString	读取字符串型数据
DeleteAll	删除所有数据	HasKey	判断是否存在 Key 值

以下案例使用PlayerPrefs类展示游戏中的数据实现永久存储的方法，具体操作步骤如下。

（1）在Hierarchy面板中创建一个Text对象、两个InputField对象和两个Button对象等UI组件，其布局如图7-7所示。

（2）创建C#脚本并将其命名为"PlayerPrefsDemo.cs"，打开并编辑如下。

```csharp
using UnityEngine;
using UnityEngine.UI;
public class PlayerPrefsDemo : MonoBehaviour{
    public int playCounts;
    public float gameVersion;
    public float gameName;
    public Text text_PlayCount;
    void Awake(){
        if (PlayerPrefs.GetInt("PlayCounts", 0) == 0){
            PlayerPrefs.SetInt("PlayCounts", 1);// 第一次登录游戏
        }else{
            PlayerPrefs.SetInt("PlayCounts", PlayerPrefs.GetInt("PlayCounts") + 1);
        }
        text_PlayCount.text = PlayerPrefs.GetInt("PlayCounts").ToString();
    }
    public void SetVersion(InputField inputField){
        PlayerPrefs.SetFloat("GameVersion", float.Parse(inputField.text));
    }
    public void SetName(InputField inputField){
        PlayerPrefs.SetString("GameName", inputField.text);
    }
    public void GetData(){
        Debug.Log("游戏运行次数: " + PlayerPrefs.GetInt("PlayCounts", 1));
        Debug.Log("游戏版本号: " + PlayerPrefs.GetFloat("GameVersion", 1.0f));
        Debug.Log("游戏名字: " + PlayerPrefs.GetString("GameName", "Null"));
    }
    public void ResetData(){
```

```
            PlayerPrefs.DeleteAll();
    }
}
```

（3）将该脚本挂载至Canvas对象上，并将Text对象赋Text_PlayCount栏。

（4）为Hierarchy面板中的Button_GetData对象和Button_Reset对象的Click事件分别绑定GetData和ResetData函数。

（5）运行游戏，在Version栏中输入数字"1"，在GameName栏中输入字符"PlayerPrefs"后按Enter键。

（6）停止游戏，然后重新运行游戏，可以看到运行次数为2。

（7）单击"获取数据"按钮，如图7-7所示，查看Console面板，获取上次传入的数据。

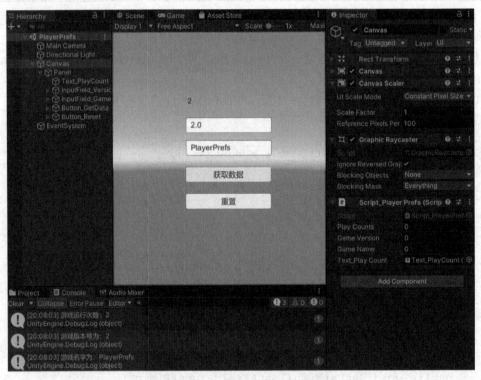

图7-7　PlayerPrefs保存数据效果

3. 使用 TextAsset 类获取文本文件资源

文本文件资源是导入文本文件生成的资源。将文本文件拖放到Project文件夹中时，其将转换为文本资源，Unity支持的文本格式有.txt、.html、.htm、.xml、.bytes、.json、.csv、.yaml和.fnt等。将项目中的原始文本文件当作资源可通过TextAsset类获取其内容。如果要从二进制文件访问数据，可将这种文件作为原始字节数组进行访问，主要读取的文件编码类型须为UTF-8类型，否则会出现中文乱码或者无法显示。

在构建游戏时，利用TextAsset类在将文本从不同的文本文件中添加到游戏中时非常有用，如开发人员可以编写一个简单的.txt文件，Unity很容易就能将该文本添加到游戏中。TextAsset类的属性及说明如表7-16所示。

表7-16　　TextAsset类的属性及说明

属性	说明	属性	说明
bytes	文本资源的原始字节	text	字符串形式的 .txt 文件的文本内容

以下案例实现在Unity中对文本文件资源的访问与获取，具体操作步骤如下。

（1）在Project面板的根目录下创建Resources保留文件夹并右击，在弹出的菜单中选择"Show in Explorer"访问文件夹路径。

（2）在Resources文件夹路径中，创建一个名为MyText.txt的文件，并在文件中输入以下内容。

```
TextAsset 读取普通文本资源
TextAsset text=(TextAsset)Resources.Load("MyText");
```

（3）回到Unity引擎中创建脚本TextAssetDemo.cs，打开并编辑如下。

```
using UnityEngine;
public class TextAssetDemo : MonoBehaviour{
    void Start(){
        TextAsset text=(TextAsset)Resources.Load("MyText");
        Debug.Log(text.text);
    }
}
```

（4）将TextAssetDemo脚本挂载到Main Camera对象上，运行游戏，可以看到Console面板输出了MyText.txt文件中的内容，如图7-8所示。

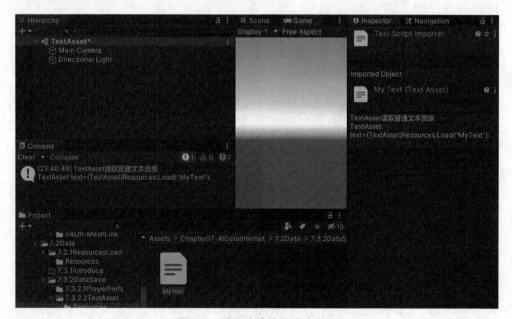

图7-8　读取文本资源内容效果

4. ScriptableObject 数据存储

在Unity中有时会用到一些体量很小的数据，如游戏的一些初始化数据，仅在编辑阶段需要修改，如果用文本文件存储，读取和设置会比较麻烦，而若用数据库存储则游戏程序太庞大和复杂。Unity提供了两种解决方法：一种是将数据存储在预制件里；另一种是利用ScriptableObject将数据存储为资源。

ScriptableObject类是一个可独立于类实例、用来保存大量数据的容器，其主要用途是通过避免重复值来减少项目的内存使用量。例如，在Unity中，每次实例化预制件时都会产生单独的数据副本，这时可以不使用实例化方法且不存储重复数据，而是使用ScriptableObject来存储数据，然后通过所有预制件的引用来访问数据，这样内存中只有一个数据副本。

ScriptableObject派生自基类Unity对象，但与MonoBehaviour类不同，不能将脚本挂载到游戏对象，正确的做法是将它们保存为项目中的资源。ScriptableObjects类使用的主要方式有以下两种。

（1）因为ScriptableObject使用Editor命名空间和Editor脚本可以在编译时和运行时将数据保存到ScriptableObject类。在已部署的构建中，不能使用 ScriptableObject来保存数据，但可以使用在开发期间设置的ScriptableObject来保存数据。

（2）ScriptableObject可以简单地理解为把所有的数据都用变量在一个类中声明，直接实例化这个类即可使用。

下面的例子展示在Unity游戏开发中如何利用ScriptableObject将数据存储为资源。

（1）新建脚本文件并将其命名为"ItemAsset.cs"，其代码如下。

```csharp
using UnityEngine;
[System.Serializable]
public class Item{
    public int id;
    public string name;
    public Color color;
    public Vector3 position;
}
public class ScriptableObjectDemo : ScriptableObject{
    #if UNITY_EDITOR
    [UnityEditor.MenuItem("Learn/ScriptableObject")]
    public static void CreateScriptableObject(){
        var objSet=CreateInstance<ScriptableObjectDemo>();
        string savePath=UnityEditor.EditorUtility.SaveFilePanel(
            "save",
            "Assets/",
            "ItemAsset",
            "asset"
        );
        if(savePath!=""){
            savePath="Assets/"+savePath.Replace(Application.dataPath,"");
            UnityEditor.AssetDatabase.CreateAsset(objSet,savePath);
            UnityEditor.AssetDatabase.SaveAssets();
        }
    }
    #endif
    public Item[] items;
}
```

（2）在脚本中新建一个Item类，并定义一个公开的Item类的数组items。脚本中保存的文件ItemAsset是资源的类型，可以直接调用。

（3）这时菜单中会多出一项，单击"Learn→ScriptableObject"，会提示保存文件的地址。如本例中选择"×××DataSave/ScriptableObject"目录下的Resources路径。

（4）保存文件以后会多出一个资源文件ItemAsset，如图7-9所示。单击文件，在Inspector面板下编辑数据，这里我们增加一个数据项，名称为"testName"，如图7-10所示。

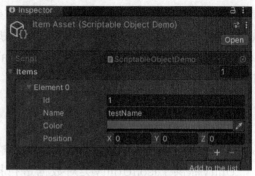

图7-9　生成的ItemAsset资源　　　　图7-10　ItemAsset资源的Inspector面板

有两种方式可以读取存储的数据：一种是通过ScriptObject对象直接读取；另一种是通过读取资源文件的方式读取，其脚本代码如下，运行效果如图7-11所示。

```
using System.Collections;
using System.Collections.Generic;
using UnityEngine;

public class Test : MonoBehaviour
{
    public ScriptableObjectDemo sob;
    // 第1帧更新之前调用 start 函数
    void Start()
    {
        //方法一：直接通过ScriptableObject获取数据
        Debug.Log("方法一："+sob.items[0].id+","+sob.items[0].name);
        //方法二：通过读取资源文件的方式来获取数据
        ScriptableObjectDemo sob2=Resources.Load<ScriptableObjectDemo>("ItemAsset");
        Debug.Log("方法二："+sob2.items[0].id+","+sob2.items[0].name);
    }
}
```

图7-11　获取ScriptObjectDemo对象的数据

7.2.3 数据持久化存储技术

1. JSON 数据持久化

JSON（JavaScript Object Notation）基于 ECMAScript的一个子集，是一种轻量级的数据交换格式，采用完全独立于编程语言的文本格式来存储和表示数据。JSON类似于XML，但比XML更小、更快且更易解析。

JSON的语法是JavaScript对象表示语法的子集。数据在键/值对中，数据由逗号分隔、大括号保存对象、方括号保存数组。对象由大括号标识的、逗号分隔的成员构成，而成员由冒号分隔的字符串键key和值value组成，可以嵌套表示，如{"name": "Zhangsan", "age": 18, "address": {"country" : "China", "zip-code": "510000"}}。更多表示方式如下。

```
//{} 表示类
{Name:Bob,Age:10}
//[] 表示数组
[{Name:Bob,Age:10},{Name:Bob,Age:10}]
```

Unity提供了JsonUtility类对数据进行持久化处理，其函数说明如表7-17所示。要保存的数据类需要使用Serializable属性标记，且对象的字段必须具有序列化器支持的类型，而不受支持的字段及私有字段或使用NonSerialized属性标记的字段会被忽略。

表7-17　　　　　　　　　　　　JsonUtility类函数说明

函数	说明
FromJson	通过 JSON 表示形式创建对象
ToJson	生成对象的公共字段的 JSON 表示形式

经常通过创建一个JSON对象对应的C#类对象来操作JSON对象，如以下案例使用的Teacher类，展示操作JSON文档格式、创建方法和解析方法等内容。

（1）新建脚本文件JsonUtilityDemo.cs，打开并编辑如下。

```csharp
using UnityEngine;
using System;
[Serializable]
public class Teacher{
    public string name;
    public int age;
}
[Serializable]
public class Teachers{
    public Teacher[] teachers;
}
public class JsonUtilityDemo : MonoBehaviour{
    void Start(){
        Teacher t1 = new Teacher();
        t1.name = "Bob";
        t1.age = 35;
        string jsonStr = JsonUtility.ToJson(t1);// 创建JSON字符串
```

```
        Debug.Log(jsonStr);//输出 t1 的 JSON 字符串

        Teacher t2 = new Teacher();
        t2.name = "Lili";
        t2.age = 22;
        Teacher[] teacher = new Teacher[]{t1,t2};//创建 teacher 数组
        Teachers allteachers = new Teachers();//序列化数组
        allteachers.teachers = teacher;
                        // 为新建的 allteachers 中的 teachers 赋值
        string jsonStr2 = JsonUtility.ToJson(allteachers);
        Debug.Log(jsonStr2);
    }
}
```

（2）将该脚本挂载到空对象上，运行游戏，在Console面板中可见以下内容。

```
{"name":"Bob","age":35}
{"teachers":[{"name":"Bob","age":35},{"name":"Lili","age":22}]}
```

（3）继续编写JsonUtilityDemo.cs脚本以实现JSON文件解析功能，在Start函数中添加以下代码。

```
// 解析 JSON 文件
Teacher teacher1 = JsonUtility.FromJson<Teacher>(jsonStr);
Debug.Log(teacher1.name);
Teachers teachers2 = JsonUtility.FromJson<Teachers>(jsonStr2);
Debug.Log(teachers2.teachers[1].name);
```

（4）再次运行游戏，在Console面板可见，脚本输出了解析的JSON数据。

```
Bob
Lili
```

2. XML 数据持久化

可扩展标记语言（eXtensible Markup Language，XML）是一种常用的数据存储方式、标准通用标记语言的子集，是一种用于标记电子文件使其具有结构性的语言。XML可以用于人物信息、装备信息和物品信息等数据的存储和配置。

XML的文档内容是由一系列标签元素组成的，所有XML元素标签都必须正确嵌套且有结束标签。

```
< 元素名 属性名 = 属性值 > 元素内容 </ 元素名 >
```

XML文档中的元素名称可以包含字母、数字或其他字符，但不能以数字或标点符号开始且不能有空格。当需要输入特殊字符时，可使用相对应的转义符进行代替，如表7-18所示。

表7-18　　　　　　　　　　　XML转义字符

符号	描述	转义符	符号	描述	转义符
<	小于号	&lt;	>	大于号	&gt;
	空格		&	与符号	&amp;
"	双引号	&quot;	'	单引号	&apos;

以下案例展示了XML文档格式、创建方法、解析方法等内容，具体操作步骤如下。

（1）创建XmlDemo.cs脚本文件，在脚本文件中创建一个XML文件，其代码如下。

```csharp
using UnityEngine;
using System.Xml;
public class XmlDemo : MonoBehaviour{
    void Start(){
        CreateXML();
    }
    void CreateXML(){
        XmlDocument doc = new XmlDocument();// 创建 XML 文件
        XmlDeclaration dec = doc.CreateXmlDeclaration("1.0","utf-8",
"");// 创建 XML 声明
        doc.AppendChild(dec);
        XmlElement rootEle = doc.CreateElement("root");// 创建 root 节点
        doc.AppendChild(rootEle);

        string[] names = new string[] {"Bob","Liliy"};
        string[] ages = new string[] {"35","22"};
        for (int i = 0; i < names.Length; i++){
            XmlElement teacherEle = doc.CreateElement("teacher");
                                                // 创建 teacher 节点
            rootEle.AppendChild(teacherEle);
            XmlAttribute attribute = doc.CreateAttribute("id");
                                // 新建一个名为 id 的属性
            attribute.Value = i.ToString();// 设置 id 属性值
            teacherEle.Attributes.Append(attribute);
                                // 将 id 属性添加到 teacher 节点中

            XmlElement nameEle = doc.CreateElement("name");
                                // 新建一个名为 name 的节点
            nameEle.InnerText = names[i];   // 设置节点内容为 Bob
            teacherEle.AppendChild(nameEle);// 将该节点添加到 teacher 节点下
            XmlElement ageEle = doc.CreateElement("name");// 同理
            ageEle.InnerText = ages[i];
            teacherEle.AppendChild(ageEle);
        }
        doc.Save(Application.dataPath+"/XML/XmlDemo.xml");
    }
}
```

（2）在项目的Assets文件夹下创建一个XML文件夹，将XmlDemo.cs脚本挂载到场景中新建的空对象上。

（3）运行游戏，按Ctrl+R组合键刷新，可见在项目的Assets目录下，XML文件夹中有一个XmlDemo.xml文件。

（4）双击打开XmlDemo.xml文件，除注释外增加内容如下。

```xml
<?xml version=1.0 encoding=utf-8?><!-- 文件声明 --!>
<root> <!-- 只能有一个根节点 --!>
    <teacher id=1> <!-- 节点属性 --!>
        <name>Bob</name>
```

```xml
        <age>35</age>
    </teacher>
    < teacher id=2>
        <name>Liliy</name>
        <age>22</age>
    </ teacher >
</root>
```

（5）在XmlDemo.cs脚本中添加ParseXML函数解析XML文件的内容，并在Start函数中调用ParseXML函数。

```csharp
void ParseXML(){
    XmlDocument doc = new XmlDocument();// 创建 XML 文件
    doc.Load(Application.dataPath+"/XML/XmlDemo.xml");// 读取 XML 文件
    XmlElement rootEle = doc.LastChild as XmlElement;// 获取根节点

    foreach(XmlElement teacher in rootEle.ChildNodes){
                                        // 遍历获取 teacher 节点
        string id = teacher.GetAttribute("id");// 获取属性值
        string name = teacher.ChildNodes[0].InnerText;
                                        // 获取子节点 name 值
        string age = teacher.ChildNodes[1].InnerText;// 获取子节点 age 值
        Debug.Log(id+" "+name+" "+age);
    }
}
```

（6）运行游戏，可见Console面板中输出了XmlDemo.xml文件中所有teacher节点的信息，如图7-12所示。

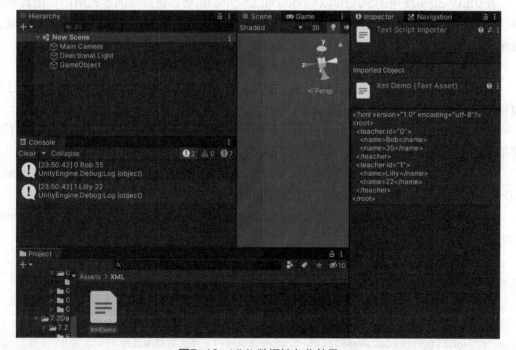

图7-12　XML数据持久化效果

3. SQLite 数据库

SQLite是一款轻量级的数据库，是遵守ACID的关系数据库管理系统，它包含在一个相对小的C库中，实现了自给自足的、无服务器的、零配置的和事务性的 SQL 数据库引擎。不同于常见的客户——服务器范例，SQLite引擎不是一个程序与其通信的独立进程，而是附加到程序中成为程序的一个主要部分，因此主要的通信协议是在编程语言内直接使用API调用的，这样使得SQLite资源消耗较少、时间延迟较短。

SQLite整个数据库（定义、表、索引和数据本身）都在宿主主机上，存储在一个单一的文件中，它在开始一个事务的时候锁定整个数据文件，无须并发控制等且不依赖于任何外部环境。SQLite非常小且无须安装，即使完全配置，其占用内存也小于400KB。SQLite数据库常用命令语句如表7-19所示。

表7-19　　　　　　　　　　　SQLite数据库常用命令语句

命令	说明	命令	说明
Create	创建表	Select	搜索记录
Drop	删除表	Alter	修改表
Insert	插入记录	Update	修改记录
Delete	删除记录	—	—

在Unity 3D中使用的SQLite并不是通常意义上的SQLite.NET，而是经过移植后的Mono.Data.Sqlite。由于Unity 3D是基于Mono的，因此使用移植后的Mono.Data.Sqlite能够避免我们的项目在不同平台上出现的各种各样问题。

在Unity 3D中使用的SQLite以Mono.Data.Sqlite.dll动态链接库的形式给出，因此需要将这个文件放置在项目文件夹下的Plugins文件夹中；此外，需要将System.Data.dll或者Mono.Data.dll这两个文件添加到Plugins文件夹中。

以下案例实现利用SQLite数据库存储Unity中的资源数据，具体操作步骤如下。

（1）在Project面板中新建Pluges文件夹，导入资源提供的SQLite3.dll文件，并且在项目的Assets文件夹下创建一个Data文件夹。

（2）在Unity Hub的安装目录栏中，单击工程项目一行最后的"…"按钮，选择下拉菜单中"在资源管理器中显示"命令，打开Unity编辑器的文件夹。

（3）将Unity编辑器文件夹目录Unity\Editor\Data\MonoBleedingEdge\lib\mono\4.0-api中的System.Data和Mono.Data.Sqlite的DLL文件，导入Pluges文件夹中。

（4）选择"Editor→Project Setting→Player→Other Settings"，设置ApiCompatibility Level为.NET 4x。

（5）新建脚本SqliteDemo.cs并编写脚本如下。

```
using UnityEngine;
using Mono.Data.Sqlite;
using System;
public class SqliteDemo : MonoBehaviour{
    public SqliteConnection connection;// 定义数据库连接
    public SqliteCommand command;// 定义数据库命令
    void Start(){
```

```
        CreateDatabase();
        connection.Open();// 打开新建的数据库
        CreateTable();
        InsertData();
        CountData();
        SearchData();
        connection.Close();// 关闭数据库
    }
```

（6）添加CreateDatabase方法创建数据库，添加内容如下。

```
    void CreateDatabase(){
        string path = "Data Source = "+Application.dataPath+"/Data/data. sqlite";// 路径
        connection = new SqliteConnection(path);// 新建数据库
    }
```

（7）添加CreateTable函数创建表，添加内容如下。

```
    void CreateTable(){
        string sqlStr_CreateTable = "create table User(id integer,name text)";// 创建表的命令
        command = new SqliteCommand(sqlStr_CreateTable,connection);
                                                                // 创建命令
        command.ExecuteNonQuery();// 执行命令不返回数据
        command.Dispose();// 关闭命令操作
    }
```

（8）添加InsertData函数添加数据，添加内容如下。

```
    void InsertData(){
        string sqlStr_InsertData = "insert into User(id,name) values(0,'Bob')";// 添加数据
        command = new SqliteCommand(sqlStr_InsertData,connection);
        command.ExecuteNonQuery();
        string sqlStr_InsertData1 = "insert into User(id,name) values(1,'Lily')";// 添加数据
        command = new SqliteCommand(sqlStr_InsertData1,connection);
        command.ExecuteNonQuery();
        command.Dispose();
    }
```

（9）添加CountData函数查询计算数据，添加内容如下。

```
    void CountData(){
        string sqlStr_SearchData = "select count(*) from User";
                                                // 查询表内数据数量语句
        command = new SqliteCommand(sqlStr_SearchData,connection);
        object obj = command.ExecuteScalar();// 执行命令并返回数据
        Debug.Log(Convert.ToSingle(obj));
        command.Dispose();
    }
```

（10）添加SearchData函数查询输出数据，添加内容如下。

```
    void SearchData(){
```

```
        string sqlStr_SearchAllData = "select * from User";
                                                    // 查询所有数据命令语句
        command = new SqliteCommand(sqlStr_SearchAllData,connection);
        SqliteDataReader reader = command.ExecuteReader();// 读取多行数据
        while(reader.Read()){// 循环输出数据内容
            string name = reader["name"].ToString();// 获取name属性的值
            Debug.Log(name);
        }
        command.Dispose();// 关闭命令操作
        reader.Close();
    }
```

（11）将该脚本挂载到场景中的空对象上，运行游戏，可见Console面板中输出了数据库中插入的数据和所有数据名称。这里有两个人的名字，同时Data文件夹中生成了一个data文件，可将该文件导入DB Browser软件中查看其数据，如图7-13所示。

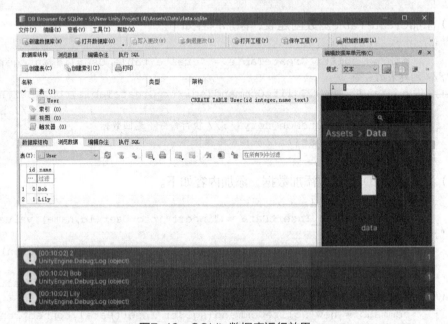

图7-13　SQLite数据库运行效果

7.3　网络开发技术

7.3.1　网络开发技术概述

1. 计算机网络系统概述

计算机网络系统就是利用通信设备和线路，将地理位置不同、功能独立的多个计算机系统互联起来，以功能完善的网络软件实现网络中资源共享和信息传递的系统。

2. 计算机网络体系结构

计算机网络体系结构是指计算机网络层次结构模型，它是各层的协议及层次之间的端口的集合。常见的网络体系为开放系统互连（Open System Interconnect，OSI）七层参考模型，详细内容如表7-20所示。

表7-20　　　　　　　　　　　　　　OSI七层参考模型

网络体系层级	层级说明
物理（Physical，PH）层	传递信息需要利用一些物理传输媒体，如双绞线、同轴电缆、光纤等。数据还未组织，将原始的比特流提交给数据链路层
数据链路（Data-link，D）层	数据链路层负责在两个相邻节点之间的链路上实现无差错的数据帧传输，实现帧的同步、差错控制、寻址、帧内定界等功能
网络（Network，N）层	计算机在网络中通信时可能要经过多节点链路，或经过几个通信子网，选择一条合适的路径，使分组正确交付到目标主机的传输层
传输（Transport，T）层	通过通信子网的特性利用网络资源，并以可靠与经济的方式在两个端系统的会话层之间建立一条连接通道，以透明地传输报文
会话（Session，S）层	不参与具体的传输，它提供包括访问验证和会话管理在内的服务，建立以及维护应用之间的通信机制，实现如服务器验证用户登录等功能
表示（Presentation，P）层	主要解决用户信息的语法表示问题。提供格式化的表示和数据转换服务，进行数据的压缩和解压缩、加密和解密等工作
应用（Application，A）层	确定进程之间通信的性质以满足用户的需求，以及提供网络与用户软件之间的接口服务

3. 计算机网络协议

网络协议是为计算机网络中进行数据交换而建立的规则、标准或约定的集合，不同的计算机之间必须使用相同的网络协议才能进行通信。本章主要介绍常用的网络通信协议TCP、UDP和HTTP。TCP与UDP的差别如表7-21所示。

表7-21　　　　　　　　　　　　　　TCP与UDP的差别

比较项	网络通信协议	
	TCP	UDP
连接方式	面向对象连接	无连接
可靠性	可靠	不可靠
通信方式	一对一	一对一、一对多、多对多等
传输方式	字节流	报文
通信通道	全双工可靠信道	不可靠信道
适用场景	文件传输	实时通信，多人聊天系统

网络体系模型中各层级所采用的网络协议如图7-14所示。

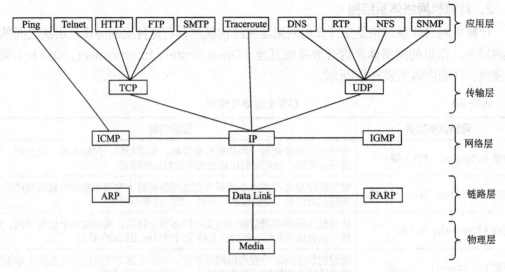

图7-14 不同层级所采用的网络协议

7.3.2 TCP-Socket

传输控制协议（Transmission Control Protocol，TCP）是OSI七层参考模型中一种无连接的传输层协议，提供面向连接的、可靠的、基于字节流的、传输层的通信服务。面向连接的协议在数据传输前必须建立连接，一旦连接建立，双方可以按统一的格式，快速、可靠地传输大量数据。

TCP连接建立过程（三次握手）：首先客户端发送连接请求SYN报文，其次服务端接收连接后回复ACK报文，并为这次连接分配资源，最后客户端接收到ACK报文后也向服务端发送ACK报文，并分配资源，这样TCP连接就建立了。TCP三次握手协议流程如图7-15所示。

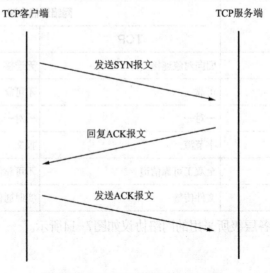

图7-15 TCP三次握手协议流程

1. 服务端

在Unity中，可以采用C#的Socket类（命名空间System.Net.Sockets）进行网络通信。TCP服务端通信的一般步骤：首先，创建一个绑定了端口号的TcpListener对象；接着使用TcpListener的Start函数开始侦听；其次，使用TcpListener的AcceptTcp ClientAsync函数等待客户端的连接信号，一旦有客户端连接，服务端会得到一个TcpClient对象；然后，保持连接的过程中服务端使用TcpClient的GetStream函数接收客户端发送过来的数据，使用TcpClient的SendMessage函数向客户端发送数据；最后，使用TcpClient的Close函数和TcpListener的Stop函数关闭网络连接和监听。具体操作步骤如下。

TCPServer

（1）新建服务端脚本TcpServerDemo.cs，打开并编辑如下。

```
using UnityEngine;
using System;
using System.Net.Sockets;
using System.Text;
public class TcpServerDemo : MonoBehaviour{
    string txt;
    TcpListener tcpListener;
    TcpClient tcpClient;
    void Update(){
        if (Input.GetKeyDown(KeyCode.A))InitServer();
        if (Input.GetKeyDown(KeyCode.S))SendServer("客户端向服务端发送了消息");
    }
}
```

（2）完善TcpServerDemo脚本，添加InitServer函数初始化服务端，同时启用实时接收客户端发送的消息线程，代码如下。

```
    void InitServer(){
        tcpListener = TcpListener.Create(7788);
        tcpListener.Start(500);
        txt += "\n成功启动服务端!";
        ConnectClient();
    }
    private async void ConnectClient(){
        try{
            tcpClient = await tcpListener.AcceptTcpClientAsync();
            txt += "\n客户端已连接:" + tcpClient.Client.RemoteEndPoint;
            ReceiveServer();
        }
        catch (Exception error){
            Console.WriteLine(error);
            tcpListener.Stop();//停止服务端的工作
        }
    }
```

（3）完善TcpServerDemo脚本，编写接收客户端消息的函数，代码如下。

```
    private async void ReceiveServer(){
        while (tcpClient.Connected){
```

```
            try{
             byte[] buffer = new byte[4096];
             int length=await tcpClient.GetStream().ReadAsync(buffer, 0, buffer.Length);
             txt += "\n" + Encoding.UTF8.GetString(buffer, 0, length);
            }
            catch (Exception error){
                Console.WriteLine(error.Message);
                tcpClient.Close();
            }
        }
    }
}
```

（4）完善TcpServerDemo脚本，实现服务端向客户端发送消息，代码如下。

```
    public async void SendServer(string str){
        byte[] data = Encoding.UTF8.GetBytes(str);
        if (tcpClient.Connected){
            try{
                await tcpClient.GetStream().WriteAsync(data, 0, data.Length);
                txt += "\n发送成功！";
            }
            catch (Exception error){
                tcpClient.Close();
                Console.WriteLine(error.Message);
            }
        }
    }
```

（5）完善TcpServerDemo脚本，实现停止服务端工作的函数，代码如下。

```
    void QuitServer(){
        tcpClient.Close();
        tcpListener.Stop();
    }
```

（6）完善TcpServerDemo脚本，在屏幕上显示消息发送过程，代码如下。

```
    void OnGUI(){
        GUI.Label(new Rect(50, 50, 300, 300), txt);
    }
```

（7）完成TcpServerDemo脚本编写后，将该脚本挂载到空对象上并打包程序。

（8）通过单击"File→Build Settings"，打开Build Settings面板，单击"Add Open Scenes"命令添加当前场景。

（9）在Build Settings面板中单击"Player Settings"按钮，单击"Resolution and Presentation→Resolution→ Full screen Mode"，在下拉菜单中选择"Windowed"。回到Build Settings面板中单击"Build"按钮打包程序。

2. 客户端

TCP客户端通信的一般步骤：首先，创建一个TcpClient对象；然后使用TcpClient的ConnectAsync函数连接指定的服务器地址和端口号；其次，使用TcpClient的GetStream函数得到一个NetworkStream对象；然后，使用NetworkStream的ReadAsync函数来获取服务端发送的消息，使用WriteAsync函数向服务端发送消息；最后，使用NetworkStream的Close函数与TcpClient的Close函数关闭网络数据流和网络连接。具体操作步骤如下。

（1）新建客户端脚本TcpClientDemo.cs，打开并编辑如下。

```csharp
using UnityEngine;
using System.Net.Sockets;
using System;
using System.Text;
public class TcpClientDemo : MonoBehaviour{
    TcpClient client;
    string txt;
    void Update(){
        if (Input.GetKeyDown(KeyCode.A))InitClient();
        if (Input.GetKeyDown(KeyCode.S))SendClient("客户端向服务端发送了消息");
        if(Input.GetKeyDown(KeyCode.D))QuitClient();
    }
```

（2）完善TcpClientDemo脚本，添加InitClient函数，实时监听是否存在客户端连接并启用实时接收服务端发送消息的线程，代码如下。

```csharp
    void InitClient(){
        client = new TcpClient();
        ConnectServer();
    }
    async void ConnectServer(){
        try{
            await client.ConnectAsync("127.0.0.1", 7788);
            txt += "\n连接成功";
            ReceiveClient();
        }
        catch (Exception error){
            txt+=error;
        }
    }
```

（3）完善TcpClientDemo脚本，编写接收服务端线程消息的实现函数，代码如下。

```csharp
    private async void ReceiveClient(){
        while (client.Connected){
            try{
                byte[] buffer = new byte[4096];
                int length=await client.GetStream().ReadAsync(buffer, 0, buffer.Length);
                txt += "\n" + Encoding.UTF8.GetString(buffer, 0, length);
            }
            catch (Exception error){
                txt+=error.Message;
                client.Close();
            }
        }
    }
```

（4）完善TcpClientDemo脚本，实现客户端向服务端发送消息，代码如下。

```
public async void SendClient(string str){
    byte[] data = Encoding.UTF8.GetBytes(str);
    if (client.Connected){
        try{
            await client.GetStream().WriteAsync(data, 0, data.Length);
            txt += "\n发送成功！";
        }
        catch (Exception error){
            client.Close();
            txt+=error.Message;
        }
    }
}
```

（5）完善TcpClientDemo脚本，实现停止客户端工作的函数，代码如下。

```
void QuitClient(){
    client.Close();
}
```

（6）完善TcpClientDemo脚本，在屏幕上显示服务端发送消息的过程，代码如下。

```
void OnGUI(){
    GUI.Label(new Rect(50,50,300,300), txt);
}
```

（7）完成TcpClientDemo脚本编写，将该脚本挂载到空对象上并打包程序。

（8）选择"File→Build Settings"，打开Build Settings面板，单击"Add Open Scenes"命令添加当前场景。

（9）在Build Settings面板中单击"Player Settings"按钮，单击"Resolution and Presentation→Resolution→Full screen Mode"，在下拉菜单中选择"Windowed"。回到Build Settings面板中单击"Build"按钮，打包程序。

3. 运行测试优化

运行测试优化步骤如下。

（1）分别运行服务端打包应用和客户端打包应用。

（2）在服务端应用窗口按A键，窗口显示服务端启用，等待客户端连接。

（3）在客户端应用窗口按A键，窗口显示连接服务端，并输出端口地址。

（4）在服务端应用窗口按S键，窗口显示服务端向客户端发送本条消息，并且在客户端窗口同时显示收到服务端发来的消息。

（5）在客户端应用窗口按S键，窗口显示客户端向服务端发送本条消息，并且在服务端窗口同时显示收到客户端发来的消息，如图7-16所示。

（6）分别在客户端窗口和服务端窗口按D键，断开连接和关闭服务端。

图7-16 TCP-Socket网络通信效果

7.3.3 UDP-Socket

用户数据报协议（User Datagram Protocol，UDP）是OSI七层参考模型中一种无连接的传输层协议，提供面向事务的简单、不可靠信息传送服务。每个数据报中都给出了完整的地址信息，因此无须建立客户端和服务端的连接，通信时无须服务端确认，属于不可靠的传输，会丢包。UDP网络通信流程如图7-17所示。

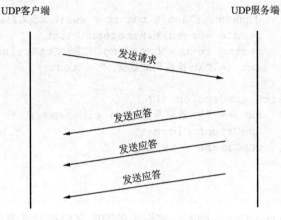

图7-17　UDP网络通信流程

1. 服务端

UDP服务端通信的一般步骤：首先，创建一个绑定了端口号的UdpClient对象；其次，使用UdpClient的ReceiveAsync函数接收客户端发送过来的数据，使用UdpClient的SendAsync函数向客户端发送数据；然后，使用UdpClient的Close函数停止服务端工作。具体操作步骤如下。

（1）新建服务端脚本UDPServerDemo.cs，编写代码如下。

```
using UnityEngine;
using System;
using System.Net;
using System.Net.Sockets;
using System.Text;
public class UDPServerDemo : MonoBehaviour{
    UdpClient udpClient;
    IPEndPoint remote;
    string txt;
    public void Update(){
        if(Input.GetKeyDown(KeyCode.A))InitServer();
        if(Input.GetKeyDown(KeyCode.S))Send("服务端向客户端发送消息");
        if(Input.GetKeyDown(KeyCode.D))QuitServer();
    }
}
```

（2）完善UDPServerDemo脚本，添加InitServer函数初始化服务端并启用实时接收客户端发送的消息的线程，代码如下。

```
    public void InitServer(){
```

```
        udpClient = new UdpClient(8899);
        txt += "\n服务端启动";
        Receive();
    }
```

（3）完善UDPServerDemo脚本，编写接收客户端线程消息的函数，代码如下。

```
    private async void Receive(){
        while (udpClient != null){
            try{
                UdpReceiveResult result = await udpClient.ReceiveAsync();
                remote = result.RemoteEndPoint;
                string text = Encoding.UTF8.GetString(result.Buffer);
                txt += "\n接收到的数据:" + text;
            }
            catch (Exception e){
                txt += "\n接收异常:" + e.Message;
                udpClient.Close();
                udpClient = null;
            }
        }
    }
```

（4）完善UDPServerDemo脚本，实现服务端向客户端发送消息，代码如下。

```
    public async void Send(string str){
        byte[] data=Encoding.UTF8.GetBytes(str);
        if (udpClient != null){
            try{
                int length = await udpClient.SendAsync(data, data.Length, remote);
                if (length == data.Length){
                    txt += "\n完整地发送了数据";
                }
            }
            catch (Exception e){
                txt += "\n发送异常:" + e.Message;
                udpClient.Close();
                udpClient = null;
            }
        }
        else{
            udpClient.Close();
            udpClient = null;
        }
    }
```

（5）完善UDPServerDemo脚本，实现停止服务端工作的函数，代码如下。

```
    void QuitServer(){
        udpClient.Close();
    }
```

（6）完善UDPServerDemo脚本，在屏幕上显示消息发送过程，代码如下。

```
    void OnGUI(){
```

```
            GUI.Label(new Rect(50, 50, 300, 300), txt);
    }
```

(7)完成UDPServerDemo服务端脚本编写,将该脚本挂载到空对象上并打包程序。

(8)选择"File→Build Settings",打开Build Settings面板,单击"Add Open Scenes"命令,添加当前场景。

(9)在Build Settings面板中单击"Player Settings"按钮,单击"Resolution and Presentation→Resolution→Full screen Mode",在下拉菜单中选择"Windowed"。回到Build Settings面板中单击"Build"按钮,打包程序。

2. 客户端

UDP客户端通信的一般步骤:首先,创建一个UdpClient对象;其次,使用UdpClient的ReceiveAsync函数接收服务端发送过来的数据,使用UdpClient的SendAsync函数向服务端发送数据,这里需要指定服务端的地址和端口;然后,使用UdpClient的Close函数停止客户端工作。具体操作步骤如下。

(1)新建客户端脚本UDPClientDemo.cs,打开并编辑如下。

```
using System;
using System.Net.Sockets;
using System.Text;
using UnityEngine;
public class UDPClientDemo : MonoBehaviour{
    string txt;
    UdpClient udpClient;
    public void Update(){
        if(Input.GetKeyDown(KeyCode.A)) InitClient();
        if(Input.GetKeyDown(KeyCode.S)) Send("客户端向服务端发送消息");
        if(Input.GetKeyDown(KeyCode.D)) QuitClient();
    }
}
```

(2)完善UDPClientDemo脚本,添加InitClient函数实时监听是否存在客户端连接并启用实时接收服务端发送的消息的线程,代码如下。

```
    public void InitClient(){
        udpClient = new UdpClient(0);
        txt += "\nUDP 客户端启用 ";
        Receive();
    }
```

(3)完善UDPClientDemo脚本,编写接收服务端消息的函数,代码如下。

```
    public async void Receive(){
        while (udpClient != null){
            try{
                UdpReceiveResult result = await udpClient.ReceiveAsync();
                txt += "\n"+Encoding.UTF8.GetString(result.Buffer);
            }
            catch (Exception e){
                txt += "\n"+e.Message;
```

（4）完善UDPClientDemo脚本，实现客户端向服务端发送消息，代码如下。

```
public async void Send(string str){
    byte[] data=Encoding.UTF8.GetBytes(str);
    if (udpClient != null){
        try{
            int length = await udpClient.SendAsync(data, data.Length, "127.0.0.1", 8899);
            if (data.Length == length){
                txt += "\n 完整地发送!";
            }
        }
        catch (Exception error){
            txt += "\n"+error.Message;
            udpClient.Close();
        }
    }
    else{
        udpClient.Close();
        udpClient = null;
    }
}
```

（5）完善UDPClientDemo脚本，实现停止客户端工作的函数，代码如下。

```
void QuitClient(){
    udpClient.Close();
}
```

（6）完善UDPClientDemo脚本，在屏幕上显示服务端发送消息的过程，代码如下。

```
void OnGUI(){
    GUI.Label(new Rect(50,50,300,300), txt);
}
```

（7）完成UDPClientDemo脚本编写，将该脚本挂载到空对象上并打包程序。

（8）选择"File→Build Settings"，打开Build Settings面板，单击"Add Open Scenes"命令，添加当前场景。

（9）在Build Settings面板中，单击"Player Settings"按钮，单击"Resolution and Presentation→ Resolution→ Full screen Mode"，在下拉菜单中选择"Windowed"。回到Build Settings面板中单击"Build"按钮，打包程序。

3. 运行测试优化

运行测试优化步骤如下。

（1）分别运行服务端打包应用和客户端打包应用。

（2）在服务端应用窗口按A键，窗口显示服务端启用，等待客户端连接。

（3）在客户端应用窗口按A键，窗口显示连接服务端，并输出端口地址。

（4）需要先在客户端应用窗口按S键，窗口显示客户端向服务端发送本条消息，并且在服务端窗口同时显示收到客户端发来的消息。

（5）在服务端应用窗口按S键，窗口显示服务端向客户端发送本条消息，并且在客户端窗口同时显示收到服务端发来的消息，如图7-18所示。

（6）分别在客户端窗口和服务端窗口按D键断开连接和关闭服务端。

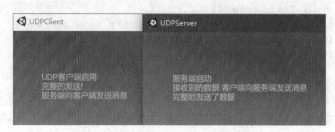

图7-18　UDP-Socket通信效果

7.3.4　HTTP

超文本传送协议（HyperText Transfer Protocol，HTTP）是互联网上应用最为广泛的一种网络协议，传输过程如下。

（1）客户端浏览器通过DNS解析（URL转换为IP地址）到www.baidu.com的IP地址，通过这个IP地址找到客户端到服务端的路径。客户端浏览器发起一个HTTP会话到该IP地址，然后通过TCP封装数据包，输入传输层。

（2）在客户端传输层，把HTTP会话请求分成报文段，添加源端口和目的端口，如服务端使用80端口监听客户端的请求，客户端由系统随机选择一个端口（如5000）与服务端进行交换，服务端把相应的请求返回给客户端的5000端口，然后使用网络层的IP地址查找目的端。

（3）客户端的网络层通过查找路由表确定如何到达服务端，其间可能经过多个路由器。

（4）数据包通过客户端的网络接口层发送到路由器，通过ARP查找给定IP地址的MAC地址，然后发送IP数据包到达服务端的地址。

HTTP的特点是简单、快速、灵活且容错率高，但传输速度慢、服务端性能压力大且安全性不高。

1. 服务端脚本开发

（1）新建服务端脚本HTTPServer.cs，打开并编辑如下。

```
using UnityEngine;
using System.IO;
using System.Net;
using System.Text;
using System.Web;
public class HTTPServer : MonoBehaviour{
    string page = "http://localhost:8080/";
    HttpListener httpListener;
```

```
        string txt;
        void Update(){
            if(Input.GetKeyDown(KeyCode.A))InitServer();
        }
}
```

（2）完善HTTPServer脚本，添加InitServer函数初始化服务端并启用实时接收客户端发送的消息的线程，代码如下。

```
        public void InitServer(){
            httpListener = new HttpListener();
            httpListener.Prefixes.Add(page);// 开始监听
            httpListener.Start();
            txt += "\n服务端启动成功，正在接收客户端的请求！";
            HandleGet();
        }
```

（3）完善HTTPServer脚本，编写接收客户端线程请求的函数，代码如下。

```
        async void HandleGet(){
            HttpListenerContext context = await httpListener.GetContextAsync();
            // 将数据添加在URL中进行传输使用 UrlDecode 解码
            string text = HttpUtility.UrlDecode(context.Request.RawUrl);
            txt += "\n请求的内容:" + text;
            Stream stream = context.Response.OutputStream;
            txt += "\n收到客户端请求";
            byte[] data = Encoding.UTF8.GetBytes("服务端已收到");
            await stream.WriteAsync(data, 0, data.Length);
            stream.Close();// 返回数据并关闭
            HandleGet();// 等待下一次的请求
        }
```

（4）完善HTTPServer脚本，在屏幕上显示请求过程，代码如下。

```
        void OnGUI(){
            GUI.Label(new Rect(50, 50, 300, 300), txt);
        }
```

（5）完成HTTPServer脚本编写，将该脚本挂载到空对象上并打包程序。

（6）选择"File→Build Settings"，打开Build Settings面板，单击"Add Open Scenes"命令，添加当前场景。

（7）在Build Settings面板中单击"Player Settings"按钮，单击"Resolution and Presentation→Resolution→ Full screen Mode"，在下拉菜单中选择"Windowed"。回到Build Settings面板中单击"Build"按钮，打包程序。

2. 客户端脚本开发

客户端脚本开发步骤如下。

（1）新建客户端脚本HTTPClient.cs，打开并编辑如下。

```
using UnityEngine;
using System.Net.Http;
public class HTTPClient : MonoBehaviour{
    HttpClient client;
    string txt;
    void Update(){
```

```
        if (Input.GetKeyDown(KeyCode.A)) InitClient();
        if (Input.GetKeyDown(KeyCode.S)) Get("客户端向服务端发送请求");
    }
}
```

（2）完善HTTPClient脚本，添加InitClient函数实时监听是否存在客户端连接并启用实时接收服务端发送的消息的线程，代码如下。

```
void InitClient(){
    client = new HttpClient();
    txt += "\n 客户端启动 ";
}
```

（3）完善HTTPClient脚本，实现客户端向服务端发送请求，代码如下。

```
public async void Get(string data){// 发起明文请求
    string page = "http://localhost:8080/";
    HttpResponseMessage response = await client.GetAsync(page + data);
    txt += "\n 客户端发起的请求 :" + data;
    string text = await response.Content.ReadAsStringAsync();
                                // 接收服务端发回的消息
    txt += "\n 响应内容 :" + text;
}
```

（4）完善HTTPClient脚本，在屏幕上显示服务端发送消息的过程，代码如下。

```
void OnGUI(){
    GUI.Label(new Rect(50,50,300,300), txt);
}
```

（5）完成HTTPClient脚本编写，将该脚本挂载到空对象上并打包程序。

（6）选择"File→Build Settings"，打开Build Settings面板，单击"Add Open Scenes"命令添加当前场景。

（7）在Build Settings面板中单击"Player Settings"按钮，单击"Resolution and Presentation→ Resolution→ Full screen Mode"，在下拉菜单中选择"Windowed"。回到Build Settings面板中单击"Build"按钮，打包程序。

3．运行测试优化

运行测试优化步骤如下。

（1）分别运行服务端打包应用和客户端打包应用。

（2）在服务端应用窗口按A键，窗口显示服务端启用，等待客户端连接。

（3）在客户端应用窗口按A键，窗口显示连接服务端，并输出端口地址。

（4）需要先在客户端应用窗口按S键，窗口显示客户端向服务端发送本条消息，并且在服务端窗口同时显示收到客户端发来的消息，如图7-19所示。

图7-19　HTTP网络通信效果

习　题

一、选择题

1. Unity 导航网格（Nav Mesh）系统包含以下哪些部分？（　　）
   A. Navigation Mesh　　　　　　　B. Nav Mesh Agent
   C. Off-Mesh Link　　　　　　　　D. Nav Mesh Obstacle

2. 下面说法中，错误的是哪些？（　　）
   A. 通过单击"Window→AI→Navigation"可以打开Navigation面板
   B. 导航网格表面（Nav Mesh Surface）组件表示特定导航网格代理（Nav Mesh Agent）类型的可行走区域，并定义应构建导航网格的场景部分
   C. 导航网格修改器（Nav Mesh Modifier）可在运行时调整特定游戏对象在导航网格烘焙期间的行为方式
   D. 导航网格修改器是在Unity标准安装过程中已经安装好的

3. Unity中资源文件夹大致分为哪些类？（　　）
   A. Resources　　　　　　　　　　B. Streaming Assets
   C. PersistentDataPath　　　　　　　D. AssetBundle

4. 关于多人游戏网络系统，下列说法正确的是哪些？（　　）
   A. Unity的联网系统集成在引擎和Editor中，因此便于使用组件和视觉辅助工具来构建多人游戏
   B. 除了Unity联网系统外，Unity还提供了多玩家和联网解决方案（MLAPI）
   C. Network Manager 负责管理多人游戏的网络方面
   D. 同一时间在场景中可以激活多个Network Manager

5. 关于Unity资源管理，下列说法正确的是哪些？（　　）
   A. 资源可能来自Unity外部创建的文件，例如3D模型、音频文件、图像
   B. 若要将在Unity外部创建的资源导入Unity项目，可以将文件直接导出到项目下的Assets文件夹中或将其复制到该文件夹中
   C. 使用Scripted Importer及C#可以为Unity本身不支持的文件格式编写自定义资源导入器
   D. 在Unity编辑器中可以创建一些资源类型，如ProBuilder网格（ProBuilder Mesh）、动画控制器（Animator Controller）、音频混合器（Audio Mixer）或渲染纹理（Render Texture）

二、问答题

1. 自动寻路技术有什么作用？
2. ScriptableObject类的作用是什么？
3. 文件夹Assets、Editor、Gizmos、Resources、Assets、Streaming Assets中各自存放哪些内容的资源？
4. JSON数据持久化和XML数据持久化有什么不同？
5. TCP的三次握手协议流程是什么？

第 8 章 增强现实、虚拟现实、热更新技术和项目打包系统

8.1 增强现实技术

8.1.1 增强现实概述

增强现实技术（Augmented Reality，AR）也称混合现实，它是指通过数字媒体技术在现实世界中融合虚拟对象，并且可以与其交互的三维空间叠加技术。增强现实技术可以在现实环境的基础上叠加各种多媒体信息，利用摄像机屏幕显示技术与多媒体虚拟现实开发技术，重塑用户的视觉、听觉、触觉体验。它让现实世界对象添加一个新维度，可以与虚拟世界交换信息。

增强现实技术主要应用于数据可视化、工业生产、娱乐游戏等行业，如图8-1所示。增强现实技术能够有效提升用户主动学习的积极性、工作和生产效率、生活丰富度。同时增强现实技术也可以应用于军事、医疗、建筑等专业领域。

Unity提供了很完善的虚拟开发引擎环境，只需要导入相关公司开发的增强现实SDK工具即可开发增强现实案例应用，并将其打包发布到SDK所支持的平台。

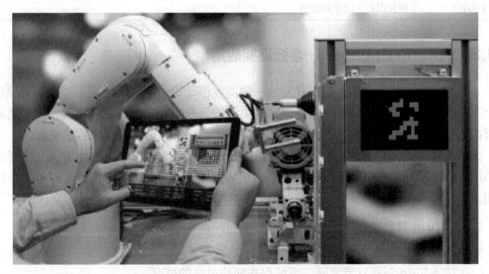

图8-1 增强现实+工业效果

8.1.2 增强现实开发工具

国内外有许多公司都开发了增强现实技术插件,例如Vuforia、EasyAR等SDK工具,但目前增强现实技术仍然不成熟,存在各种问题,各增强现实开发SDK工具核心功能、收费标准、开发方式也不尽相同。

1. 增强现实开发 SDK 工具

表8-1列举了一些主流的增强现实开发SDK工具。可以根据开发环境、发布平台选择一款SDK工具导入Unity中开发增强现实项目。

表8-1 常用增强现实开发SDK工具

SDK 工具	说明
Vuforia	国外当前最流行的增强现实 SDK 工具之一,功能强大且易学,相关学习资料丰富
EasyAR	国内常用增强现实 SDK 工具,提供免费版且功能较为完善
ARKit	Apple 公司推出的增强现实 SDK 工具,对使用机型有一定要求
ARToolKit	开源的增强现实 SDK 工具,功能单一

2. 增强现实开发 SDK 工具的功能

在选择增强现实SDK工具的同时需要考虑到项目具体需要用到哪些功能,以及收费标准等因素,各增强现实SDK工具核心功能如表8-2所示。

表8-2 增强现实SDK工具的核心功能

SDK 工具	功能
Vuforia	图片识别、圆柱体识别、多目识别、文字识别、云识别等
EasyAR	多目标识别与跟踪、平面图像跟踪、录屏、云识别等
ARKit	图片对象世界追踪、场景理解、渲染等
ARToolKit	图片识别、对象跟踪等

8.1.3 Vuforia Engine——增强现实应用

Vuforia Engine是由高通公司开发的一款商业移动端增强现实应用,提供了增强现实SDK工具Vuforia。目前,Vuforia是移动端主流增强现实开发工具,具有众多核心功能且能够高效动态识别现实内容并加以分析,还能够实现手部与增强现实内容的交互。

读者可按步骤操作,通过以下案例体验Vuforia增强现实技术。利用增强现实开发工具Vuforia实现识别一张自定义图片并根据图片生成指定模型,然后将程序打包成手机端应用。具体操作步骤如下。

1. Vuforia 开发准备

Vuforia开发准备如下。

(1)进入Vuforia开发者官网,可能存在加载过慢的情况。

(2)单击页面右上角"Register",进入注册页面填写相关资源,完成注册并登录。

（3）单击"Develop→Get Basic"，在打开的页面输入项目名称"FirstARDemo"，勾选要求栏后单击"Confirm"完成申请密钥操作。

（4）回到License Manager界面，如图8-2所示，单击"FirstARDemo"一栏，在打开的页面中有一长串的License Key（许可证密钥），复制License Key并保存，在后续Unity项目中需要使用。

图8-2　获取开发者License Key

（5）单击"Target Manager→Add Database"，输入名称"ARDemo"后单击"Create"按钮。

（6）单击数据库栏中的"ARDemo"，在进入的页面中单击"Add Target"按钮，在打开的页面中单击"Browse"按钮，导入需要识别的图片，最后单击"Add"按钮。

（7）单击"Download Database"，下载Unity Editor模式的数据包，如图8-3所示。

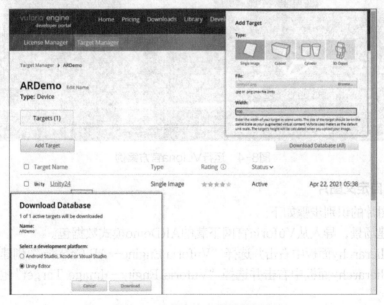

图8-3　下载自定义图片数据库

需要识别的图片格式为PNG-8、PNG-24或JPG且图片大小不可以大于2MB。可以将图片导入Photoshop中，单击"文件→导出→存储为Web所用格式"，在打开的导出窗口中设置预设格式为PNG-24，单击"完成图片格式更改"。接下来需要用到的内容有License Key和下载的ARDemo数据资源包。

2. Vuforia 开发工具导入

Vuforia开发工具导入步骤如下。

（1）进入Unity资源商店，搜索Vuforia Engine插件并将其导入Unity工程文件中，加载时间可能较长。

（2）打开导入资源的Scenes文件夹中的0-Main场景。

（3）选中项目Hierarchy面板中的"ARCamera"对象，单击其Inspector面板中的脚本Vuforia Behaviour上的"Open Vuforia Engine configuration"按钮。

（4）将准备好的License Key复制到App License Key栏中。

（5）计算机连接摄像机，打开资源场景，打开文件夹下的图片。

（6）运行游戏，将摄像机对准图片，可以看到Scene面板中出现人物，如图8-4所示。

图8-4 运行Vuforia官方案例

3. 识别自定义图片

自定义图片的识别步骤如下。

（1）新建场景，导入从Vuforia官网下载的ARDemo模式数据包。

（2）在Hierarchy面板中右击并选择"Vuforia Engine→AR Camera"创建AR摄像机。

（3）在Hierarchy面板中右击并选择"Vuforia Engine→Image Target"创建图片识别对象。

（4）展开Image Target Behaviour组件，更改Type为From Database，设置Database一栏为导入的ARDemo数据库。

（5）在Hierarchy面板中新建一个Cube对象，并将其移动到Image Target子对象中，如图8-5所示。设置Cube对象为合适大小并自行添加材质颜色。

（6）运行游戏，将摄像机对准待识别图片，可以看到自动生成了Cube对象。

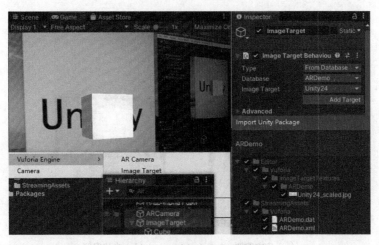

图8-5 识别自定义图片效果

4. 打包Vuforia项目

Vuforia项目打包步骤如下。

（1）Unity需要先安装好Android配置文件，详见8.4节。

（2）单击"File→Build Settings"，打开项目打包面板，选中Android平台，如图8-6所示。

图8-6 Android项目打包

（3）单击"Switch Platform→Build"，等待APK文件打包完毕。

（4）将打包好的APK文件安装到手机上，打开摄像机拍摄待识别图片可以看到对应模型生成，如图8-7所示。

5. 对Vuforia的更多探索

Vuforia官方提供了完整的开发文档教程及相关API核心功能介绍。此外，在Unity Asset Store中也有官方综合案例项目文件，包含众多功能合集，用户可以下载学习。

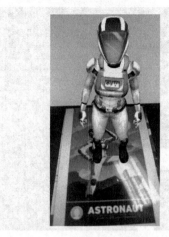 

(a) 官方案例　　　　　　(b) 自建案例

图8-7　运行效果

8.1.4　EasyAR——增强现实应用平台

EasyAR是视辰信息科技(上海)有限公司开发的增强现实领域应用平台,推出了EasyAR SDK工具供开发者进行增强现实内容创作。EasyAR已经广泛用于手机App互动营销、户外大屏幕互动活动、网络营销互动等领域。

可以通过相应操作了解EasyAR产品功能内容,以及利用EasyAR工具结合Unity开发一款增强现实电脑端应用。具体操作步骤如下。

1. EasyAR开发准备

EasyAR开发准备如下。

(1)进入EasyAR官网,注册成为开发者并登录。

(2)进入开发中心,单击"我需要一个新的Sense许可证密钥",选择个人版EasyAR Sense 4.0,应用名称为EasyARDemo,也可自行设置,单击"确认"按钮即可获取许可证密钥,如图8-8所示。

(3)单击EasyARDemo项目栏右侧"查看"按钮,复制并保存Sense License Key以备在Unity中使用。

(4)单击EasyARDemo项目栏右侧创建Spatia Map库,输入库名并单击"创建"。

(5)进入EasyARDemo库后选择密钥复制Spatial Map AppId以备使用。

(6)单击右侧"API KEY"列表后创建API KEY,输入应用名称,勾选Spatial Map复选框并填写相关信息创建API KEY。复制API Key和API Secret以备使用。

2. EasyAR开发工具导入

EasyAR开发工具导入步骤如下。

(1)通过EasyAR官网导航栏中的"下载"选项下载EasyAR的开发工具。

(2)浏览EasyAR Sense Unity Plugin,单击右侧"下载EasyAR Sense Unity Plugin插件",查看其使用说明,下载完成后将其解压。

第 8 章 ■ 增强现实、虚拟现实、热更新技术和项目打包系统 263

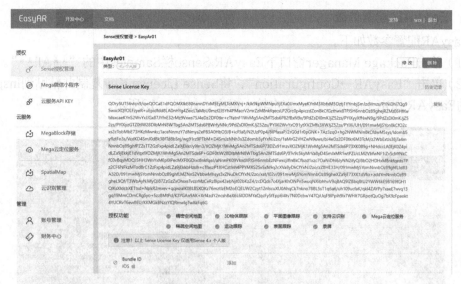

图8-8 获取许可证密钥

（3）新建Unity工程文件，单击"Window→Package Manager"打开Unity插件管理器。

（4）单击Package Manager窗口左侧的"+"按钮，选择"Add package from tarball"方式导入从EasyAR Scense Unity Plug插件解压出来的com.easyar.sense.tgz文件。

（5）可以看到Package Manager窗口在Custom栏中增添了EasyAR Sense选项，展开右侧的Samples下拉列表可以看到有许多EasyAR项目案例，如图8-9所示。

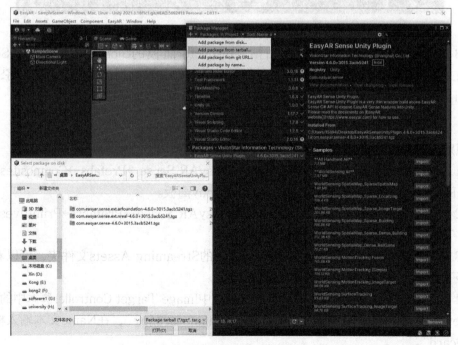

图8-9 导入EasyAR官方包

3. EasyAR 配置参数

EasyAR 配置参数如下。

(1) 单击 Package Manager 窗口下 EasyAR Sense 栏 Samples 中的"**All**"。

(2) 单击"EasyAR→Configuration",将 Sense License Key 复制并粘贴到 Inspector 面板的 EasyAR SDK License Key 文本输入框中,如图 8-10 所示。

图 8-10 配置 License Key

(3) 将创建的 API Key 复制并粘贴到 Inspector 面板的 Global Spatial Map Service Config 文本输入框下的 API Key 中,将 API Secret 复制并粘贴到 API Secret 处,将 Sparse Spatial Map App ID 密钥复制并粘贴到 Sparse Spatial Map App ID 处。

4. 识别自定义图片

识别自定义图片的步骤如下。

(1) 在 Project 面板中单击"Packages→EasyAR Sense→Prefabs→Composites",将 EasyAR-ImageTracker-1 预制体拖曳至 Hierarchy 面板。

(2) 在 Project 面板中单击"Packages→EasyAR Sense→Prefabs→Primitives",将 Image Target 预制体拖曳至 Hierarchy 面板。

(3) 将需要识别的图片导入 Project 面板中的 Streaming Assets 文件夹,可以看到默认路径下已经导入了名为 namecard 的图片。

(4) 设置 Image Target 对象的 Inspector 面板中 Image Target Controller 脚本中的 Image File Source 内容,在其 Path 文本输入框输入"namecard.jpg",在 Name 文本输入框输入"namecard"。

(5) 在 Image Target 对象子集中添加一个 Cube 对象,适当调节相对大小。

(6) 设置 Main Camera 对象 Camera 组件的 Clear Flags 类型为 Solid Color。

（7）将计算机连接摄像机，运行并将摄像机对准待识别图片，可以看到场景中生成了Cube对象，如图8-11所示。

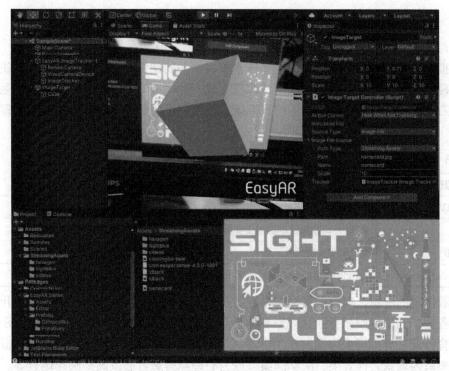

图8-11　识别自定义图片效果

5. 打包 EasyAR 项目

EasyAR项目的打包步骤如下。
（1）单击"File→Build Setting→Add Open Scenes"，添加当前场景。
（2）选择"Windows"平台，通过"Build"设置打包路径，等待打包过程。
（3）运行EasyAR，可以看到EasyAR能够很好地支持Windows系统平台。

6. EasyAR 更多探索

EasyAR官方提供了完整的开发文档教程及相关API核心功能介绍。此外，在Unity Asset Store中也有官方综合案例项目文件，包含众多功能合集，用户可以下载并学习。

8.2　虚拟现实技术

8.2.1　虚拟现实概述

虚拟现实（Virtual Reality，VR），顾名思义，就是虚拟和现实相互结合。从理论上来讲，虚拟现实技术是一种可以创建并让人体验虚拟世界的计算机仿真系统，它利用计算机生成一种模拟环境，使用户沉浸到该环境中。党的二十大报告中提出推动战略性新兴产业融合集群发展，构建新一代信息技术等一批新的增长引擎，虚拟现实作为新一代信息技术的集大成者，可为社会各行各业赋能。

Unity提供了很完善的虚拟开发引擎环境，只需要导入相关虚拟现实插件，即可开发虚拟现实案例应用并打包发布到SDK所支持的平台。

8.2.2 虚拟现实开发设备与应用

虚拟现实开发设备是指与虚拟现实技术领域相关的硬件产品，是虚拟现实解决方案中用到的硬件设备。虚拟现实技术利用计算机生成一种模拟环境，是一种多源信息融合的交互式的三维动态视景和实体行为的仿真系统，使用户沉浸到该环境中。主流虚拟现实设备如表8-3所示。

表8-3　　　　　　　　　　主流虚拟现实设备

虚拟现实设备	说明
HTC VIVE	HTC 联合 VIVE 公司发布的虚拟现实设备，其中包括头盔、手柄和定位器
Oculus	Meta 公司收购的虚拟现实头戴设备制造商
Gear VR	虚拟现实头戴式显示器
Google Cardboard	Google 公司出品的将智能手机变成虚拟现实的原型设备

随着技术的进步，虚拟现实相关领域的技术壁垒被一再打破。虚拟现实技术开始运用于各行各业，如影视娱乐行业让观影者体会到置身于真实场景之中的感觉（见图8-12）、文化教育行业在虚拟场景中激发学生学习兴趣（见图8-13）、工业设计领域在虚拟环境中构建未来室内场景装饰效果、医学健康领域为心理障碍患者提供虚拟医疗场景等。更多实际虚拟现实应用案例如表8-4所示。

表8-4　　　　　　　　　　虚拟现实应用案例

应用领域	应用案例
VR+ 医疗健康	VR 外科实验训练、VR 术后心理恢复训练等
VR+ 地产建筑	VR 全景看房、VR 可视化桥梁建筑等
VR+ 生活娱乐	VR Chat、VR Game 等
VR+ 教育文化	VR 化学实验室、VR 博物馆等

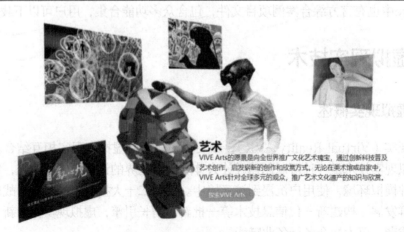

图8-12　HTC VIVE VR艺术

图8-13　HTC VIVE VR教育

8.2.3　HTC VIVE

VIVE提供强大的虚拟现实软硬件和创意平台，释放人们超现实的想象力，搭配超精准度的空间定位技术、高性能的硬件设备，以及VIVE的顶尖科技生态圈，打造前所未有的虚拟现实体验。HTC VIVE硬件设备说明如表8-5所示。硬件设备连完后，必须在PC端做一些相应的配置，整套系统才能真正使用。

SteamVR是一个VR内容平台，也是在硬件上体验VR内容的终极工具。SteamVR支持Valve Index、HTC VIVE、Oculus Rift、Windows Mixed Reality耳机等。

表8-5　　　　　　　　　　　　HTC VIVE硬件设备说明

设备	说明
头戴式显示设备	包含电源、音频、USB、HDMI线，显示设备由双目透视镜和摄像头组成
两个操控手柄设备	包含红外定位传感器，以及左、右两个握持键等
激光定位器设备	包含两个激光定位器、定位器支架
数据线集成器	包含连接头戴式显示设备与主机的电源、USB、HDMI数据线集成器

1. HTC VIVE 设备安装

HTC VIVE设备安装需要完成VIVE软件环境配置和HTC VIVE硬件设备安装两步，所需时长可能为1小时以上。请在保证计算机性能优秀、网络通畅、场地空间大小足够的情况下继续以下操作。

（1）登录HTC VIVE官网，下载VIVE设置向导，如图8-14所示，或使用在购买设备时提供的包含VIVE设置向导的应用U盘下载VIVE设置向导。

（2）按步骤安装，浏览虚拟现实设备相关信息与要求，所需时间可能较长。

（3）注册VIVE账号并登录VIVE设置向导。

（4）根据VIVE设置向导完成HTC VIVE硬件环境安装。

2. SteamVR 环境安装

要安装SteamVR环境，需要下载Steam软件，并安装SteamVR Plugin，最后由SteamVR识别当前虚拟现实相关设备，完成安装及初步调试，具体操作步骤如下。

（1）登录Steam官网并下载Steam软件。

（2）完成Steam软件账号注册和登录。

（3）在Steam应用商店中搜索SteamVR Plugin进行下载和安装。

（4）运行SteamVR环境识别当前虚拟现实设备。

（5）配置SteamVR房间环境，完成初步调试，如图8-15所示。

图8-14　下载VIVE安装程序

图8-15　下载SteamVR安装程序

3. Unity 虚拟现实环境配置

当虚拟现实硬件设备和软件环境部署好后，就可以开始在Unity引擎中导入虚拟现实插件正式开始HTC VIVE虚拟现实应用开发了。

（1）单击菜单栏中的"Window"，打开Package Manager面板。

（2）在Packages下拉菜单中选中"Unity Registry"。

（3）在搜索栏中输入"OpenXR Plugin"，单击右下角"Install"按钮即可安装并导入。

（4）进入Unity Asset Store官方搜索"SteamVR Plugin"，将其添加到"我的资源"中并导入Unity工程文件中，如图8-16所示。

（5）在Project面板搜索栏中搜索"t:Scene"，选择"Interactions_Example，Simple Sample"等场景运行游戏测试虚拟现实设备。

图8-16　UnityVR环境配置

4．虚拟现实应用开发

SteamVR Plugin官方插件包中给出了许多实例场景，在测试虚拟现实设备正常的情况下，尝试从新场景中制作一款虚拟现实游戏，具体操作步骤如下。

（1）新建场景，创建一个Plane对象、一个Sphere对象和一个Cube对象。

（2）打开Project面板中的Prefabs文件夹，将其中的Camera Rig预制体拖曳至场景中，并将Hierarchy面板中的Main Camera删除。

（3）运行游戏，已经可以在HTC VIVE设备中看到游戏场景。

（4）同理，新建一个场景，将Hierarchy面板中的Main Camera删除。

（5）打开Project面板中的Assets文件夹，在Steam VR文件夹中找到Prefabs文件夹，将Player预制体拖入Hierarchy面板中。

（6）运行游戏，看到可以利用手柄轻松在场景中完成移动、交互等行为，如图8-17所示。

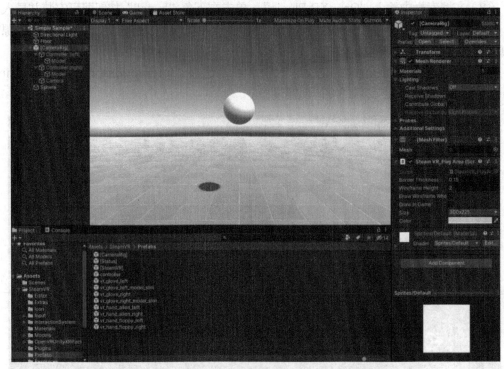

图8-17　虚拟现实应用开发

8.3　AssetBundle热更新技术

8.3.1　AssetBundle热更新技术概念

AssetBundle热更新技术是Unity提供的一套资源管理方案，是为了解决需要将所有资源都放在Unity工程文件中导致应用程序过大，应用更新后需要玩家重新下载和安装的烦琐过程，每次版本更新都需要应用商店长时间审核等问题。

AssetBundle则是Unity提供的一种打包资源（比如模型、纹理和音频文件等的各种资源）的文件格式，允许使用WWW类流式传输从本地或远程位置加载资源，从而提高项目的灵活性、缩小初始应用程序的大小。

8.3.2　AssetBundle资源打包

执行AssetBundle资源打包操作前需要为资源对象设置标记，即在预制体对象的Inspector面板最底部有一栏AssetBundle，第一个参数是给资源打包的AssetBundle命名，默认为小写，若在名字中使用了大写字母，系统会自动将其转换为小写格式；第二个参数是打包AssetBundle文件的扩展名表8-6给出了BuildAssetBundles函数参数说明，表8-7给出了Build Target打包平台属性说明。

Unity中提供了Build Pipeline中的BuildAssetBundles函数来进行资源打包操作。

```
BuildPipeline.BuildAssetBundles
(string outputPath,BuildAssetBundleOptions assetBundleOptions, BuildTarget targetPlatform);
```

表8-6　　　　　　　　　　BuildAssetBundles函数参数说明

参数	说明
outputPath	资源包的输出路径，资源会被编译并保存到存在的文件夹里
assetBundleOptions	资源包编译选项，默认为 None
targetPlatform	资源打包目标平台

表8-7　　　　　　　　　　Build Target打包平台属性说明

属性	说明	属性	说明
Standalone Windows	Windows 32 位平台	Standalone OSX	macOS 独立平台
Android	Android.apk 手机应用	iOS	iOS 手机应用
Standalone Windows 64	Windows 64 位平台	Web GL	Web 网页端应用

可以通过相应操作实现对标记资源的AssetBundle资源打包，具体操作步骤如下。

（1）在Hierarchy面板中新建一个Cube对象，将其拖曳至Resources文件夹中形成预制体对象。

（2）选中Resources文件夹中的Cube预制体对象，单击其Inspector面板最下方的AssetBundle栏。

（3）单击"AssetBundle"栏右侧的None下拉菜单中的"New"新建AssetBundle对象，并将其命名为"cube.unity3d"。

（4）在Resources文件夹下导入人物模型、音视频等资源文件，并同理进行操作。

（5）必须在Assets文件夹下新建Editor文件夹，并在Editor文件夹下创建编辑器脚本AssetBundlesToolDemo.cs，打开并编辑如下。

```
using UnityEngine;
using UnityEditor;
using System.IO;
public class AssetBundlesToolDemo{
    [MenuItem("BuildAssetBundle/PC")]
    static void BuildAssetBundles (){
        string path=Application.dataPath+"/BuildAssets/";
        BuildTarget target=BuildTarget.StandaloneWindows;
        if(Directory.Exists(path))  Directory.Delete(path,true);
        Directory.CreateDirectory(path);
        BuildPipeline.BuildAssetBundles(path, BuildAssetBundleOptions.None,target);
    }
}
```

（6）执行菜单栏中BuildAssetBundle栏中的PC命令，等待资源打包。可以看到Assets文件夹下新创建了一个BuildAssets文件夹，并且Resources文件夹中所有标记过Assets Bundle标签的资源都被打包到该文件夹下，如图8-18所示。

（7）尝试对其他导入的声音、视频、场景等资源文件进行打包。

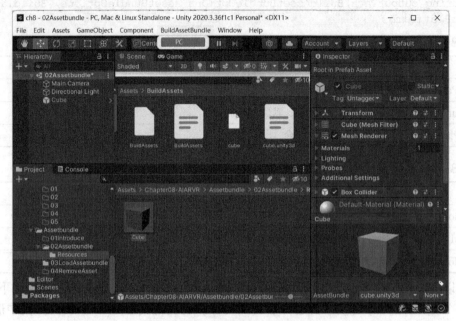

图8-18　AssetBundle资源打包

打包其他平台时需要先在Build Settings面板中配置好对应平台模块资源，而且菜单栏命令编辑器脚本必须放在Assets文件夹下的Editor文件夹中。Resources文件夹仅支持有限内存大小资源文件，所以需使用AssetBundle进行打包。项目发布时，可以在Build Settings栏中选择对应平台进行打包。

8.3.3　AssetBundle资源加载

AssetBundle资源加载函数说明如表8-8所示。

表8-8　　　　　　　　　　AssetBundle资源加载函数及说明

资源加载函数	说明
AssetBundle.LoadAsset	通过资源名称标志名作为参数来加载对象
AssetBundle.LoadAssetAsync	通过资源名称标志名作为参数来异步加载对象
public Object[ ] LoadAllAssets(Type type)	加载 AssetBundle 中包含某类型的所有资源对象

可以通过相应操作实现加载路径下的资源文件预制体，具体操作步骤如下。

（1）新建脚本AssetbundleLoadDemo.cs，使用缓存加载资源，打开并编辑如下。

```
using UnityEngine;
public class AssetbundleLoadDemo : MonoBehaviour{
    private string path;
```

```
        void Start(){
            path = Application.dataPath + "/BuildAssets/";
            AssetBundle ab = AssetBundle.LoadFromFile(path + "cube.unity3d");
            GameObject go = ab.LoadAsset<GameObject>("Cube.prefab");
            GameObject go1 = GameObject.Instantiate(go,Vector3.zero,Quaternion.identity);
        }
    }
```

(2)将该脚本挂载在空对象上,运行游戏,可以看到场景中加载出Cube资源对象。

(3)尝试分别加载其他类型的资源文件。

(4)新建脚本AssetbundleWWWLoad.cs,不使用缓存加载资源,打开并编辑如下。

```
using UnityEngine;
using UnityEngine.Networking;
using System.Collections;
public class AssetbundleWWWLoad : MonoBehaviour{
    public string url;
    void Update(){
        if(Input.GetKeyDown(KeyCode.L) StartCoroutine(GetText());
    }
    IEnumerator GetText(){
        using (UnityWebRequest uwr = UnityWebRequestAssetBundle.GetAsset Bundle(url)){
            yield return uwr.SendWebRequest();
            if (uwr.result != UnityWebRequest.Result.Success){
                Debug.Log(uwr.error);
            }else{
                // 下载AssetBundle
                AssetBundle bundle = DownloadHandlerAssetBundle.GetContent (uwr);
                var loadAsset = bundle.LoadAssetAsync<GameObject>("Assets/AssetsBundle/Cube.prefab");
                Instantiate(loadAsset.asset);
            }
        }
    }
}
```

(5)将该脚本挂载至场景空对象上,设置url值为AssetsBundle资源服务端链接。

(6)运行游戏,可以看到场景中生成服务中的Cube对象资源文件。

8.3.4 AssetBundle依赖资源加载

通常一个预制体会关联许多资源文件,在资源对象加载生成前需要先将其关联的资源文件进行加载,可以利用GetAllDependencies函数获取资源依赖列表。例如,人物预制体会关联许多材质球、贴图等资源,在获取AssetBundle资源加载时需要获取人物预制体相关资源进行提前加载,最后生成人物预制体对象。

可以通过相应操作理解AssetBundle依赖资源加载技术，具体操作步骤如下。

（1）选择一个具有依赖关系的资源预制体进行打包，这里采用的是character预制体。

（2）创建脚本DependentLoadDemo.cs，打开并编辑如下。

```csharp
using UnityEngine;
public class DependentLoadDemo : MonoBehaviour{
    AssetBundle mainAB;
    AssetBundleManifest manifest;
    string path = Application.dataPath + "/BuildAssets/";
    void Start(){
        GetAllDependencies("character.unity3d");
    }
    void GetAllDependencies(string ABName) {
        if (mainAB == null){
            mainAB = AssetBundle.LoadFromFile(path + " BuildAssets ");
        }
        if (manifest == null){
            manifest = mainAB.LoadAsset<AssetBundleManifest> ("AssetBundleManifest");
        }
        string[] dependencies = manifest.GetAllDependencies(ABName);
        if (dependencies.Length > 0){
            foreach (var item in dependencies){
                AssetBundle ab = AssetBundle.LoadFromFile(path+item);
                ab.LoadAllAssets();
            }
        }
    }
}
```

（3）模仿本地资源加载案例，尝试在Start函数中添加LoadAssetsbundle函数并实现加载character预制体对象的相关代码。

（4）将该脚本挂载到空对象上，运行游戏，可以看到人物预制体完整地被加载到场景中。

8.3.5　AssetBundle资源卸载

需要使用AssetBundle.Unload函数来卸载AssetBundle创建出的对象，使用方法如表8-9所示。

表8-9　　　　　　　　　AssetBundle资源卸载函数及说明

AssetBundle 资源卸载函数	说明
AssetBundle.Unload(true)	释放 AssetBundle 文件内存同时销毁所有已加载的 Assets 对象
AssetBundle.Unload(false)	释放 AssetBundle 文件内存但不销毁已加载的 Assets 对象

可以通过相应操作掌握AssetBundle的卸载函数，这里接着上面案例继续操作，具体操作步骤如下。

(1)创建脚本AssetbundleUnLoadAssetDemoLoadDemo.cs,打开并编辑如下。

```
using UnityEngine;
public class AssetbundleUnLoadAssetDemoLoadDemo : MonoBehaviour{
    private void Update(){
        if (Input.GetKeyDown(KeyCode.A)){
            // 卸载所有的AssetBundle及通过AssetBundle加载出来的资源
            AssetBundle.UnloadAllAssetBundles(true);
        }else if (Input.GetKeyDown(KeyCode.S)){
            // 卸载所有未引用的AssetBundle包
            AssetBundle.UnloadAllAssetBundles(false);
        }
    }
}
```

(2)将该脚本挂载至场景空对象上,并运行游戏。
(3)按S键,发现项目打包资源文件夹内未在场景中加载和使用的资源被销毁。
(4)按A键,可以看到场景中的打包资源文件全都被销毁。

8.4 Build Settings项目打包系统

8.4.1 系统介绍

当项目开发到某个版本阶段且希望在发布平台实际查看用户使用体验时,就可以利用Unity引擎的Build Settings项目打包系统进行打包测试。随着项目的逐渐完善,可以在Build Setting面板设置更多打包发布相关参数。

Build Settings项目打包系统支持一次开发就可以部署到目前所有主流的游戏平台,如表8-10所示,Build Settings项目打包系统节省了大量的时间和精力,提高了工作效率。

表8-10　　　　　　　　　　　　Unity支持发布平台

发布平台	说明
Standalone-Windows/macOS/Linux	主机平台支持 Windows/macOS/Linux 系统
Mobile-Android/iOS	移动端平台支持 Android/iOS 系统
Web-WebGL	网页端支持 WebGL 网页技术
其他 -tvOS/PS4/PS5/Xbox One	电视端 tvOS 平台、游戏主机 PS4/PS5/Xbox One 等
UniversalWindowsPlatform	通用应用平台

8.4.2 PC端打包技术

Unity支持将项目发布到PC端,打包成应用程序软件,打包选项如表8-11所示。目前可发布到的主流操作系统有Windows、macOS和Linux。接下来尝试将Unity引擎编辑器中的项目打包成Windows平台以.exe为扩展名的软件程序。

表8-11　　　　　　　　　　　PC端打包选项

打包选项	说明	打包选项	说明
Target Platform	打包目标平台	Architecture	系统架构
Development Build	是否为开发者模式	Build	打包
Build And Run	打包并运行	Add Open Scenes	添加场景
Player Settings	项目详细设置		

可以通过相应操作尝试打包Windows平台项目应用，具体操作步骤如下。

（1）打开已经制作完毕的Unity项目或在场景中新建Cube对象。

（2）新建脚本QuitProject.cs，将其挂载在Cube对象上，打开并编辑如下。

```
using UnityEngine;
public class QuitProject : MonoBehaviour{
    void Update(){
        if(Input.GetKeyDown(KeyCode.Q)) Application.Quit();
    }
}
```

（3）单击"File→Build Settings→Add Open Scenes"，添加所有场景。

（4）选择"PC, Mac & Linux Standalone"一栏，将Target Platform设置为Windows，如图8-19所示。

（5）单击"Build"按钮，打包Windows平台项目，设置导出文件夹路径，等待打包过程。

（6）运行打包完毕该路径下出现的扩展名为.exe的Unity应用程序，按Q键退出应用，查看应用运行效果，如图8-20所示。

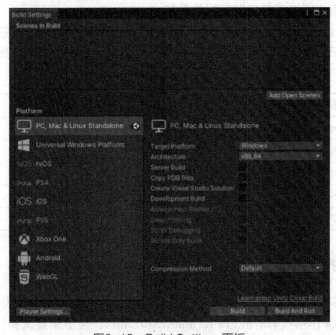

图8-19　Build Settings面板

图8-20　应用运行效果

8.4.3　移动端打包技术

Unity支持将项目打包到手机移动端，发布到移动应用平台。目前，可发布到主流的Android和iOS系统移动端。可以通过Unity官方中文手册获取特定于平台的与Android和iOS相关的内容。

可以通过相应操作实现将Unity项目打包成Android手机应用，具体操作步骤如下。

（1）在Unity Hub中选择左侧安装一栏后，单击已安装Unity引擎的菜单项，然后选择"添加模块"，并在打开的添加模块中勾选Android Build Support相关模块进行安装。

（2）等待安装完毕，新建该版本的Unity工程文件。

（3）单击"Edit→Preferences→External Tools"，预设窗口。

（4）配置Android下的Open JDK、SDK和NDK文件夹路径。

（5）在Unity Hub中下载Android Build Support相关模块，如图8-21所示，相关配置文件夹的相对路径为Unity\Hub\Editor\2020.3.4f1c1\Editor\Data\PlaybackEngines\AndroidPlayer\OpenJDK（路径前缀取决于Unity引擎的安装位置），如图8-22所示。

图8-21　添加Android Build Support相关模块

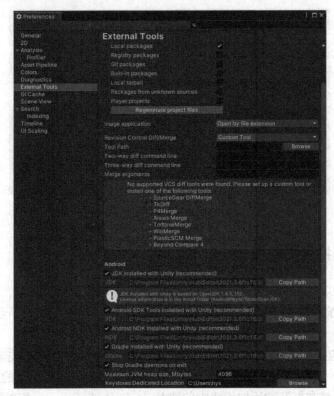

图8-22 配置JDK、SDK文件

（6）单击"File→Build Setting→Add Open Scenes"，在场景中添加游戏场景对象。

（7）设置Platform为Android，单击"Switch Platform"，等待项目平台转换。

（8）单击"Player Setting"按钮，配置相关参数，然后单击"Build"按钮，选择打包路径进行项目打包，如图8-23所示。

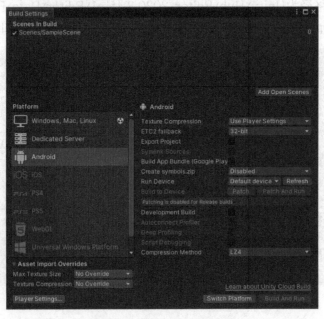

图8-23 打包Android应用

（9）生成Unity项目APK文件，发送到手机上，运行Unity打包的Android项目，如图8-24所示。

图8-24　运行Android应用

8.4.4　Web端打包技术

Unity支持将项目打包到Web端。可以通过相应操作实现将Unity项目打包成Web应用，具体操作步骤如下。

（1）在Unity Hub选择安装栏中的Unity引擎版本，安装WebGL Build Support，如图8-25所示。

（2）打开已完成的Unity项目或在新建的场景中添加Cube对象。

（3）单击"File→Build Settings→Add Open Scenes"，添加当前场景。

（4）选择"WebGL"一栏，单击"Switch Platform"，等待项目平台转换。

（5）单击"Build"按钮，将项目打包发布到Web平台，如图8-26所示。

图8-25　WebGL Build Support模块安装

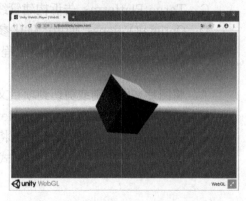

图8-26　浏览器运行Web项目效果

习 题

一、选择题

1. 关于增强现实，下列说法正确的是哪些？（　　）
   A. AR Foundation允许用户在Unity中以多平台方式使用增强现实平台。该软件包可提供一个供Unity开发者使用的界面，但并未自行实现任何增强现实功能
   B. 要在目标设备上使用AR Foundation，还需要为Unity正式支持的每个目标平台下载并安装单独的软件包
   C. Unity的XR交互工具包可让用户为自己的应用程序增加交互性，而不必从头开始编写交互代码
   D. 单通道立体渲染允许GPU针对双眼共享剔除。为了进行剔除，GPU只需要对场景中的所有游戏对象迭代一次，然后渲染在剔除之后仍然存在的游戏对象

2. AssetBundle是一个容器，就像文件夹一样，其中可以包含其他文件。这些附加的文件包含哪些类型？（　　）
   A. 序列化文件，包含分解为各个对象并写入此单个文件的资源
   B. 资源文件，为某些资源（如纹理和音频）单独存储的二进制数据块
   C. 文本格式文件，包含基于文本格式的场景数据
   D. 脚本文件，包含游戏运行功能的编译代码

3. 关于使用AssetBundle的优势，下列说法正确的是哪些？（　　）
   A. 可用于可下载内容（DLC），减小初始安装大小
   B. 加载针对最终用户平台优化的资源
   C. 减轻运行时内存压力
   D. 资源包可视化管理

4. 当使用BuildPipeline.BuildAssetBundles函数进行资源打包时，需要将哪些参数传递给BuildPipeline.BuildAssetBundles函数？（　　）
   A. OutputPath：AssetBundle输出目录，一般为Assets/AssetBundles
   B. BuildAssetBundleOptions：资源包编译选项，包括指定压缩算法
   C. TargetPlatform：告诉构建管线，要将这些AssetBundle用于哪些目标平台
   D. OptimalOptions：使用的优化参数和压缩算法

5. 在Unity引擎中，关于如何向工程中导入图片资源，以下做法错误的是哪些？（　　）
   A. 将图片文件复制或剪切到项目文件夹下的Assets文件夹或Assets子文件夹下
   B. 通过单击"Assets→Import New Asset"导入资源
   C. 选中所需图片，按住鼠标左键将其拖入Scene面板中
   D. 图片要求只能是PNG或JPG格式

二、问答题

1. 什么是增强现实技术？
2. 什么是单通道立体渲染（双宽渲染），其相比普通虚拟现实渲染有什么优势？
3. AssetBundle热更新技术有什么特点？
4. 为AssetBundle准备资源需要考虑什么样的策略？
5. Unity支持几种平台打包输出？

第 9 章 Unity 3D 游戏开发综合案例——《无尽跑酷》

9.1 跑酷游戏说明

9.1.1 跑酷游戏类型说明

跑酷游戏主要有两种类型：一种是传统的无尽跑酷；另一种是关卡模式的跑酷。

传统的跑酷游戏是无尽的，玩家只能不断地去挑战自己的极限记录或者达成某种目标，这种类型的主要问题在于玩家已经知道游戏结局。玩家在玩一段时间后就失去了新鲜感，很难感到满足。这是关卡模式跑酷游戏出现的原因。

关卡模式跑酷保留了玩家对每个关卡的未知感，期待在不同场景中将跑酷进行到底。

9.1.2 经典跑酷游戏介绍

1. 神庙逃亡

《神庙逃亡》是由Imangi Studios公司开发的一款无尽跑酷冒险类手机游戏，其游戏界面如图9-1所示。

图9-1 《神庙逃亡》效果

《神庙逃亡》游戏背景设定是一名冒险家来到古老的庙宇中寻宝，却碰上怪兽的追赶。玩家所需要做的是滑动屏幕或晃动手机来控制游戏中的人物进行转弯、跳跃和向后卧倒来躲避前方障碍物并收集金币。这属于无尽跑酷类型，虽然游戏操作简单易懂，但任何失误都需要从头开始。

2.《地铁跑酷》

《地铁跑酷》是一款由Kiloo Games公司开发的在iOS、Android平台上线的休闲跑酷类型手机游戏，如图9-2所示。

《地铁跑酷》是一款经典的跑酷游戏，游戏背景是帮助主人公躲避脾气暴躁的警察和他的狗的追捕。游戏画面色彩搭配饱满精致，游戏操作也简单易懂，只用手指在手机屏幕各个方向滑动和双击即可触发相应动作和事件。游戏提供了许多不同场景和玩法模型，融合节日、对战、剧情等多种元素，不断创造新鲜感，让玩家沉浸在跑酷游戏世界当中。

图9-2 《地铁跑酷》效果

9.2 《无尽跑酷》游戏开发案例

9.2.1 案例介绍

案例玩法是玩家通过键盘或者鼠标操控游戏人物左右移动、跳跃、滑行等操作，在预置好的几个场景路段中进行无限跑酷。游戏场景中会不断随机生成各种道具、金币、障碍物等增加游戏趣味性。玩家可以利用收集到的金币购买各种内置游戏道具，在奔跑过程中使用道具获得特殊技能效果。最后玩家需要在有限的时间内躲避障碍物，收集金币，尽可能奔跑足够长的距离并最终获得胜利。

9.2.2 美术需求

在案例制作前初步规划好游戏的美术风格，并准备相关资源素材。美术策划如表9-1所示。

表9-1　美术策划

资源	详细内容
场景对象	游戏初始化场景、游戏主页场景、游戏商店场景、游戏跑酷场景等
图片素材	主页背景图、按钮背景图、文本框背景图等
声音素材	游戏背景音效、按钮单击音效、人物动作音效、获胜及失败音效等
模型素材	游戏人物模型、跑酷场景模型、障碍物模型、道具模型等

9.2.3　功能需求

一款游戏还需要好的功能设计，《无尽跑酷》游戏程序功能需求如表9-2所示。

表9-2　功能需求

模块	内容
游戏框架技术	单例模式、对象池技术、MVC 框架
基础游戏功能	UI 管理功能、场景切换管理功能、声音控制管理功能
游戏逻辑功能	跑酷场景无限生成、场景物体随机生成、相机跟随控制
人物控制功能	多模式控制人物移动、人物动画播放控制器
商店数据管理功能	游戏金币、时间控制器，游戏多种道具购买、使用管理

9.2.4　美术概念设计

美术策划不能只停留在文字阶段，需要对游戏场景、对象进行初步的绘画设计，《无尽跑酷》游戏美术概念设计如图9-3所示。

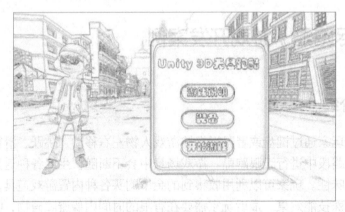

图9-3　美术概念设计

9.2.5　游戏流程

具体的游戏流程也需要通过绘图来反映运行机制，《无尽跑酷》游戏流程如图9-4所示。

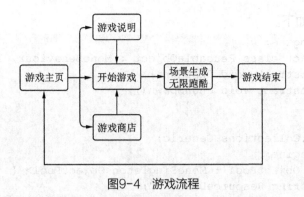

图9-4 游戏流程

9.3 《无尽跑酷》框架搭建

9.3.1 通用单例模式

单例模式是最常见的设计模式之一，通过单例模式创建的单例类只允许在当前游戏运行过程中有一个实例对象供全局访问。单例模式适用于游戏项目初期，随着游戏规模的增大，开发者需要控制好相关属性和函数访问权限，尽量保证业务模块和逻辑模块形成单向访问，避免造成逻辑混乱等。具体实现代码如下。

```csharp
using UnityEngine;
public abstract class MonoSingleton<T> : MonoBehaviour
    where T: MonoBehaviour{
    private static T m_instance;
    public static T Instance{
        get{
            return m_instance;
        }
    }
    protected virtual void Awake(){
        m_instance = this as T;
    }
}
```

9.3.2 对象池模式

对象池模式（Object Pool Pattern）是单例模式的一个变种，它提供了获取一系列相同对象实例的入口。当需要对象来代表一组可替代资源的时候就变得很有用，每个对象每次可以被一个组件使用，如图9-5所示。

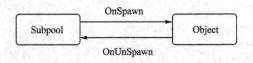

图9-5 对象池存取过程

具体实现代码如下。

```csharp
using UnityEngine;
public abstract class ReusableObject : MonoBehaviour, IReusable{
    public abstract void OnSpawn();
    public abstract void OnUnSpawn();
}

using System.Collections.Generic;
using UnityEngine;
public class ObjectPool : MonoSingleton<ObjectPool> {
    public string ResourceDir = "";
    Dictionary<string, SubPool> m_pools= new Dictionary<string, SubPool>();
    public GameObject Spawn(string name,Transform trans) {
        SubPool pool = null;
        if (!m_pools.ContainsKey(name)) {
            RegisterNew(name,trans);
        }
        pool = m_pools[name];
        return  pool.Spawn();
    }
    public void Unspawn(GameObject go) {
        SubPool pool = null;
        foreach (var p in m_pools.Values) {
            if (p.Contain(go)) {
                pool = p;
                break;
            }
        }
        pool.UnSpawn(go);
    }
    public void UnspawnAll() {
        foreach (var p in m_pools.Values) {
            p.UnspawnAll();
        }
    }
    public void Clear(){
        m_pools.Clear();
    }
    void RegisterNew(string names,Transform trans) {
        string path = ResourceDir + "/" + names;
        GameObject go = Resources.Load<GameObject>(path);
        SubPool pool = new SubPool(trans ,go);
        m_pools.Add(pool.Name,pool);
    }
}

using System.Collections.Generic;
using UnityEngine;
public class SubPool{
```

```csharp
        List<GameObject> m_objecs = new List<GameObject>();
        GameObject m_prefab;
        Transform m_parent;
        public string Name{
            get{return m_prefab.name;}
        }
        public SubPool(Transform parent, GameObject go){
            m_prefab = go;
            m_parent = parent;
        }
        public GameObject Spawn(){
            GameObject go = null;
            foreach (var obj in m_objecs){
                if (!obj.activeSelf){go = obj;}
            }
            if (go == null){
                go = GameObject.Instantiate<GameObject>(m_prefab);
                go.transform.parent = m_parent;
                m_objecs.Add(go);
            }
            go.SetActive(true);
            go.SendMessage("OnSpawn", SendMessageOptions.DontRequireReceiver);
            return go;
        }
        public void UnSpawn(GameObject go){
            if (Contain(go)){
                go.SendMessage("OnUnSpawn", SendMessageOptions.DontRequireReceiver);
                go.SetActive(false);
            }
        }
        public void UnspawnAll(){
            foreach (var obj in m_objecs){
                if (obj.activeSelf){UnSpawn(obj);}
            }
        }
        public bool Contain(GameObject go) {
            return m_objecs.Contains(go);
        }
    }
```

9.3.3 MVC框架

经典MVC（Model-View-Controller）模式中，Model是指业务模型，View是指用户视图，Controller则是指控制器。使用MVC的目的是将Model和View的实现代码分离，从而使同一个程序可以使用不同的表现形式，如图9-6所示。

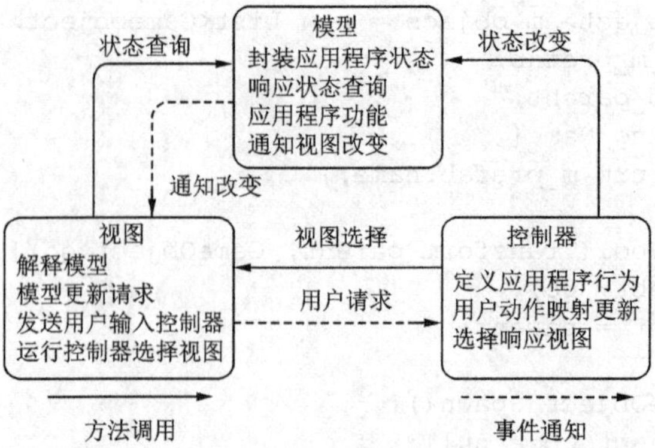

图9-6 MVC框架

（1）Model类实现，代码如下。

```
public abstract class Model{
    public abstract string Name { get; }
    protected void SendEvent(string eventName,object data = null){
        MVC.SendEvent(eventName,data);
    }
}
```

（2）View类实现，代码如下。

```
using System.Collections.Generic;
using UnityEngine;
public abstract class View : MonoBehaviour {
    public abstract string Name { get; }
    [HideInInspector]
    public List<string> AttentionList = new List<string>();
    public virtual  void RegisterAttentionEvent() {
    }
    public abstract void HandleEvent(string name, object data);
    protected void SendEvent(string eventName, object data = null){
        MVC.SendEvent(eventName, data);
    }
    protected T GetModel<T>() where T:Model{
        return MVC.GetModel<T>() as T;
    }
}
```

（3）Controller类实现，代码如下。

```
using System;
public abstract class Controller{
    public abstract void Execute(object data);
    protected T GetModel<T>() where T : Model{
        return MVC.GetModel<T>() as T;
    }
    protected T GetView<T>() where T : View{
        return MVC.GetView<T>() as T;
    }
    protected void RegisterModel(Model model){
        MVC.RegisterModel(model);
    }
```

```
        protected void RegisterView(View view){
            MVC.RegisterView(view);
        }
        protected void RegisterController(string eventName, Type controllerType){
            MVC.RegisterController(eventName,controllerType);
        }
    }
```

（4）MVC类实现，代码如下。

```
using System;
using System.Collections.Generic;
public static class MVC{
    public static Dictionary<string, Model> Models = new Dictionary<string, Model>();
    public static Dictionary<string, View> Views = new Dictionary<string, View>();
    public static Dictionary<string, Type> CommandMap = new Dictionary<string, Type>();
    public static void RegisterView(View view) {
        if (Views.ContainsKey(view.Name)){Views.Remove(view.Name);
        }
        view.RegisterAttentionEvent();
        Views[view.Name] = view;
    }
    public static void RegisterModel(Model model){
        Models[model.Name] = model;
    }
    public static void RegisterController(string eventName,Type controllerType){
        CommandMap[eventName] = controllerType;
    }
    public static T GetModel<T>()where T:Model{
        foreach (var m in Models.Values) {
            if (m is T) {return (T)m;}
        }
        return null;
    }
    public static T GetView<T>() where T : View{
        foreach (var v in Views.Values){
            if (v is T){return (T)v;}
        }
        return null;
    }
    public static void SendEvent(string eventName,object data = null) {
        if (CommandMap.ContainsKey(eventName)) {
            Type t = CommandMap[eventName];
            Controller c = Activator.CreateInstance(t) as Controller;
            c.Execute(data );
        }
        foreach (var v in Views.Values) {
            if (v.AttentionList.Contains(eventName)) {
                v.HandleEvent(eventName,data);
```

```
            }
          }
        }
      }
```

9.4 《无尽跑酷》美术搭建

9.4.1 资源导入

通过前面基础案例的制作,相信读者现在对Unity所支持的各种资源格式已经非常了解。可以看到综合案例将会涉及大量素材资源,需要在Unity引擎的Project面板中将素材资源合理分配并设置好相关参数,以便后续跑酷游戏开发时使用,如图9-7所示。

图9-7 资源导入

9.4.2 场景搭建

将导入的资源组合搭建多个跑酷场景片段并生成预制体对象,丰富游戏场景画面,如图9-8所示。

图9-8 场景搭建

9.4.3 主页界面

简单搭建游戏主页界面,实现游戏UI和游戏场景切换功能,如图9-9所示。

图9-9 游戏主页

9.4.4 商店界面

玩家可以使用收集到的金币购买具有特殊功能的道具,所以我们需要实现道具购买等相关逻辑,如图9-10所示。

图9-10 商店界面

商店界面通过UIBuyTools类封装了界面元素及相应的操作,主要的实现代码如下。

```
using UnityEngine;
using UnityEngine.UI;
public class UIBuyTools : View{
    GameModel gm;
    public Text txtGizmoMangent;
    public Text txtGizmoMultiply;
    public Text txtGizmoInvincible;
    public Text txtMoney;
    public SkinnedMeshRenderer skm;
    public MeshRenderer render;
    public override string Name{
```

```csharp
            get{return Consts.V_BuyTools;}
        }
        public override void HandleEvent(string name, object data){}
        private void Awake(){
            gm = GetModel<GameModel>();
            InitUI();
        }
        public void InitUI(){
            txtMoney.text = gm.Coin.ToString();
            ShowOrHide(gm.Magnet, txtGizmoMangent);
            ShowOrHide(gm.Multiply, txtGizmoMultiply);
            ShowOrHide(gm.Invincible, txtGizmoInvincible);
            gm = GetModel<GameModel>();
            skm.material = Game.Instance.staticData.GetPlayerInfo (gm.TakeOnCloth.SkinID, gm.TakeOnCloth.ClothID).Material;
            render.material = Game.Instance.staticData.GetFootballInfo (gm.TakeOnFootball).Material;
        }
        void ShowOrHide(int i, Text txt){
            if (i > 0){
                txt.transform.parent.gameObject.SetActive(true);
                txt.text = i.ToString();
            }else{
                txt.transform.parent.gameObject.SetActive(false);
            }
        }
        public void OnReturnClick(){
            Game.Instance.sound.PlayEffect("Se_UI_Button");
            if (gm.lastIndex == 4)
                gm.lastIndex = 1;
            Game.Instance.LoadLevel(gm.lastIndex);
        }
    }

    public void OnReturnClick(){
        Game.Instance.sound.PlayEffect("Se_UI_Button");
        if (gm.lastIndex == 4)
            gm.lastIndex = 1;
        Game.Instance.LoadLevel(gm.lastIndex);
    }
    public void OnMagnetClick(int i= 100){
        Game.Instance.sound.PlayEffect("Se_UI_Button");
        BuyToolsArgs e = new BuyToolsArgs{
            coin = i,itemKind = ItemKind.ItemMagnet;
        }SendEvent(Consts.E_BuyTools, e);
    }
    public void OnInvincibleClick(int i = 200){
        Game.Instance.sound.PlayEffect("Se_UI_Button");
        BuyToolsArgs e = new BuyToolsArgs{
            coin = i,
            itemKind = ItemKind.ItemInvincible
```

```
        };
        SendEvent(Consts.E_BuyTools, e);
    }
    public void OnMulityCilck(int i = 200){
        Game.Instance.sound.PlayEffect("Se_UI_Button");
        BuyToolsArgs e = new BuyToolsArgs{
            coin = i,
            itemKind = ItemKind.ItemMultiply
        };
        SendEvent(Consts.E_BuyTools, e);
    }
    public void OnRandomClick(int i = 300){
        Game.Instance.sound.PlayEffect("Se_UI_Button");
        int t = Random.Range(0, 3);
        switch (t){
            case 0:OnMagnetClick(i);break;
            case 1:OnInvincibleClick(i);break;
            case 2:OnMulityCilck(i);break;
        }
    }
    public void OnPlayClick(){
        Game.Instance.sound.PlayEffect("Se_UI_Button");
        Game.Instance.LoadLevel(4);
    }
}
```

9.4.5 主游戏界面

主游戏界面中可以查看剩余跑酷时长、当前跑过距离，以及所收集到的金币数量等内容，如图9-11所示。

图9-11 主游戏界面

（1）主游戏界面相关变量定义，代码如下。

```
using System.Collections;
using UnityEngine;
using UnityEngine.UI;
public class UIBoard : View{
```

```csharp
        public const int startTime = 50; int m_Coin = 0; int m_Distance = 0;
        float m_Time; GameModel gm; public Text txtCoin;
        public Text txtDis; public Text txtTimer; public Text
txtGizmoMangent;
        public Text txtGizmoMultiply; public Text txtGizmoInvincible;
        public Button btnMagnet; public Button btnMultiply; public Button
btnInvincible;
        IEnumerator MultiplyCor; IEnumerator MagnetCor; IEnumerator
InvinciblelCor;
        public override string Name{get{return Consts.V_Board;}}
public int Coin{get{return m_Coin;}
        set{m_Coin = value; txtCoin.text = value.ToString();}
        }
        public int Distance{get{return m_Distance;}
        set{m_Distance = value; txtDis.text = value.ToString() + "米";}
        }
        public float Times{get{return m_Time;}
        set{if (value < 0){value = 0;SendEvent(Consts.E_EndGame);}
            if (value > startTime)value = startTime;
            m_Time = value; txtTimer.text = m_Time.ToString("f2") +"s";
            sliTime.value = value / startTime;
        }}
```

（2）主游戏界面道具功能使用，代码如下。

```csharp
    public void HitMultiply(){
        if (MultiplyCor != null){
            StopCoroutine(MultiplyCor);
        }
        MultiplyCor = MultiplyCoroutine();
        StartCoroutine(MultiplyCor);
    }
IEnumerator MagnetCoroutine(){
        float timer = m_SkillTime;
        txtGizmoMangent.transform.parent.gameObject.SetActive(true);
        while (timer > 0){
            if (gm.IsPlay && !gm.IsPause){
                timer -= Time.deltaTime;
                txtGizmoMangent.text = GetTime(timer);
            }
            yield return 0;
        }
        txtGizmoMangent.transform.parent.gameObject.SetActive(false);
    }
        public void HitInvincible(){
        if (InvinciblelCor != null){
            StopCoroutine(InvinciblelCor);
        }
        InvinciblelCor = InvincibleCoroutine();
        StartCoroutine(InvinciblelCor);
    }
        IEnumerator InvincibleCoroutine(){
```

```csharp
            float timer = m_SkillTime;
            txtGizmoInvincible.transform.parent.gameObject.SetActive(true);
            while (timer > 0){
                if (gm.IsPlay && !gm.IsPause){
                    timer -= Time.deltaTime;
                    txtGizmoInvincible.text = GetTime(timer);
                }
                yield return 0;
            }
            txtGizmoInvincible.transform.parent.gameObject.SetActive(false);
        }
        string GetTime(float time){
            return ((int)time +1).ToString();
        }

public void OnMagnetClick(){
        Game.Instance.sound.PlayEffect("Se_UI_Button");
        ItemArgs e = new ItemArgs{
            hitCount = 1,
            kind = ItemKind.ItemMagnet
        };
        SendEvent(Consts.E_HitItem, e);
    }
    public void OnInvincibleClick(){
        Game.Instance.sound.PlayEffect("Se_UI_Button");
        ItemArgs e = new ItemArgs{
            hitCount = 1,
            kind = ItemKind.ItemInvincible
        };
        SendEvent(Consts.E_HitItem, e);
    }
    public void OnMulityCilck(){
        Game.Instance.sound.PlayEffect("Se_UI_Button");
        ItemArgs e = new ItemArgs{
            hitCount = 1,
            kind = ItemKind.ItemMultiply
        };
        SendEvent(Consts.E_HitItem, e);
}
    public float Times{
        get{return m_Time;}
        set{if (value < 0){value = 0;SendEvent(Consts.E_EndGame);}
            if (value > startTime)
                value = startTime;
            m_Time = value;
            txtTimer.text = m_Time.ToString("f2") +"s";
            sliTime.value = value / startTime;
    }
}
```

（3）主游戏界面的运行逻辑，代码如下。

```csharp
private void Awake(){
    Times = startTime;
    gm = GetModel<GameModel>();
    UpdateUI();
    m_SkillTime = gm.SkillTime;
}
private void Update(){
    if (!gm.IsPause && gm.IsPlay)Times -= Time.deltaTime;
}
public override void RegisterAttentionEvent(){
    AttentionList.Add(Consts.E_UpdataDis);
    AttentionList.Add(Consts.E_UpdateCoin);
    AttentionList.Add(Consts.E_HitAddTime);
}
public override void HandleEvent(string name, object data){
    switch (name){
        case Consts.E_UpdataDis: DistanceArgs e1 = data as DistanceArgs;
            Distance = e1.distance; break;
        case Consts.E_UpdateCoin: CoinArgs e2 = data as CoinArgs;
            Coin += e2.coin; break;
        case Consts.E_HitAddTime: Times += 20; break;
    }
}
public void UpdateUI(){
    ShowOrHide(gm.Invincible, btnInvincible);
    ShowOrHide(gm.Magnet, btnMagnet);
    ShowOrHide(gm.Multiply, btnMultiply);
}
void ShowOrHide(int i,Button btn){
    if(i > 0){btn.interactable = true;
        btn.transform.Find("Mask").gameObject.SetActive(false);
    }else{btn.interactable = false;
        btn.transform.Find("Mask").gameObject.SetActive(true);
    }
}
public void OnPauseClick(){
    Game.Instance.sound.PlayEffect("Se_UI_Button");
    PauseArgs e = new PauseArgs{
        coin = Coin,
        distance = Distance,
        score = Coin + Distance * (GoalCount + 1)
    };
    SendEvent(Consts.E_PauseGame ,e);
}
```

9.5 《无尽跑酷》程序实现

9.5.1 场景交替变换

用有限的场景通过对象池进行重复随机生成并回收的方式实现无限跑道，代码如下。

```
using UnityEngine;
public class Road : ReusableObject{ public override void OnSpawn(){}
    public override void OnUnSpawn(){
        var itemChild = transform.Find("Item");
        if (itemChild != null){
            foreach (Transform child in itemChild){
                if (child != null){
                    Game.Instance.objectPool.Unspawn (child.gameObject);
                }
            }
        }
    }
}

using UnityEngine;
public class RoadChange : MonoBehaviour {
    GameObject roadNow;GameObject roadNext;
    GameObject parent;
    void Start () {
        if(parent == null) {
            parent = new GameObject();parent.transform.position = Vector3.zero;
            parent.name = "Road";
        }
        roadNow = Game.Instance.objectPool.Spawn("Pattern_1", parent.transform);
        roadNext = Game.Instance.objectPool.Spawn("Pattern_2", parent.transform);
        roadNext.transform.position += new Vector3(0,0,160);
        AddItem(roadNow);AddItem(roadNext);
    }
    private void OnTriggerEnter(Collider other){
        if (other.gameObject.tag == Tag.road) {
            Game.Instance.objectPool.Unspawn(other.gameObject);
            SpawnNewRoad();
        }
    }
    void SpawnNewRoad() {
        int i = Random.Range(1,5);roadNow = roadNext;
        roadNext= Game.Instance.objectPool.Spawn("Pattern_"+ i.ToString(), parent.transform);
        roadNext.transform.position = roadNow.transform.position + new Vector3(0,0,160);
        AddItem(roadNext);
```

```csharp
        }
        public void AddItem(GameObject obj){
            var itemChild = obj.transform.Find("Item");
            if(itemChild != null){
            var patternManager = PatternManager.Instance;
            if(patternManager != null&&patternManager.Patterns != null&&
patternManager.Patterns.Count > 0){
                var pattern = 
                patternManager.Patterns[Random.Range(0,patternManager.
Patterns.Count)];
                if(pattern != null && pattern.PatternItems != null &&
                    pattern.PatternItems.Count > 0){
                        foreach(var itemList in pattern.PatternItems){
                            GameObject go = 
                            Game.Instance.objectPool.Spawn(itemList.
prefabName, itemChild);
                            go.transform.parent = 
                            itemChild; go.transform.localPosition = itemList.
pos;
                        }
                    }
                }
            }
        }
    }
```

9.5.2 摄像机跟随

游戏场景中用到3个摄像机进行叠加,一个摄像机拍摄游戏背景画面,一个主摄像机拍摄游戏人物和主游戏场景,还有一个摄像机渲染UI画面。最后更改摄像机渲染模型并进行叠加呈现出主游戏画面。其中,主摄像机需要实时跟随不断向前跑动的人物,需要使人物和场景始终保持一定的距离,代码如下。

```csharp
using UnityEngine;
public class FollowPlayer : MonoBehaviour {
    Transform m_player; Vector3 m_offset; float speed = 20;
    private void Awake(){
        m_player = GameObject.FindWithTag(Tag.player).transform;
        m_offset = transform.position - m_player.position;
    }
    private void Update(){
        transform.position = Vector3.Lerp(transform.position,m_offset 
+ m_player.position, speed * Time.deltaTime);
    }
}
```

9.5.3 多种输入控制

编写多种交互方式,可以通过鼠标拖曳或者键盘按键实现游戏中人物的移动、跳跃、滑行等动作,代码如下。

```csharp
void GetInputDirection(){// 鼠标识别
        m_inputDir = InputDirection.NULL;
        if (Input.GetMouseButtonDown(0))activeInput = true;m_mousePos = Input.mousePosition;
        if (Input.GetMouseButton(0) && activeInput){
            Vector3 Dir = Input.mousePosition - m_mousePos;
            if (Dir.magnitude > 20){
                if (Mathf.Abs(Dir.x) > Mathf.Abs(Dir.y) && Dir.x > 0){
                    m_inputDir = InputDirection.Right;
                }
                else if(Mathf.Abs(Dir.x) > Mathf.Abs(Dir.y) && Dir.x<0){
                    m_inputDir = InputDirection.Left;
                }
                else if (Mathf.Abs(Dir.x) < Mathf.Abs(Dir.y) && Dir.y>0){
                    m_inputDir = InputDirection.Up;
                }
                else if (Mathf.Abs(Dir.x)<Mathf.Abs(Dir.y)&&Dir.y<0){
                    m_inputDir = InputDirection.Down;
                }
                activeInput = false;
            }
        }// 键盘识别
        if (Input.GetKeyDown(KeyCode.W) || Input.GetKeyDown (KeyCode.Space)){
            m_inputDir = InputDirection.Up;
        }else if (Input.GetKeyDown(KeyCode.S)){m_inputDir = InputDirection.Down;
        }else if (Input.GetKeyDown(KeyCode.A)){m_inputDir = InputDirection.Left;
        }else if (Input.GetKeyDown(KeyCode.D)){m_inputDir = InputDirection.Right;
        }
    }
```

9.5.4 人物移动

1. 移动

游戏人物默认会不断向前跑动，玩家主要控制人物左右移动、跳跃、滑行等操作，左右移动时会有3个跑道供玩家切换，代码如下：

```csharp
    void MoveControl(){
        if (m_targetIndex != m_nowIndex){
            float move = Mathf.Lerp(0, m_xDistance, m_moveSpeed * Time.deltaTime);
            transform.position += new Vector3(move, 0, 0);
            m_xDistance -= move;
            if (Mathf.Abs(m_xDistance) < 0.05f){
                m_xDistance = 0;
                m_nowIndex = m_targetIndex;
                switch (m_nowIndex){
```

```
                    case 0:
                        transform.position = new Vector3(-2, transform.position.y, transform.position.z);
                        break;
                    case 1:
                        transform.position = new Vector3(0, transform.position.y, transform.position.z);
                        break;
                    case 2:
                        transform.position = new Vector3(2, transform.position.y, transform.position.z);
                        break;
                }
            }
        }
        if (m_IsSlide){
            m_SlideTime -= Time.deltaTime;
            if (m_SlideTime < 0){
                m_IsSlide = false;
                m_SlideTime = 0;
            }
        }
    }
```

2. 移动动画控制

游戏人物在移动过程中会播放相应动画片段，使玩家拥有流畅体验和更好的视觉效果，代码如下。

```
void UpdatePosition(){
    GetInputDirection();
    switch (m_inputDir){
        case InputDirection.NULL:break;
        case InputDirection.Right:
            if (m_targetIndex < 2){
                m_targetIndex++;
                m_xDistance = 2;
                SendMessage("AnimManager", m_inputDir);
                Game.Instance.sound.PlayEffect("Se_UI_Huadong");
            }break;
        case InputDirection.Left:
            if (m_targetIndex > 0){
                m_targetIndex--;
                m_xDistance = -2;
                SendMessage("AnimManager", m_inputDir);
                Game.Instance.sound.PlayEffect("Se_UI_Huadong");
            }break;
        case InputDirection.Down:
            if (m_IsSlide == false){
                m_IsSlide = true;
                m_SlideTime = 0.733f;
                SendMessage("AnimManager", m_inputDir);
                Game.Instance.sound.PlayEffect("Se_UI_Slide");
```

```
            }break;
        case InputDirection.Up:
            if (m_cc.isGrounded){
                Game.Instance.sound.PlayEffect("Se_UI_Jump");
                m_yDistance = m_jumpValue;
                SendMessage("AnimManager", m_inputDir);
            }break;
        default: break;
    }
}
```

9.5.5 金币获取

在游戏跑酷场景中利用对象池技术随机生成不定数量的金币，玩家可以通过控制游戏人物移动与碰撞的方式获取场景中的金币，用来升级、购买道具等，以增加游戏可玩度，代码如下。

```
using System.Collections;
using UnityEngine;
public class Coin : Item {
    Transform effectPrent;
    public float moveSpeed = 40;
    public override void HitPlayer(Transform pos){
        GameObject go = Game.Instance.objectPool.Spawn("FX_JinBi", effectPrent);
        go.transform.position = pos.position;
        Game.Instance.sound.PlayEffect("Se_UI_JinBi");
        Game.Instance.objectPool.Unspawn(gameObject);
    }
    public override void OnSpawn(){base.OnSpawn();}
    public override void OnUnSpawn(){base.OnUnSpawn();}
    private void OnTriggerEnter(Collider other){
        if(other.tag == Tag.player){
            HitPlayer(other.transform);
            other.SendMessage("HitCoin", SendMessageOptions.RequireReceiver);
        }else if(other.tag == Tag.magnetCollider){
            StartCoroutine(HitMagnet(other.transform));
        }
    }
    IEnumerator HitMagnet(Transform pos){
        bool isLoop = true;
        while (isLoop){
            transform.position = Vector3.Lerp(transform.position, pos.position, moveSpeed * Time.deltaTime);
            if(Vector3.Distance(transform.position,pos.position) <0.5f){
                isLoop = false;
                HitPlayer(pos.transform);
                pos.parent.SendMessage("HitCoin", SendMessageOptions.RequireReceiver);
            }
```

```
            yield return 0;
        }
    }
    private void Awake(){
        effectPrent = GameObject.Find("EffectParent").transform;
    }
}
```

习　题

问答题

1. Unity在移动设备上优化资源的方法有哪些？
2. 在编辑场景时将GameObject设置为静态有何作用？
3. 什么是DrawCall？DrawCall高了有什么影响？如何降低DrawCall？
4. 如何给场景中添加天空盒？
5. 已验证包是指通过了验证并可以在特定Unity版本上使用的包，可以和其他已验证可用于该版本的包一起使用。经过验证可用于该Unity版本的包会在Package Manager窗口中的包旁边显示相应指示符号，请问Unity最新版本中包含哪些已验证包？

参考文献

[1] 高雪峰. Unity 3D NGUI 实战教程[M]. 北京：人民邮电出版社，2015.
[2] 吴亚峰，于复兴，索依娜. Unity 3D游戏开发标准教程[M]. 北京：人民邮电出版社，2016.
[3] 陈嘉栋. Unity 3D脚本编程：使用C#语言开发跨平台游戏[M]. 北京：电子工业出版社，2016.
[4] 宣雨松. Unity 3D游戏开发[M]. 2版. 北京：人民邮电出版社，2018.
[5] 王维花. Unity实践案例分析与实现[M]. 北京：中国铁道出版社，2019.
[6] 吴雁涛，叶东海，赵杰. Unity 2020游戏开发快速上手[M]. 北京：清华大学出版社，2021.
[7] 朱淑琴. Unity 2D/3D移动开发实战教程[M]. 北京：机械工业出版社，2020.
[8] 马遥，陈虹松，林凡超. Unity 3D 完全自学教程[M]. 北京：电子工业出版社，2019.
[9] Unity 公司，史明，刘杨. Unity 5.X/2017标准教程[M]. 北京：人民邮电出版社，2018.
[10] 冯乐乐. Unity Shader入门精要[M]. 北京：人民邮电出版社，2016.
[11] 罗培羽. Unity3D网络游戏实战[M]. 北京：机械工业出版社，2018.
[12] 刘国柱. Unity3D/2D游戏开发从0到1[M]. 2版. 北京：电子工业出版社，2018.